身近な問いから深みにハマる！
サイエンス再入門の旅

ふたたびの理科

物理編

永野裕之
Nagano Hiroyuki

すばる舎

なぜ空は青い？　〜物理への扉〜　まえがきにかえて

　世界中の人々が、Google で最も検索している「why is ~(なぜ)」は何かをご存じでしょうか？　それは

Why is the sky blue?（なぜ空は青いの？）

です。2019 年のデータによると、これとまったく同じ文字列が年間約 360 万回も検索されています[1]。少し表現を変えた同内容の質問や、他の言語による同じ質問も含めると、検索回数はもっともっと大きな数字になるはずです。

　実際、「なぜ空は青いの？」や「なぜ海は青いの？」は、子供が親に投げかける素朴な疑問の常連であり、親はこうした「なぜ」に窮することが多く、検索をするのでしょう。ちなみに、空が青い理由と海が青い理由は異なります。前者は**光の散乱**(87 頁)によるものであり、後者は**光の反射**(53 頁)によるものです(詳しくは後ほど説明します)。

　アイザック・ニュートン(1642−1727)らの研究によって、光のこうした性質(散乱や反射)がはっきりしたのは、17 世紀後半のことでした。でも、それより前の時代の子供だって「なぜ空は青いのだろう？」と疑問に思ったはずです。そんなとき、世界中の親たちはどのように説明していたのでしょうか。「青が目にいちばん優しい色だからだよ」とか、「白い雲にいちばん似合うのは青だからだよ」とか、「青は自然界には少ない貴重な色だから、神様が独り占めしているんだよ」とか……ロマンチックな回答をしていたのかもしれません。

　光の性質がわかる以前のこうした回答を「間違っている」と断ずるのは簡単です。しかし、詩的な意味において、あるいは子供に夢を持たせようとする親心の表れとして、身のまわりの出来事を、ロマンチックに捉える感性を否定することはできないと私は思います。

---

1) Keyword Tool (https://keywordtool.io/) で調べました。

同じような例として、こんな問題があります。

> 【問題】次の（　）にあてはまる言葉を書きなさい。
>
> 　　　　　　氷がとけると（　　）になる。

　理科のテストの問題なら、答えはもちろん「水」です。しかし、謎掛けだとしたら、**「春」**という答えのほうが、トンチが効いているうえに詩的ですから、「水」より好ましい回答であるような気がします[2]。

●すべてが統一される美しさ

　物理学というのは、自然現象について、できるだけ**簡潔かつ普遍的な見方を見いだそう、という学問**です。たとえば、ニュートンが発見した万有引力を使えば、リンゴが木から落下する運動も、月が地球のまわりをまわる運動も、同じ数式で説明することができます。これこそが物理の醍醐味です。

　空の青さも海の青さも、虹の七色も、光の持つ「波の性質」によって、いっぺんに理解することができます。氷がとけて水になることも、熱を与えることによる固体から液体への状態変化の一例にすぎません。

　私たちの目の前で起きる自然現象は、ときに個人的であり、ときに一生忘れることのない特別な瞬間を与えてくれます。そのかけがえのなさを個人的な体験として、詩的に、ロマンチックに表現することは、とても素敵なことです。

　一方で、森羅万象に通じる統一的な説明を知ることも、この世の美しさを知るもうひとつの大事な方法であると私は思います。

　これからお話しする「物理編」を通して、自然界の美しさを感じていただけたら嬉しいです。

2）この問題と「春」という回答の是非は、朝日新聞の「天声人語」や産経新聞の「産経抄」などでも取り上げられたことがあり、クイズとしても有名なので、ご存じの方も多いでしょう。

CONTENTS

第2章 光とはなにか

第3章　電気とはなにか

第4章　磁石とはなにか

第**5**章 ばねとてこの原理

第6章 滑車と輪軸の物理学

第**7**章 密度・圧力・浮力の物理学

第8章 物体の運動原理

第1章

音とはなにか

　「音」についての研究は科学の最もはじめからあったと言っても過言ではありません。

　それは、紀元前6世紀の**ピタゴラス**の散歩から始まりました。ある日のこと。散歩中に鍛冶屋（かじや）（紀元前582－前496）の近くを通りかかったピタゴラスは、職人がハンマーで金属をたたくカーン、カーンという音の中に綺麗（きれい）に調和する音とそうでないものがあることに気づきました。これを不思議に思ったピタゴラスは鍛冶屋職人のもとを訪れ、いろいろな種類のハンマーを手に取って調べ始めたそうです。すると、綺麗に響き合うハンマーどうしはそれぞれの重さの間に単純な整数の比が成立することがわかりました。

　人間が自然に美しいと感じる響きの中に単純な整数の比が潜（ひそ）んでいるという不思議を発見したときの彼らは、神様に仕掛けられたイタズラを発見したような興奮を味わったに違いありません。なにしろ理性と感性は相反したり両極端にあったりするものではなく、表裏一体であり、**美しさには理由がある**とわかったのですから。実際、彼らはその後「音と調和」の研究に没頭していきます。ピタゴラスとその弟子たちの熱心な啓蒙活動によって、古代ギリシャの人々はやがて宇宙の根本原理を「ムジカ」、その調和を「ハルモニア」と呼ぶようになります。「ムジカ」と「ハルモニア」はそれぞれ英語で言うと「ミュージック」と「ハーモニー」です。

　それでは、人類に科学的であろうとすることの大きなきっかけとモチベーションを与えた「音」の正体をみていきましょう。

音が伝わる経路

♻それは「なにか」のおかげ

　ピアノの鍵盤（けんばん）をたたくと音が出ます。あれは、鍵盤と連動しているハンマーがピアノの弦（はじ）き、弦が振動するからです。太鼓をたたくと太鼓（たいこ）に張られた皮が振動するので音が出ます。グラスのふちを水でぬらした指でこすったときに音が出るのも、湿った指とグラスの摩擦によって、グラスが振動するからです。

　このように、**音は物体が振動することによって生まれます**。

　この振動が空気を伝わって耳の鼓膜を振動させると、私たちは音を感じます。逆に言うと、振動を伝える「なにか」が無いと私たちは音を感じることができません。

　物体が振動することによって生まれた音は、空気のような**気体**だけではなく、水のような**液体**や、金属のような**固体**の中も伝わります。

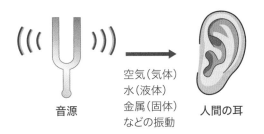

音源　　　空気（気体）　　　人間の耳
　　　　　水（液体）
　　　　　金属（固体）
　　　　　などの振動

　プールで水の中に潜っているときも、音が聞こえた経験は誰にでもあるでしょう。海中でイルカが超音波[1]を利用していることは有名ですし、クジラの歌声も海の中を伝わって遠く離れた仲間とのコミュニケーションに使われているそうです。これらの例からも液体は音を伝えることがわかります。

　また、大きな木の幹に耳をつけると木の中を流れる水の音や、梢[2]を揺らして吹く風の音などが聞こえてきます。昔から秘密が漏れやすいことを「壁に耳あり、障子に目あり」なんて言いますが、実際、壁に耳を当ててみると、隣室の音が思いがけず大きく聞こえます。

　木の幹や壁に耳をつけたときに音が聞こえるのは、固体の振動が、頭蓋骨を通じて直接鼓膜の奥の器官に伝わるからです。これを「骨伝導」と言います。余談ですが、かのベートーヴェンが、20代後半で難聴になりながらも作曲を続けることができたのは、短い棒の一方を口にくわえ、もう一方をピアノに押し付けることで、骨伝導によって音を聞いていたからだと言われています。

1）振動数が2万ヘルツ以上で人の耳には聞こえない音波のこと。21〜22頁で説明します。
2）木の先の部分。

♻真空中は音が伝わらないことを確かめる実験

真空中は音が伝わらないことを確かめる実験として有名なのが、いわゆる「真空鈴<ruby>真空鈴<rt>しんくうれい</rt></ruby>」です。

真空鈴の実験手順は次のとおりです。

まず**右の図**のような装置を加熱し、中の水を沸騰させます。するとフラスコ内の空気は水蒸気で押し出され、中は水蒸気でいっぱいになります。

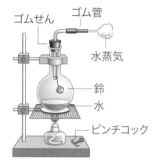

充分加熱したあと、ピンチコックでゴム管を止める。

次に火を止め、ピンチコックでゴム管を閉じます。すると、フラスコ内の水蒸気は冷えて水に戻るので、フラスコ内は真空に近い状態になります。

充分にフラスコが冷えたら、フラスコを振って鈴の音を確かめましょう。鈴の音が非常に小さくなっていることに気づくと思います。

完全な真空であれば、音はまったく聞こえないはずなのですが、この実験ではフラスコ内を完全に真空にすることはできませんし、針金を伝わる鈴の振動も完全には排除できないので、かすかな鈴の音は聞こえます。

◆残念！「宇宙の音」は聞こえない

ちなみに、宇宙空間といえども完全に真空というわけではありません。宇宙にはプラズマと呼ばれるイオン化[3]した気体が存在しています。その「気体」が宇宙で起こる物理現象（星どうしの衝突や爆発等）の「音」を伝えるのです。

ただし、残念ながらそうした「宇宙の音」は私たちの耳が捉えられる最も低い音（ピアノの最低音の少し下くらい）よりもはるかに低い音なので実際に聞くことはできません。NASA（アメリカ航空宇宙局）の発表によると、ペルセウス座銀河団の中心にあるブラックホールが生み出す「音」は、ピ

3）原子または分子がいくつかの電子を失った状態になること。

アノの中央の「ド」より 57 オクターブと長 2 度下の「シのフラット」だったそうです [4]。

音波

♻波としての音 ～音はどのように伝わるのか？～

　静かなプールの水面にボールを落とすと、ボールの落下点を中心にして波紋が同心円状に広がっていきます。このように、**ある点で生じた振動が次々と周囲に伝わる現象を波** [5] と言います。プールの水のように振動を伝える物質のことは**媒質**、ボールの落下点のように振動が始まった点のことは**波源**と言います。

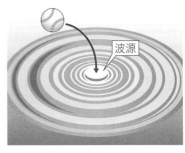

波源

　空気中で物体が振動すると、空気に濃い部分と、うすい部分が生まれ、それがまわりの空気の中を伝わっていきます（**右図**参照）。**音源**（波源）となる物体の振動が、まわりの空気に密度 [6] の濃淡をつくり、その濃淡が次々と周囲に広がっていくわけですが、これも「振動が次々と周囲に伝わる現象」なので**音が伝わる現象は波です**。これを特に**音波**と言います。

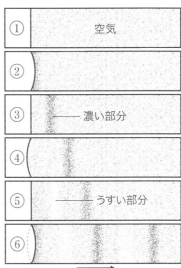

① 空気
②
③ ——— 濃い部分
④
⑤ ——— うすい部分
⑥

音波の進行方向

---

4) これは、これまでに人類が検出した音のうち最も低い音であり、1 回振動するのに 1961 万年もの時間がかかります。
5) 「波動」とも言います。
6) 単位体積(1m³ とか 1cm³)あたりの質量のこと。ここでは密度が濃い部分には気体分子がギュッとつまっており、密度がうすい部分の気体分子はスカスカだとイメージしてください。

♻ 2 種類の波　～横波と縦波～

　ところで、**オシロスコープ**という装置をご存じでしょうか（**右**のイラスト参照）。

　オシロスコープにマイクを通じて音声を入力すると、画面には波の形が表示されます。これは、マイクが捉えた空気の振動（密度の濃淡）を電圧の変化に変換し、それを表示したものです [7]。

　このオシロスコープに表示される波は、水面に生じる波のような形をしていますが、音波は実際にこのような形の「波」なのでしょうか？　実はそうではありません。

　一般に、波には大きく分けて 2 種類あります。ひとつは**横波**、もうひとつは**縦波**と呼ばれるものです。

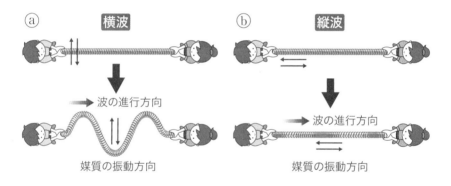

　軽くて長いつる巻きばねを、摩擦のないなめらかな床の上にまっすぐに伸ばして置いて、上の図ⓐのように、ばねの端をばねと垂直な方向へ振ると、生じた**波の振動の方向は、波の進行方向と垂直**になります。このような波が**横波**です。

　一方、図ⓑのように、ばねの端をばねの方向に振ると、生じた**波の振動の方向は、波の進行方向と平行**になります。このような波が**縦波**です。

　ただし、横波と縦波の違いは、言葉やイラストではなかなかイメージが

7）最近ではスマホのアプリでも同じような機能をもったものがいくつも公開されています。気になった方は、「オシロスコープ」で検索してみてください。

わかないものなので、よろしければ是非YouTubeなどの動画サイトで「横波と縦波」と検索してみてください。動画で確認していただければ理解が進むと思います。

♻縦波は「密」と「疎」の繰り返し

縦波についてはもう少し詳しくお話ししましょう。

縦波が生じると、媒質の各点は、進行方向に対して前後に振動します。その結果、各点がギュッと集まって密度が高くなる部分が生まれます。そういう部分を「密」と言います。また密の前後には「疎」と呼ばれる、各点がまばらに離れた密度の低いところもあります。この密と疎の繰り返しが進行していくことから、縦波は**疎密波**とも呼ばれます。

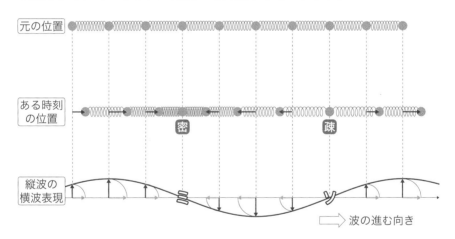

しかし、縦波は媒質の振動方向が波の進行方向と同じため、横波のような波形が見られません。そこで、媒質の各点の変位（元の位置からのずれ）を、矢印で表し、その矢印を反時計まわりに90度回転することで、縦波を横波のように表すことがあります（上の図参照）。これを**縦波の横波表現**と言います。

このようにすると、「密」の点や「疎」の点自身は変位していないことや、**変位が最大になるのは、密と疎のちょうど中間の点**であることなどもわかりやすくなりますね。

勘のいい読者はもうお気づきだと思いますが、音波も空気などを媒質にして密度の濃い部分（密）とうすい部分（疎）の繰り返しが伝わっていくので、疎密波です。つまり**音波は縦波（＝ 疎密波）**です。

　オシロスコープに表れる波形は、本来は縦波である音波を横波で表現しているというわけです。

　音波を、オシロスコープに表れる波形のような横波のグラフにしたとき、グラフの山から山（あるいは谷から谷）までの長さを**波長**、山の高さ（谷の深さ）を**振幅**と言います。また、物体が**1 秒間に振動する回数を振動数** [8]と言います。

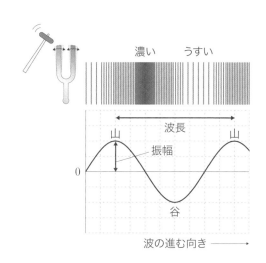

音の三要素

△音の高さ、音の強さ、音色
　音の高さ、音の強さ、音色の 3 つを合わせて**音の三要素**と言います。

《音の高さ》　～高低は振動数で決まる～
　古代ギリシャの時代から熱心に研究が続けられてきた音について、詳しくわかってきたのは、17 世紀になってからのことでした。
　「音の高さ」については、**ガリレオ・ガリレイ**が「**音の高さは振動数で決まる**」ことを発見します。**高い音とはすなわち振動数が大きい音です。**
（1564－1642）

---

8)「周波数」とも言います。

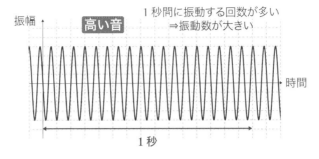

振幅

高い音 1秒間に振動する回数が多い⇒振動数が大きい

時間

1秒

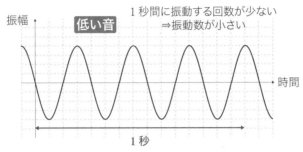

振幅

低い音 1秒間に振動する回数が少ない⇒振動数が小さい

時間

1秒

　振動数の単位には **Hz**[9] を使います。1秒間に 100 回振動する音源の振動数は 100Hz です。

　赤ちゃんが生まれてくるときの産声は性別や地域に関係なく、**440Hz で**ある（次頁の図参照）とよく言われますが、この 440Hz の音（ドレミで言えばラの音です）は楽器やオーケストラのチューニングに使われます（演奏の趣旨によって多少上下します）。また NHK の時報などで使われる「ピッ・ピッ・ピッ・ポー」の「ピッ」の音が 440Hz で、「ポー」の音が 880Hz です。振動数が倍になると、音の高さは 1 オクターブ高くなりますので「ポー」は「ピッ」よりも 1 オクターブ上の「ラ」です。

　人間が聴くことのできる音はおよそ**20Hz ～2万 Hz** であることがわかっています。この範囲の振動数の音を**可聴音**と言います。**超音波**というのは可聴域より大きな振動数の音のことです。

　ただし、可聴音の範囲は個人差があり、特に高齢になると高い振動数の音が聞こえづらくなります。ちなみに、人間の耳の感度が最も良いのは

9）ドイツの物理学ハインリヒ・ヘルツ（1857－1894）にちなみます。

4000Hz 前後の音であることもわかっています。女性の「キャー」という悲鳴やセミの鳴き声、家電製品のアラーム音などがこの高さです。一方、振動数が 100Hz 以下になると、人間の耳の感度は極端に低くなります。

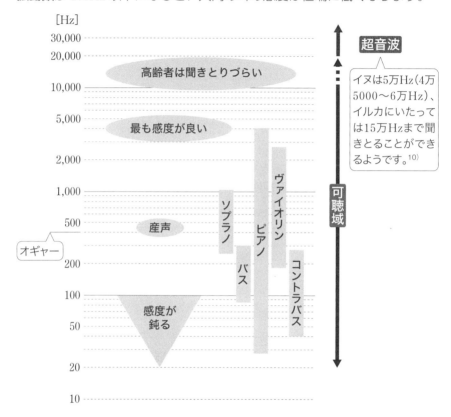

《音の強さ》　〜「強い、イコール、大きい」わけではない〜

「空振」と呼ばれる現象をご存じでしょうか？　火山の爆発などによって生じた空気の急激な振動が周囲に伝わる現象のことです。空振が通過すると窓ガラスが振動するなどの現象がみられ、さらに強い空振では窓ガラスが破損するなどの被害も出ます。実際、2011 年に新燃岳（鹿児島県）が噴火したときは、3 〜 4km も離れた建物の窓ガラスが割れました。

10）ヒトの子供は 2 万 1000Hz まで聞きとれますが、35 歳時には 1 万 5000Hz、59 歳時には 1 万 2000Hz、それより上の老齢者は 5000Hz まで可聴域が下がってしまうそうです。

　火山が噴火すると火口近くの空気は急激に振動します。すると疎と密の差が非常に大きな疎密波＝音波が生まれます。これが空振の正体です。もっとも、空振の振動数は可聴域より小さいことが多く、実際に「空振の音」を聞くことができるケースは稀<ruby>稀<rt>まれ</rt></ruby>です。

　音波によってガラスなどが壊れることから、音波はエネルギーを運ぶことがわかります[11]。

　一般に、**音波の進行方向に垂直に立てた1m² の面を、1秒間に通過するエネルギーを音の強さ**と言います。音の強さは、**振幅の2乗と振動数の2乗の積に比例する**ことがわかっています[12]。

$$音の強さ＝k×振幅^2×振動数^2 \quad [k は比例定数]$$

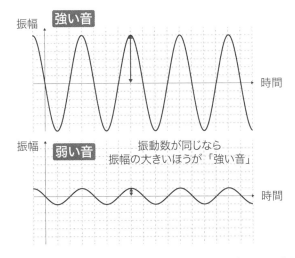

　ソプラノ歌手がホール全体に声を響かせることができる（ホール全体の空気を振動させるほどの大きなエネルギーを生み出せる）のは、振幅が大きいだけでなく、高い振動数だからです。もし、**同じ振動数であれば、振幅が大きいほど強い音**になります。

　ただし、**強い音が必ず大きな音に聞こえるというわけではありません。**振動数が大きければ「強い音」にはなりますが、先ほどお話ししたように、

11）「エネルギー」の定義については第6章の248〜249頁に書きます。
12）証明は、大学レベルになってしまうため割愛します。

2万Hzを超える音は人間には聞こえません。逆に耳の感度が最も高まる4000Hz前後の音は、「音の強さ」が同じでも他の振動数の音より大きく聞こえます。少し難しい言い方をすると、**音の強さ**は客観的に測定することのできる**物理量**であるのに対し、**音の大きさ**は個人が主観的に感じる**感覚量**です。

《音色》 ～純粋な音はキレイな波形～

音色についてより深く洞察したのはガリレオとも親交の深かったフランスの神学者**マラン・メルセンヌ**でした。メルセンヌは神学者でありながら、(1588−1648)数学や物理について高い見識を持ち、特に音楽についての理論書を多数書いたことから「音響学の父」とも呼ばれています。メルセンヌは音色について次のように説明しました。

> 「楽器が出す音は、多くの音の合成である。いちばん低い音がその楽器の基本音であり、これが主に聞こえるが、倍音（基本音の整数倍の振動数を持つ音）もかすかに聞こえる。**楽器によって音色が異なるのは、この同時に鳴っているいくつもの倍音の組み合わせの相違に違いない**」

オシロスコープ（のアプリ）に向けて「あー」とか「いー」とか発音してみると、画面に表れる波はキレイな波形にはなりません。「測り方が悪いのかな？」とか「まわりに雑音があるからかな？」と思われるかもしれませんが、人間の声にはいくつもの倍音が含まれているため、理想的な環境で測定してもオシロスコープに表れる波は、キレイな波形にはならないのです。

次頁の図は、ある基本音（いちばん低い音）にその2倍の振動数を持つ倍音と4倍の振動数を持つ倍音を合成するとどのような波形になるかを示したものです。人間の声には、もっとたくさんの倍音が含まれることが多く、合成したときの波形（耳に入る音の波形）はさらに複雑になります。しかも人によって発声に使われる口唇、舌、声帯などの構造が違うため、同じ

「あー」でも、波形は千差万別です。だからこそ、親しい人であれば声を聞いただけで「あ、○○だ！」と判別ができるのです。

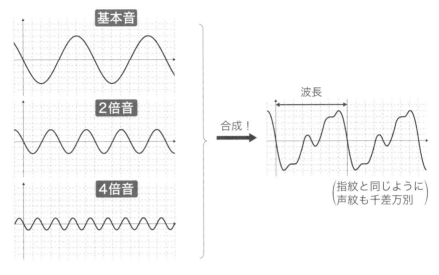

基本音

2倍音

4倍音

合成！

波長

（指紋と同じように）
声紋も千差万別

マサチューセッツ工科大学のウォルター・ルーウィン教授はベストセラーになった著書『これが物理学だ！』（文藝春秋）の中で、

「目に見えない宇宙のバーテンダーが、客の求めに応じて、次々に無数の音のカクテルを作り上げているようなものだ」

と評しましたが、まさに言い得て妙です。

メルセンヌが言うように、一般に楽器はいろいろな振動数を持つ音が同時に鳴ってしまいます。しかしこれは、たとえば楽器の調律（音の高さを適切に整えること）をする際には不都合です。そこで、**一つの振動数の音（純音と言います）**しか発しない道具が発明されました。それが**音叉**（右図）です。

音叉以外のほとんどの楽器は、さまざまな倍音を含むため、オシロス

コープの波形はやはり複雑になります（下の図参照）。

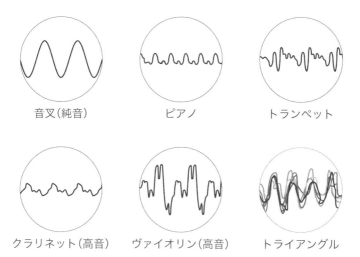

音叉（純音）　　　ピアノ　　　トランペット

クラリネット（高音）　ヴァイオリン（高音）　トライアングル

　余談ですが、オカリナ（右のイラスト）の音
は例外的に音叉と同じ純音だけのキレイな波
形になるそうです[13]。

モノコード

⏻弦楽器のしくみ

　グランドピアノの中を見たことはあるで
しょうか？　グランドピアノの蓋[14]を開け
て中を見ると、たくさんの弦が並んでいます
が、**高い音のほうの弦は細くて短く、低い音
のほうは太くて長い**ことがわかります。

---

13) オカリナの音が「純音」になるのは「偶然」です。あの素朴な音色がたまたま純音
　　に近かったということでしょう。
14) 正式には「屋根」と言います。

また、ヴァイオリンやギターに張られている弦は長さこそあまり変わりませんが、やはり太い弦ほど低い音の弦であり、チューニング[15]（弦楽器の弦を目的に合わせて適正な音高[16]に調えること）の際には、**弦をピーンときつく張ると高い音、ゆるめると低い音**になります。

弦	低い音		高い音
太さ	太い	⟷	細い
長さ	長い	⟷	短い
張りの強さ	弱い	⟷	強い

⚘散歩の途中で耳にした音

箱の上に一本の弦を張り、弦と音の関係を調べる装置を**モノコード**（下の図参照）と言います。

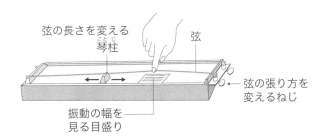

弦の長さを変える琴柱（ことじ）　弦

振動の幅を見る目盛り　弦の張り方を変えるねじ

なお、ときどき勘違いされるようですが、弦をはじく強さは音の強弱に関係し、音の高低には関係しません。

モノコードはピタゴラスとその弟子たちが発明したと言われています。散歩途中に鍛冶屋の音を聞いて調和する音の不思議に魅せられた彼らは、この装置を使って音の神秘に迫ろうとしました。

彼らが行なった実験はこうです。

---

15) 日本語では「調弦」。

16)「音高」とはいわゆるピッチのことであり、周波数で決まります。似た言葉に後述する「音程」がありますが「音程」は2つの音高の間隔（差）のことです。たとえば、ドとミとファとラはすべて音高が異なりますが、ドとミの音程とファとラの音程は同じです。

モノコードを2つ用意します。片方のモノコードの弦の長さは固定しておき、これを基準にします。もう一方のモノコードは琴柱を動かすことで弦の長さを短くしていきます。そうして2つの弦を同時に弾き、綺麗に響き合う位置を探します。

　実験をしてみるとすぐに、片方の弦の長さが半分になったとき、すなわち弦の長さが2：1になったときに2つの音が完全にとけ合うことがわかりました。

　ピタゴラスたちはその後、他にも2つの音が調和する場所がないかを探しました。すると、2つの弦の長さの比が3：2や4：3のときにもそれぞれ2つの音はよく調和することがわかりました（下の図参照）。

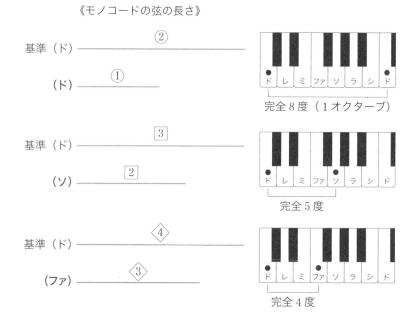

《モノコードの弦の長さ》

基準（ド）　　　　　　②
（ド）　　①
完全8度（1オクターブ）

基準（ド）　　　　③
（ソ）　　②
完全5度

基準（ド）　　　　④
（ファ）　　③
完全4度

☖音階の発明

　「ドレミファソラシド」の低いドから高いドまでの音程の幅を**1オクターブ**と言います。1オクターブ離れた2つの音は同時に響くと高さの違う「同じ音」に感じられて、完全にとけ合うことをご存じの方は多いでしょう。

　音楽では、音程（2つの音の音の高さの差）を表すときに**「度」**という接

尾辞を使います。ただし「0度」というのはなく、同じ高さの音どうしは「1度」と言います。ドとレのようにとなり合う音の音程は2度、ドとミの音程は3度です。

特に綺麗に響き合う音程には頭に「完全」を付けることになっていて、1オクターブの中に完全音程は、**完全8度**（1オクターブ）、**完全5度**（ドとソなど）、**完全4度**（ドとファなど）の3つがあります。ピタゴラスたちが発見した3つの「調和する音程」はそれぞれ、次のように3つの完全音程に対応しています。

弦の長さの比が2：1　…　**完全8度**（1オクターブ）

弦の長さの比が3：2　…　**完全5度**

弦の長さの比が4：3　…　**完全4度**

こうした音程の研究を通して、ピタゴラスたちは、人類で初めて「ドレミファソラシド」の音階[17]を発明しました。

音の速さ

♺音速よりも速いコンコルド

私は子供の頃「最も速い乗り物」に興味がありました。子供というのは、いろいろな1番を知りたがるものです。当時読んでいた図鑑には、「最も速い旅客機はコンコルドです。その速度は**マッハ2**です」と書いてありました。

コンコルド、ご存じでしょうか？（次頁の写真参照）

1950年代以降、米ソの宇宙開発競争が激化する中、ヨーロッパはほとんど蚊帳の外であり、科学技術の点において両大国の後塵を拝しているという印象は否めませんでした。そこで、ヨーロッパの覇権を復活させるべくイギリスとフランスが共同で開発したのが「最も速い旅客機」コンコルド[18]だったのです。1969年3月2日、ヨーロッパの威信をかけて開発されたコンコルドは初飛行に成功します。それは人類が初めて月面に降り立

17）音楽で使われる音を一定の基準に従って高さの順に配列したもの。

つ4カ月前のことでした[19]。

　少年時代の私は、コンコルドが開発された背景を知る由_{よし}はありませんでしたが、機首を傾けて飛ぶ[20]いかにも速そうなそのフォルムと**「マッハ」**という言葉の響きに魅せられたことはよく覚えています。図鑑の説明を読んで「マッハ1」とは音速と同じ速さを意味することを知りました。「マッハ2」のコンコルドは音速の2倍の速さで飛ぶというわけです。

　永野少年は、マッハという言葉とともに「音速」というものを知り、**音には速度があって、音がある距離を進むには時間がかかる**ということに驚きました。家族や友達の話す声やテレビやステレオの音は発せられると同時に自分の耳に届くと思っていたからです。

　もちろんこれは、音源が目の前にあるために「ほぼ同時」に感じられるにすぎません。山で「ヤッホー!」と叫んだときに聞こえる山びこや、雷や花火の音が見えてから遅れて届くことなどの体験と結びつければ、音が数百m離れた場所に届くまでには数秒程度の時間がかかることがわかります。

---

18) concorde(コンコルド)とはローマ神話の女神 Concordia(コンコルディア)に由来し、フランス語で「調和」や「協調」を意味します。歴史的に犬猿の仲であることが長かった英仏の2国で共同開発した航空機ということでこの名前になったようです。
19) アポロ11号によって人類が初めて月に到着したのは同年の7月20日。
20) コンコルドの細長い機首は可動式になっています。これは離着陸時のパイロットの視界を確保するためです。

♻️音速は気温によって変わる

では、**空気中を伝わる音の速さはどれくらいなのでしょうか？**

音速は気温によって変わります（詳しい計算式は次式）。

空気中を伝わる音の秒速[m/秒]＝331.5＋0.6×気温(℃)

2019年の東京の年間の平均気温は16.5℃でしたが、この気温における音速は、秒速341.4mです。日常生活では**音速はだいたい秒速340m**と覚えておくと便利です。たとえば雷がピカッと光ってから「ゴロゴロ」と聞こえるまでの秒数をカウントすれば、雷が落ちた場所までのおよその距離がわかります。「ピカッ」から「ゴロゴロ」まで3秒なら、落雷地点は約1km（340 × 3＝1020m）先です。

では、なぜ音速は気温によって変わるのでしょうか？

この先は、少し難しい話になってしまうかもしれませんが、縦波（音波[21]）の速度がどのようにして決まるかをお話ししたいと思います。

《復習》

縦波：進行方向と同じ方向に振動する波。疎密波。
横波：進行方向に対して垂直に振動する波。

♻️オモリとバネの関係を空気にあてはめて考える

いくつかのバネでつながれたオモリの振動が伝わっていく様子をイメージしてください。

次の図は、A、B、Cの3つのオモリがそれぞれバネにつながれていて、Aから始まった振動がA → B → Cと伝わっていく様子を模式的に表したものです。

21）音波は縦波でしたね（20頁）。

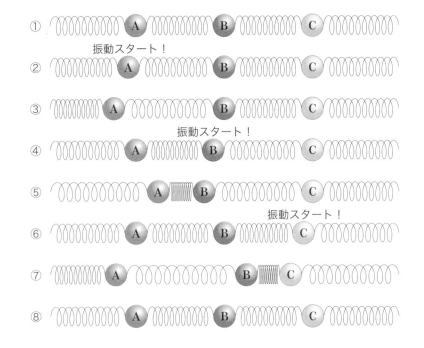

① 振動スタート！

②

③ 振動スタート！

④

⑤

⑥ 振動スタート！

⑦

⑧

　こうしてみると、**それぞれのオモリの振動が速ければ速いほど、隣のオモリに振動が伝わるのも速くなる**ことがわかります。

　では、オモリの振動が速くなる条件はなんでしょうか？

　それは、**オモリの質量が小さいこと**と、**バネの力が強いこと**です。

　そもそも質量というのは、物体の動きづらさを表す値[22]ですから、質量が軽ければ軽いほどオモリは素早く振動します。

　また、バネの力が強ければ強いほど、元に戻そうとする力が強くなりますから、やはり振動は速くなります。

　以上の話を空気にあてはめていきましょう。空気のある部分を「オモリ」に見立て、その両側を「バネ」に見立てます。この場合、空気の**「ある部**

---

22) 実は、質量と重さは違います。**質量は物体の動きづらさを表す数値**であるのに対し、**重さは物体にはたらく重力（万有引力）の大きさ表す数値**です。質量は宇宙空間のどこでも変わりませんが、重さはどこで測るかによって変わります。たとえば月面における重力は、地球の約6分の1なので、月における物体の重さは地球における重さの約6分の1になります。

分の重さ(密度[23])」は「オモリの質量」に、振動によって圧縮されたまわりの空気が「押し返そうとする力(圧力[24])」は「バネの力」にそれぞれ相当します。

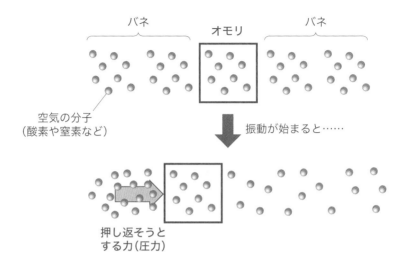

一般に、気体は温められると膨張するので、一定の体積に含まれる "空気の分子"[25](空気中の酸素分子や窒素分子)の数は少なくなります。つまり空気の温度が高くなると、ある部分の重さ(密度)=オモリの質量は小さくなります。

また、気体の温度が上がると、気体分子の運動は激しくなりますから、お互いに衝突する際の衝撃が強くなります。これは、空気の温度が高くなると、まわりの空気が押し返そうとする力(圧力)=バネの力が大きくなることを意味します。

結局、空気の温度が高くなると、オモリの質量が小さくなり、バネの力が強くなるのと同じ現象が起きるので、振動が伝わる速さ=音速も速くなるのです。

---

23) 単位体積(1m³ など)あたりの質量のこと。
24) 単位面積(1m² など)あたりの力のこと。圧力については第7章の296頁以降で詳しくとりあげます。
25) 分子や原子については化学編で詳しく書く予定です。

☁液体や固体の中を伝わるときの音速

　次に、**液体**や**固体**の中を伝わる音速についてもみていきたいのですが、その前に物体の状態が気体→液体→固体と変わっていくとき、物体を構成する分子や原子の状態がどのように変わっていくのかを説明しておきましょう。

　物体が気体の状態にあるとき、分子や原子は空間の中で一つ一つが自由に飛び交(か)っています。元気な子供たちが自由に走りまわっているような状態です。

　物体が液体の状態にあるときは、分子や原子はある制限の中で動きまわります。言わば、お互いに手をつなぎながらお遊戯(ゆうぎ)をしている子供たちのような感じです。

　そして、物体が固体の状態にあるときは、物体の分子や原子は整然と規則正しく並んでいます。固体状態の分子や原子の様子はラグビーにおけるスクラムに近いイメージです。

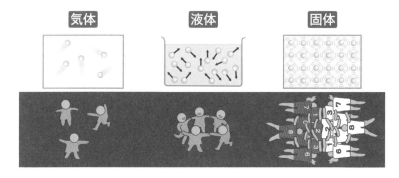

| 気体 | 液体 | 固体 |

　つまり、物体の状態が**気体**→**液体**→**固体**と変化すると、分子や原子どうしの結びつきが強くなります。その分、ある分子や原子が振動を始めると、まわりの分子や原子が**押し返そうとする力（バネの力）はとても大きくなっていきます**。もちろん、気体→液体→固体と変化するにつれて、一定の体積に対する質量（密度）は大きくなるのですが、その影響よりも**振動を押し返そうとする力の影響のほうがずっと大きい**ので、結果的に音速は

固体中の音速 ＞ 液体中の音速 ＞ 気体中の音速

となります（下の表参照[26]）。

音の速さの比較	
空気	秒速　約 340 m
水	秒速　約 1500 m
鉄	秒速　約 6000 m

　ところで、水中では地上に比べて、音のやってくる方向がわかりづらいと感じたことはないでしょうか？　人は音が左右の耳に入ってくる時間差によって音の来る方向を判断します。しかし、水中では音速が速いため、この時間差が短くなり、音の来る方向が判断しづらいのです。

ドップラー効果

♻通過する救急車のサイレン、電車内で聞く踏切の音

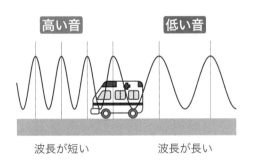

　救急車が近づいてくるとき、サイレンの音は高く聞こえます。反対に救急車が遠ざかるときは、サイレンの音は低く聞こえます。また、電車に乗っていると、踏切の「カーン・カーン」という音は、踏切を通過する前には高く聞こえ、踏切を通過したあとには低く聞こえますね。

26）数値は室温（摂氏15度）程度のときの値です。ちなみに自然科学における「室温」とは、外部から加熱も冷却もしていない温度のことを言い、おおむね10℃〜30℃程度を指します（JISでは、5℃〜35℃）。

一般に、**波源や観測者が移動しているとき、観測者が測定する振動数と波源の振動数が異なる現象をドップラー効果**と言います[27]。

　先に、**波の速さと振動数と波長**の関係を確認しておきましょう。

　今、波の速さをv、振動数をf、波長をλ[28]にします。「振動数」というのは、1秒間に物体が振動する回数のことでしたね（20頁）。振動数がfの波は1秒でf個の波を生むので、**波長λの波が1秒で進む距離は$f\times\lambda$**であり（下の図[29]参照）、これを**波の速さ**と言います。

すなわち

$$\text{波の速さ}=\text{振動数}\times\text{波長}\quad(v=f\lambda)$$

というわけです。これを**「波の基本式」**と呼びましょう。

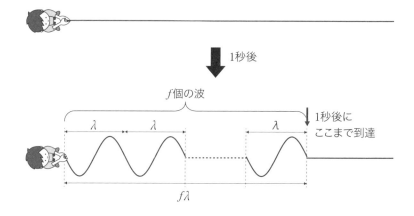

1秒後

f個の波

λ　　λ　　λ

1秒後にここまで到達

$f\lambda$

♻ドップラー効果のしくみ

　準備ができたので、ドップラー効果のしくみを解明していきましょう。

---

27) 救急車の例では、波源→救急車、観測者→音を聞く人、振動数→音の高さ、です。

28) 物理では、波長を表す際によくλ（ラムダ）が使われます。λはラテン文字（ラテンアルファベット）のl（エル）に相当するギリシャ文字であり、lは「長さ」を表す"length"の頭文字であることから、波長にはλが使われるようになったと言われています。だったら「l」でいいじゃないか、と思ってしまいますが、「l」は数字の1（いち）と紛らわしいということで避けられたのかもしれません。

29) この図は、本来は縦波である音波を横波で表したものです（縦波の横波表現：19頁）。

　お風呂で遊ぶゼンマイ仕掛けのアヒルのおもちゃを想像してください。ゼンマイを巻いてお風呂に浮かべると、アヒルは湯船の中を進み、水面にはばたつかせる足元を波源とする円形の波ができます。次の図はこのときの様子を模式的に表したものです。

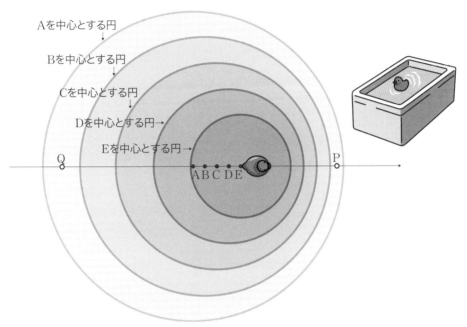

Aを中心とする円
Bを中心とする円
Cを中心とする円
Dを中心とする円→
Eを中心とする円→

Q　　　　　　　ABCDE　　　　　　　P

　ここで注目していただきたいのは、アヒルの前方のP地点で観測する波長（山から山の距離）とアヒルの後方Q地点で観測する波長の違いです。明らかに**Pで観測する波長は短く、Qで観測する波長は長い**ですね。

　一方、波が水面を伝わる速さのほうはどうでしょうか？　アヒルが動く分だけ、波の速さも影響を受けるでしょうか？　そんなことはありません。ベルトコンベアに物を運ばせるとき、ベルトコンベアの横を歩きながら物を置いたとしても、横を歩くスピードはベルトコンベアが物を運ぶスピードには影響しないのと同じです。

　さて、波の基本式によれば、**「波の速さ＝振動数×波長」**でした。この式を変形すると

$$振動数 = \frac{波の速さ}{波長} \qquad \left(f = \frac{v}{\lambda} \right)$$

となりますね。

これは、波の速さが変わらないのなら、**波長の短い P での振動数は大きくなり、波長の長い Q での振動数は小さくなる**ことを意味します（波の速さが一定のとき、振動数 f と波長 λ は反比例の関係にあるからです）。

音波の場合、音の高さは波の振動数によって決まる（20 頁）ので、**P にいる人（音源の進行方向前方にいる人）には高い音が聞こえて、Q にいる人（音源の進行方向後方にいる人）には低い音が聞こえます**。これがドップラー効果のしくみです。

音源が動いているときだけでなく、観測者（音を聞く人）が動いているときにもドップラー効果は起こります。音源が止まっていれば波長は変わりませんが、観測者が動くと、観測者には音速が本当より速く感じられたり、遅く感じられたりする [30] ため（下の図参照）、「観測者にとっての音速（波の速さ）」が変わります。「**振動数 $= \dfrac{波の速さ}{波長}$**」において、**波の速さが変わるので振動数も変わる**のです。観測者が音源に近づくほうに動けばより高い音（振動数の大きい音）に、音源から遠ざかるほうに動けばより低い音（振動数の小さい音）に聞こえます。こうしてドップラー効果が起きます。

一般に観測者から見た波源の速度（相対速度）が大きいほど、ドップラー効果における振動数の変化も大きくなります。野球のスピードガンや車の速度違反を取り締まる測定装置はドップラー効果を利用した技術です。

30）観測者は、自分が動いていることを忘れて（棚に上げて？）「おっ、音速が速くなった（遅くなった）」と感じてしまうわけですね。

♻クリスチャン・ドップラーの予想は外れたが…

　ドップラー効果は音に関する現象として有名ですが、オーストリア人の物理学者**クリスチャン・ドップラー**が1841年に発表したのは光に関するドップラー効果でした。ドップラーは夜空に輝く星（恒星）の色が違うことをこれによって説明しようとしていたのです。

　後で詳しくお話ししますが、当時、ニュートンによって光は波であり、光の色の違いは光の波長の違いであることはわかっていました（波長が短いほど青く、波長が長いほど赤い）。それならば、星が地球に対して近づくときは波長が短くなって青い光になり（青方偏移と言います）、星が地球に対して遠ざかるときは、波長が長くなって赤くなる（赤方偏移と言います）のではないかと考えたのです。

　後になって、残念ながら恒星の色の違いはドップラー効果によるものではなく、表面温度の違いによるものであることがわかりましたが、現代における銀河の速度の測定にはまさにドップラー効果が使われています。また、アメリカの天文学者**エドウィン・ハッブル**が、宇宙が膨張し続けていることに気づいたのも、遠くの銀河ほど波長が長い（赤方偏移している）ことに気づいたからです。

　ちなみにドップラーは、自身の発見したドップラー効果は音波についても成立するはずだと考えていました。でも、これを実証したのは**クリストフ・ボイス・バロット**というオランダの気象学者でした。

　当時は救急車など身近にドップラー効果を感じられる乗り物はありません。そこで実験には（当時最も速い乗り物だった）蒸気機関車が使われました。バロットは耳の良い音楽家を15人集めて蒸気機関車の中で吹くラッパの音を聞かせたり、逆に蒸気機関車に乗せてプラットホームで吹くラッパの音を聞かせたりしたそうです。結果はもちろん「確かに理論どおりに高く聞こえたり、低く聞こえたりする」というものでした。

Column 1

雷の音

　なぜ雷は落ちると音が鳴るのでしょうか？

　物体にとどまったままほとんど動かない電気のことを**静電気**[1]と言います。冬場、乾燥しているときに金属製のドアノブに触れようとした瞬間、バチッとくるのは静電気のしわざであることをご存じの方は多いでしょう。あれは、ウールや化学繊維などの衣服にたまった静電気が人の手を通してドアノブに移動しようとすることで起きる**「放電」**という現象です。実は雷の正体も同じ**静電気の放電**です。

　雷と言えば「ピカッ！」という閃光と「ゴロゴロ」や「バリバリ」という轟音をセットで連想する人は多いと思います。電気なのですから「ピカッ！」と光るのは不思議ではありません。では「ゴロゴロ」や「バリバリ」のほうは何が音源になっているのでしょうか？

　まず、雷が発生するしくみを詳しく見てみましょう。

　地表付近で湿った空気が暖められると上昇気流が生まれます。上昇気流によって上空に運ばれた水蒸気が冷やされて細かい**氷の粒**になると**雲になるわけです**[2]が、最初は小さかった氷の粒も上昇しながら他の氷の粒と合体して次第に大きくなっていきます。大きくなった氷の粒は重くなるので今度は逆に落下し始めます。すると後から来る上昇中の小さい氷の粒とたびたび衝突することになります。繰り返される衝突によって互いをこすり合い、氷の粒に静電気がたまっていきます。このとき小さい氷の粒にはプラスの静電気が、大きい氷の粒にはマイナスの静電気がたまることがわかっています[3]。

　上昇気流に乗って上空に運ばれる間にあまり大きくならなかった小さい氷の粒は雲の上のほうに集まり、逆に途中で大きく育った氷の粒は雲の下のほうにたまります。つまり、雲の上のほうにはプラスの電気が、雲の下のほうにはマイナスの電気がたまっていくわけです。また雲の下のほうの

1）静電気ついては92頁で詳しく説明します。
2）雲ができるしくみについては、改めて地学編で詳しくお話しする予定です。
3）その理由はまだ解明されていません。

マイナスの電気に引っ張られて、地中にあるプラスの電気が地面付近に集まります。

　こうして上空から地表にかけて**プラスの電気が集まった層、マイナスの電気が集まった層、プラスの電気が集まった層**という3つの層が生まれます。

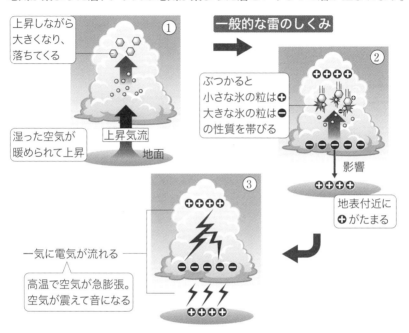

　それぞれの層にたまった電気がある量以上になると、**一気に電気が流れます（放電が起きます）**。これが雷の正体です。

●雷が自然エネルギーとして利用しにくい理由

　規模によっても違いますが、一回の落雷における**電圧は1億V**（ボルト）（家庭では100V）、**電流は10万A**（アンペア）程度（家庭では多くても50Aくらい）です。電力になおすと**10兆W**（ワット）（東京電力の最大電力供給力が約500億W）ですから[4]、雷の電力はまさに桁違いです。

　ただしこの大きな電力を人間が生活に利用することは大変難しいとされています。雷がどこに落ちるのかをあらかじめ予測することは難しいうえ

4）電圧、電流、電力などについては、第3章で詳しく説明します。

に、落雷は一瞬で終わってしまうからです。なぜ一瞬だと難しいのだろうと思われた方は、スマホやノートPCの充電には数十分〜数時間の時間が必要であることを思い出してください。現代の科学技術では、ある程度の時間電力が持続しなければ充電をすることができないのです。

　雷のしくみがわかったところでいよいよ「ゴロゴロ」や「バリバリ」と音が鳴る理由も明らかにしていきましょう。

　雷が落ちると、雷の通り道はおよそ1万℃にもなります(太陽の表面温度は約6000℃)。太陽の表面よりも熱い超高温によって温められたまわりの空気は爆発的に膨張し、**激しく振動**します。この**振動が伝わり、雷鳴となって聞こえる**わけです[5]。

　しかも、雷は電気ですから、自分が生み出す音よりもはるかに速いスピードで空気中を進みます。そうなると**非常に大きな音**(大きな振幅を持つ音:23頁)が生まれます。そのしくみはこうです。

　コンコルドのように超音速で飛ぶ飛行機は、周囲に爆音を響かせます[6]。これは、周囲に発した音波を飛行機が追い抜いてしまい、複数の音波の「疎」である部分と「密」である部分が互いに重なり、大きな圧力変化となるからです(図参照[7])。

　このようにして、**超音速で移動する音源が生み出す音波を衝撃波**と言います。雷の音が非常に大きいのも、雷は音速を超えて進むため、ただの音波ではなく、衝撃波を生み出すからです。

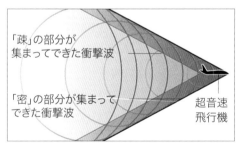

「疎」の部分が集まってできた衝撃波

「密」の部分が集まってできた衝撃波

超音速飛行機

---

5) ちなみに「ゴロゴロ」は雲の中の雷、「バリバリ」は地面に落ちた雷の音であることが多いようです。

6) 余談ですが、コンコルドが2003年に運航を終えたのは、収益性が低かったことに加えて、衝撃波による騒音被害があったからです。

7) ドップラー効果の説明で使った図(37頁)では、アヒルのおもちゃは(ゆっくり進むので)自分が過去に出した円形の波を追い越すことはありませんでした。

第 **2** 章

光とはなにか

漢字の「光」も、英語の「light」も

「光」は「人（ル[1]）」の上に「火」と書く会意文字[2]です。古代の人びとにとって火は非常に神聖なものでした[3]から、火を守って神に仕える人がいました。「光」という字はもともと、そのような火を扱う聖職者を示していたのです。それが転じて火の「ひかり」そのものを光というようになりました。

また、英語の「light」は名詞では「光」という意味ですが、動詞では「火をつける（他動詞）」「火がつく（自動詞）」などの意味を持ちます。

トーマス・エジソンが電球を商用化[4]したのは、19世紀の後半のことでした。一方、人類が火を使い始めたのは100万年以上前と言われています。天体の力を借りずに、人が自由に扱える「光」は、長いあいだ「火」だけだったのです。
（1847-1931）

発光のしくみ

♻2種類あるしくみ ～熱放射とルミネセンス～

実はものが光るしくみには大きく分けて2つしかありません。一つは「熱放射」、もう一つは「ルミネセンス」です。

火や白熱電球は前者のしくみによって光るものの代表選手です。一方、蛍光灯やLED、ホタルなどは後者のしくみによって光ります。

「熱放射」というのは、物体が熱を持つときにその熱に応じて電磁波[5]を放出する性質のことを言います。光は、電波や放射線と同じ電磁波です。電磁波は波長の違いによって呼び方が変わります。

次頁の図にありますように、電磁波のうち波長が $10\,\mathrm{nm}$ [6]以下のもの

---

1) 部首名は「ひとあし」もしくは「にんにょう」と言います。
2) いくつかの漢字を結合し、それらの意味を合わせて全体の意味としている文字。
3) オリンピックの「聖火」もその名残です。
4) よく誤解されているようですが、電球そのものを発明したのはエジソンではなく、ジョゼフ・スワン（1828-1914）というイングランドの物理学者です。エジソンはこれを改良し、フィラメントに竹を使うことで、それまでは数時間で切れてしまっていた電球を長時間光らせることに成功しました。
5) 電磁波については237頁でもとりあげます。
6) 1nm＝100万分の1mmです。

を「放射線」、波長が 10nm 〜 100μ m [7] のものを「光」、波長が 100μm 以上のものを「電波」と言います。

「光」の中で**目に見える光（可視光線）**は波長がおよそ 380nm 〜 780nm のものに限られます。これ以外の波長の電磁波を、私たちは見ることができません。

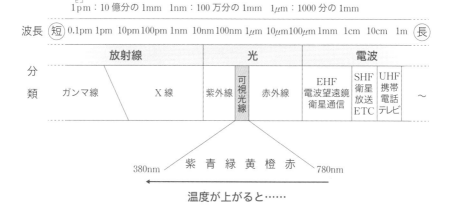

1pm：10 億分の 1mm　1nm：100 万分の 1mm　1μm：1000 分の 1mm

熱放射によって放射される電磁波にはさまざまな波長のものが含まれますが、**温度が高くなるほど、短い波長の電磁波が多く含まれる**という性質があります。

鉄を熱したときに、だんだんと赤くなるのは、鉄が温められて、次第に可視光線領域の電磁波（赤い光）も放射するようになるからです。赤くなった鉄をさらに熱すると赤→黄→白と色が変化していくことをご存じでしょうか。鉄の温度が上がることで、より短い波長の電磁波も含まれるようになるからです。実際、鍛冶職人はこうした温度による鉄の色の変化をチェックして作業工程を決めています。

白熱電球は、電気によって温められたタングステンが熱放射によって可視光線領域の波長の電磁波を放射することを利用する灯りです。

他に、太陽光やロウソクの灯りなども熱放射による光です。

7）1μm＝1000 分の 1mm です。

♻ルミネセンスは説明しにくい

一方の**ルミネセンス**とはどんなしくみでしょうか。

こちらは少し難しいのですが、ごく大雑把に言ってしまうと、何らかの理由で「**励起状態**」と呼ばれるエネルギーの高い状態になった電子が、「**基底状態**」と呼ばれるエネルギーの低い状態に戻るときに、余分なエネルギーを「光」として放出するしくみ、それがルミネセンスです。

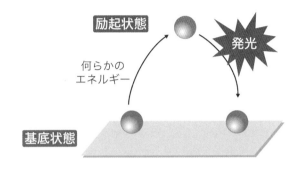

原子や電子について（第3章「電気とはなにか」で少しふれます）はまだ詳しくみていないので、難しいですよね。日常生活の中でイメージしてみましょう。

たとえばボーリングでストライクが出たり、好きな人が告白を受け入れてくれたりしてテンションが上がると「ヨシッ！」とか「ヤッター！」などと叫んでみたくなりますよね？　「励起状態」とは、言わば「テンションの上がった状態」です。そして、叫んだ後はちょっと冷静になるわけですが、この「冷静な状態」が「基底状態」だと言っていいでしょう。ルミネセンスよって光が放出されるしくみは、テンションの高い状態から冷静な状態に戻るときに声が出ることと似ています。

雷、ホタルやクラゲなどの発光[8)]、蛍光灯、LED などがルミネセンスによる光です。

---

8) 富山名物のホタルイカも同様です。ただし、水揚げ日本一は兵庫県の日本海側、浜坂（はまさか）漁港。

光の直進性

⚠光の最も基本的な性質

ここからは、光の持つ基本的な性質についてみていきましょう。

光の最も基本的な性質、それは空気中や水の中やガラスの中を**直進する**という性質です。

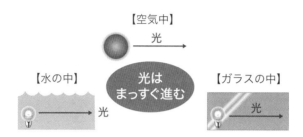

ただし、光源[9]が太陽のように非常に遠くあるときと、手元の豆電球のように小さい光源が近くにあるときとでは光線の様子が違いますので注意してください。

下の図のように、光源から出る光はいつも**放射状に(= 四方八方に)広がります**。これは太陽から出る光であっても、豆電球から出る光も同じです。

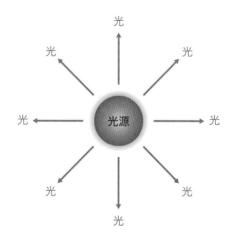

---

9) 太陽や火や電灯のようにみずから光を出すもの。

豆電球の光は拡散光線、太陽の光は平行光線

　ただし、太陽は遠いです。地球から約1億5000万kmも離れています……と言ってもピンときづらいでしょうから、その遠さが実感できるように、地球(直径約1万3000km [10])をテニスボールの大きさ(直径約6.7cm)に縮めてみます。すると、太陽(直径約139万km [11])は2階建ての家くらいの大きさ(約7.3m)になり、テニスボール(地球)から約786m離れた位置にあることになります。

　太陽が地球を照らすのは、2階建ての家全体を光源とする光が、歩いて10分 [12] くらいのところにあるテニスボールを照らしているようなものです。どうでしょうか？　ずいぶんと遠くから照らされている感じをつかんでもらえたでしょうか。

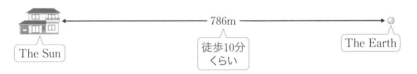

　先ほど、太陽から出る光も、豆電球から出る光も放射状に広がると書きましたが、太陽は地球からはるか遠くにあるため、地球に届く光はほとんど「平行」になります。

　これが理科の教科書で「**豆電球の光は拡散光線、太陽の光は平行光線**」と書かれる理由です(下の図参照)。

---

10)　正確には、12,742km です。
11)　正確には、1,392,700km です。
12)　不動産業界では、80m を徒歩1分の距離に換算するようです。

影のでき方

♻点光源と面光源、本影と半影

　光が1点から出る場合と、面から出る場合とでは影のでき方が違います。前者を**点光源**、後者を**面光源**と言います。

　点光源から出た光が物体にあたると、下の図のように、まったく光のあたらない**本影**と呼ばれる影ができます。

　一方、面光源の場合はまったく光のあたらない**本影**と、一部の光のあたる**半影**ができます。

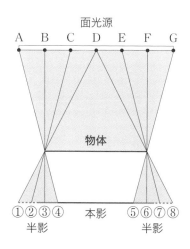

面光源の場合には半影ができるしくみを考えてみましょう。

前頁の図の④〜⑤の部分にはまったく光が届かないので、本影ができます。これに対して、たとえば③の点には、A〜Bの区間から出る光は届くので真っ暗にはなりません。しかし、③にはB〜Gの区間を出た光は届かないので、薄暗い感じになります。これが半影です。ちなみに、②の点にはA〜Cの区間から出た光が届くので③よりは明るくなりますが、それでもA〜Dの区間を出た光が届く①よりは少し暗いです。このように、本影から離れるほど届く光の量は多くなるので、半影は徐々に明るくなり、そのうち影の無い状態と区別がつかなくなります。

ただし、物体と影ができるところの距離が近くなると半影は小さくなり、面光源であっても、半影はわずかしか見えなくなります（下図参照）。

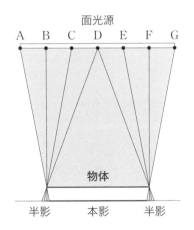

ところで、太陽は点光源でしょうか？　それとも面光源でしょうか？

夕方にアスファルトに伸びる影法師を見ていると、くっきりとした影（本影）だけが見えるので、太陽は「点光源」と考えていいだろうと思われるかもしれません。

空に浮かぶ太陽の見かけの大きさは「5円玉を指でつまんで腕を伸ばしたときの5円玉の穴の大きさ」くらいです。太陽は（いくら遠く離れているとはいえ）「点」と呼ぶには少々大きすぎます。アスファルトに伸びる影がくっきりとした本影だけに見えるのは、太陽までの距離と比べて物体

と地面の距離が近すぎるためです。

♻「皆既月食」と「部分月食」以外に「半影月食」も

　実際、地球の影が月の上に影を作る「月食」では、太陽は面光源として
はたらき、本影と半影ができます。

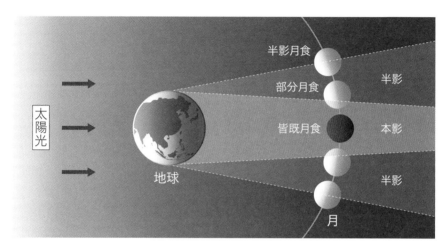

　一般に「月食」と呼ばれるのは、月が本影のエリアに入ったときを言う
のですが、天文学では月が半影のエリアに入ったときも「半影月食」と呼
びます [13]。

「ものが見える」とはどういうことか？

♻紙の本と電子書籍

　もしあなたが今本書を紙の本でご覧になっているとしたら、文章が読め
るのは、紙に印刷されたインクが光を反射 [14] しないからです。紙の白い
部分は太陽や電灯などの光源から出た光を反射しますが、黒いインクの部
分は光を反射しません。そのコントラスト [15] が文字の形を浮かび上がら

13）月食については地学編で詳しく触れる予定です。
14）反射についてはこのすぐあとの項目で触れます。
15）明暗の差のこと。

せるので、何が書いてあるのかを認識することができるのです。

　一方、電子書籍の場合は、白地の部分はデバイス（スマートフォン等）の
ディスプレイが発光し、文字の部分は発光しないため、やはりコントラス
トが生まれて文字が認識できます。

　紙の白い部分は光源から出た光を反射しているのに対して、電子書籍の
白い部分はディスプレイそのものが光源になっています。

　このように、私たちがものを見ることができるのは、**光源から出た光が
物体に反射して目に入る場合**と、**光源から出た光がそのまま目に入る場合**
とがあります。

♻目からなにかが出ていると考えたアリストテレス

　古代ギリシャの時代から、視覚については活発な議論がありました。ピ
タゴラスは物体から光が出ていて、それが目の中に入ることで見えるのだ
と主張したのに対して、アリストテレスは目から出た「視線」が物体に「触
れる」ことで見えるのだと考えました。アリストテレスは、手を伸ばして
ものに触れるとさわった感覚（触覚）があるのと似たようなことが視覚にも
あてはまると考えたのかもしれません。
（紀元前 384 – 前 322）

　現代の私たちからすると、目からなにか（視線）が出ていると考えるのは
荒唐無稽に思われるかもしれませんが、ピタゴラスの説も当時の人々には
謎の多いものでした。なぜなら、たとえば山のような巨大な物体から出た
光がどうやって小さな目の中に入り、しかもはっきりと映るのだろう？
といったことが不思議だったからです。

　ピタゴラスよりもずっと後の時代になって、光がまっすぐ進むこと（直
進性）や、屈折を利用して光を一点に集めるレンズのはたらき[16]などが明
らかになりました。さらに目にはレンズやスクリーンのような機能がある
こともわかり、光が目に入ることで「見える」のだと誰もが納得できるよ
うになりました。

16）屈折、レンズなどについてもこのあとの項目で詳しく触れます。

光の反射

↻ 入射角と反射角は常に等しい

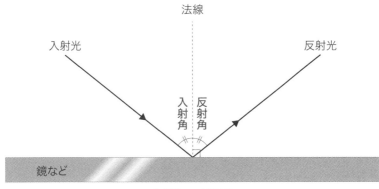

入射角 = 反射角

　光が鏡や水面などにあたってはね返る現象(**光の反射**)についてみていきましょう。

　光が反射するとき**入射光**と**法線** [17] のなす角 [18] を**入射角**、**反射光**と**法線**のなす角を**反射角**と言います。**入射角と反射角は常に等しく**なり、これを**反射の法則**と言います。

↻ 正反射と乱反射

　反射のうち、平らな面での反射を**正反射**と言い、でこぼこな面での反射を**乱反射**と言います。

---

17) ある線や面と垂直な線のこと。余談ですが「法線」は英語では "normal" と言います。語源はラテン語の "norma" で、norma はもともと当時の大工さんやレンガ職人が直角を出すために作っていた T 定規のことでした。そこから normal は「直角 = ふつうの角度」を指すようになり、転じて「ふつうの(正規の)」とか「規定の」といった意味も持つようになります。一方、漢字の「法」には「基準」や「規範」といったニュアンスがあることから、normal に「法線」という訳語をあてたようです(「内法(うちのり)」、「法面(のりめん)」といった用例もありますね)。

18) 「〜と…のなす角」というのは「〜と…で作る角」という意味です。

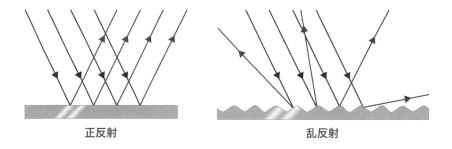

正反射　　　　　　　　乱反射

　ただし、乱反射であっても、ひとつひとつの光を見てみると、反射の法則は成り立っていて、入射角と反射角は等しくなっています。また、私たちが物体をいろいろな方向から見ることができるのは、多くの物体は表面ででこぼこしていて光が乱反射するからです。

　映画館の客席で、暗闇の中、映写機から出る一筋の光をご覧になったことがあると思いますが、あれは光そのものを見ているわけではありません。映写機の光が空気中のホコリにあたって乱反射した光を見ているのです。もし映画館の中がまったくホコリのない空間だとしたら、映写機の光が顔のわずか1cm前を通過したとしても、その光の筋を見ることはできません。

鏡と像

⚠鏡の中の像と実物の位置関係

　今度は、物体から出た光が鏡に反射して私たちの目に届くとき、私たちには**その物体がどこにあるように見えるか**を、反射の法則を使って明らかにしていきましょう。

　次頁の図の A に点光源があることにします [19]（以下の議論は、別の光源からの光を A にある物体が乱反射するケースも同じように考えてもらって構いません）。

19）図には A から放射状に伸びる光線群の一部だけを書いています。

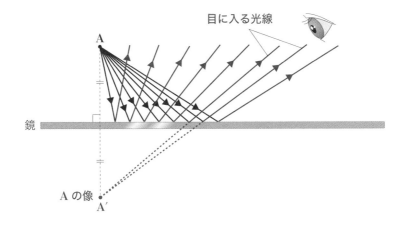

目に入る光線

A

鏡

A の像
A′

　A から出る無数の光のうち、鏡に反射する光はすべて反射の法則に従います[20]。そしてそのうちの何本かの光が私たちの目に届くわけですが、それらの光は、上の図のように「鏡の中[21]」のある一点（図の A′）から出たように見えます。

　この点（A′）のことを点 A の像もしくは**像点**[22]（そうてん）と言います。そして私たちの脳は**「A′（像点）に A がある」**と判断します。

　以上より、**ある物体の鏡に映る像**は、鏡をはさんで実物と**線対称**[23]の位置に見えることがわかります（次頁の図参照）。

---

20)「〜の法則に従う」という言い方は数学や理科に多く登場しますが、これは「〜の法則どおりになる」という意味です。
21) 人によっては「鏡の向こう」に感じるかもしれません。
22) 物体の一点から出た光線の束が反射や屈折などを経た後、再び一点で交わる（あるいは交わるように見える）とき、「再び交わる一点」を像点と言い、像点の集まったものを像と呼びます。
23) 鏡のところで折り合わせるとぴったり重なる位置関係であること。

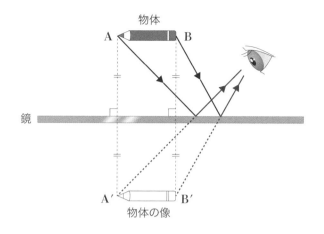

図　物体

A ▢▢ B

鏡

A′ ▢▢ B′
物体の像

⚠️鏡に映って見える範囲

　次に鏡を通して物体を(正確には物体の像を)見ることができる範囲を考えてみましょう。

　右の図では、X～Yのところに鏡があります。するとAの像は、直線XYに関して線対称の位置にできますから、図のA′がAの像の位置です。

　Aから出た光が鏡の端ギリギリのXやYで反射するとき、反射の法則に従って考えると、反射光線は図の赤線のようになります。このことから、**Aから出た光が届く範囲は図のピンク色に塗られた部分**になります。ちなみに、この範囲は、Aの像であるA′と鏡の端の点(X

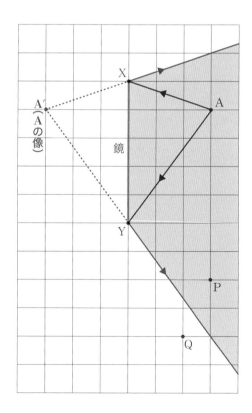

X

A′
(Aの像)

鏡

A

Y

P

Q

と Y)をそれぞれ結んで延長することでも求められます。

たとえば、図の P の位置にいる人は鏡に映る A（の像）が見えますが、Q の位置にいる人には見えません。

♻鏡に全身を映して見るために必要な鏡の長さ

鏡に映って見える範囲がわかったところで、今度は**「全身を映すために必要な鏡の長さ」**を考えてみましょう。

結論から言えば、**「身長の半分の長さ」の鏡**があれば全身を映すことができます。

直観的に「え？　それは無理じゃない？」と思われる方もいらっしゃるかもしれませんが本当です。

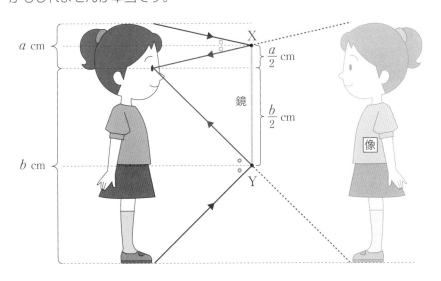

人物の目の高さから頭のてっぺんまでの長さを a cm、つま先から目の高さまでの長さを b cm とします。

頭のてっぺんから出た光が鏡の上の端（図の X）で反射して目に入り、つま先から出た光が鏡の下の端（図の Y）で反射して目に入れば、人物は全身の像を見ることができます。

このとき、上の図からもわかるように、人物の目の高さから鏡の上端ま

での長さは $\dfrac{a}{2}$ cm、人物の目の高さから鏡の下端までの長さは $\dfrac{b}{2}$ cm です。

鏡の長さ（X 〜 Y の長さ）は全体で $\dfrac{a}{2}+\dfrac{b}{2}=\dfrac{1}{2}(a+b)$ cm なので、**身長（$a+b$ cm）の半分の長さの鏡があれば、全身を映せる**ことになります。

光の屈折

♻茶碗の底のコインが水に浮く？

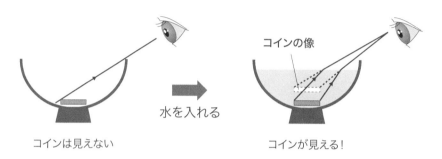

水を入れる

コインは見えない

コインの像

コインが見える！

　突然ですが、ここでちょっと手品のような実験をしてみましょう。用意するのは、空（から）のお茶碗とコインと水の入ったコップです。

　まず空のお茶碗をテーブルの上に置いて、お茶碗の底にコインを入れます。そして斜め上からコインがギリギリ見えなくなるくらいの顔の位置を見つけてください。次に、顔を固定したまま、コップの水をお茶碗に注ぎます。するとどうなるでしょうか？　なんと見えなかったコインが見えるようになります。まるでコインが浮かんだように感じるでしょう。

　もちろん実際にコインが水に浮くわけではありません[24]。コインが浮かんだように見えるのは、水と空気の境目で光が**屈折**するために生じる目の錯覚です。コイン自身ではなく、コインの像（55 頁）が浮かんで見えたのです。

　プールの底が浅く見えたリ、プールに立っている人の足が短く見えるの

24）物体が水に浮かぶかどうかに関わる密度と浮力の関係については 287 頁で解説します。

もやはり水と空気の境目で屈折が起こるからです。

　このように、**透明な物質**（例：水）**から別の透明な物質**（例：空気）**に光が進むときに、その境界面で光が折れ曲がる現象**を光の屈折と言います。

　境界面の法線（53頁）に対して入射光が作る角を**入射角**、屈折光が作る角を**屈折角**と言います。

　入射角が0°のとき（入射光が境界面に対して垂直になるとき）屈折は起きませんが、入射光が0°でないときは境界面で屈折が起きます。

　また、光が屈折すると同時に境界面では反射（53頁）も起きることに注意してください。一般に、入射角が大きいほど反射光が強くなる傾向があります。

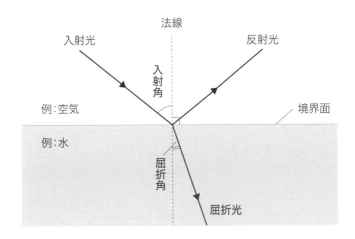

なぜ屈折は起きるのか

　では、なぜ屈折は起きるのでしょうか？

　屈折のしくみは、媒質[25]による**光の速さ**の違いから理解できます。

　真空中の光の速さは秒速約30万km[26]です。これは1秒で地球を7周半する速さです。また月までは約1.3秒で到達します。この真空中の光速

---

25) 音を伝える空気、光を伝える空間などのように物理的作用を他へ伝える仲介物となるもの。
26) 正確には、秒速299,792,458m。ちなみに語呂合わせは「憎くなく無事交番で拘束（光速）」で覚えられます。

は宇宙における「最高速度」であり、常に一定です。ただし、真空以外の媒質を通るときの光の速さは変わります。

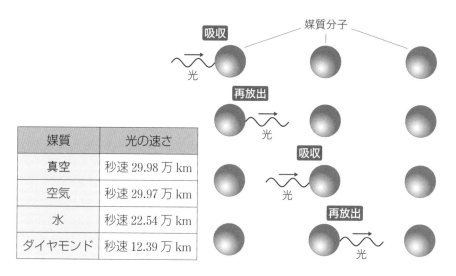

媒質	光の速さ
真空	秒速 29.98 万 km
空気	秒速 29.97 万 km
水	秒速 22.54 万 km
ダイヤモンド	秒速 12.39 万 km

　上の表は、いろいろな媒質における光の速さをまとめたものです。厳密には、真空以外の媒質における光の速さは波長によって違う（後述：62頁）のですが、おおよそ表のとおりです。真空ではないとき、光の速さは真空より遅くなることがわかりますね。真空以外の媒質では、光が通る際、媒質の分子それぞれが光を吸収し再放出するというプロセスを踏みます。これを繰り返すうちに何もない真空中を進むより遅くなってしまうのです。

　一般に、ある媒質中の光の速さが**真空中の光速の** $\dfrac{1}{n}$ **になるとき** [27]、n をこの媒質の**屈折率**と言います。**屈折率（n）が大きければ、それだけ光の速さは遅くなる**というわけですね。ちなみに、空気中の光の速さは真空中とほぼ変わらない [28] ため、空気の屈折率は「1」として考えることが多いです。

27）ある媒質中の光の速さは必ず真空中より遅くなるので、$n \geqq 1$ です。
28）厳密には空気中の光の速さは真空中より約 0.029 ％遅くなります。

△媒質ごとに異なる屈折率

　光の屈折は、異なる路面を転がる車輪に置き換えて考えることができます。

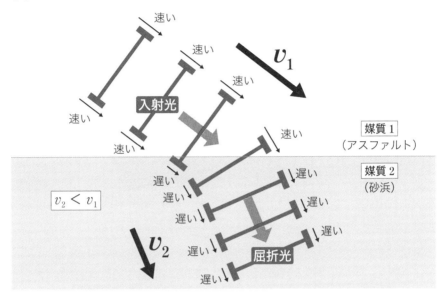

速い
速い
速い
v_1
入射光
速い
速い
速い
媒質1
（アスファルト）
遅い
遅い
媒質2
（砂浜）
$v_2 < v_1$
遅い
遅い
遅い
v_2
遅い
屈折光
遅い

　棒で連結された2つの車輪が舗装されたアスファルトから砂浜へ斜めに入っていくときのことを想像してください[29]。

　片方の車輪が先に砂浜に入ると、その車輪が転がるスピードは遅くなります。しかし、このときもう一方の車輪はまだアスファルトの上にあるのでスピードが落ちません。片方の車輪が砂浜、もう片方の車輪がアスファルトにある間は、2つの車輪の転がるスピードが異なるため上の図のように車軸（車輪をつなぐ棒）は曲がってしまいます。これが屈折のしくみです。

　また、このイメージから、媒質1に比べて媒質2のほうが遅くなればなるほど、屈折角（59頁）は小さく[30]なることもわかります。つまり、**屈折率が大きいほど、屈折光は大きく曲がるのです。**

---

29) ここでは、アスファルトは屈折率の小さい（光速が速い）媒質、砂浜は屈折率の大きい（光速が遅い）媒質をたとえています。

30) 屈折角は境界面の法線と屈折光のなす角なので、屈折角が小さいことは（すこしややこしいのですが）より大きく曲がる（屈折する）ことを意味します（59頁の図参照）。

♻ニュートンと光の分散　～虹色の光の帯「スペクトル」～

　先ほど書いたとおり、厳密に言うと光の屈折率は、媒質の種類だけでなく、**波長(色)によっても異なります。**

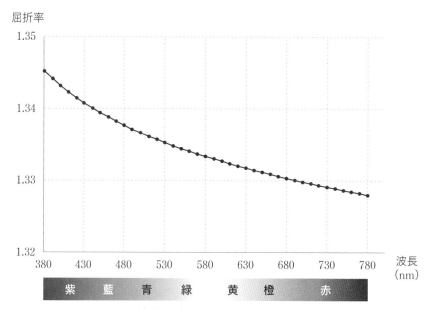

可視光の波長に対する水の屈折率

　上のグラフは可視光の波長と水の屈折率の関係を表したものです。**波長が短いほど屈折率が大きい**ことがわかりますね。

　このことに最初に気づいたのは、**アイザック・ニュートン**です。ニュートンは、1670年代の初めに次のような実験を行いました。_(1642－1727)

　まず部屋を暗くしておいてから窓板に小さな穴を開け、ひとすじの細い太陽光だけが室内に入るようにします。次にその太陽光が通る位置に「プリズム」と呼ばれるガラス製の三角柱を置き、屈折した太陽光が窓の向かい側の壁に当たる様子を観察します(次頁の図参照)。

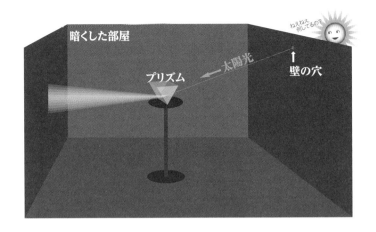

暗くした部屋
太陽光
プリズム
壁の穴
ねえねえ何してるの?

　すると、プリズムで屈折した光は窓壁の小さい穴から入ってきたときの5倍以上の幅となり、しかも赤〜青のグラデーションがついた美しい光の帯となりました。驚いたニュートンはこの光の帯に「現れるもの」とか「見えるもの」とか言った意味をもつラテン語にちなんでスペクトルと名付け、さらに詳しく調べることにしました。その結果、光についての次の4つの性質を発見します。

①光の帯には「赤・橙(だいだい)・黄・緑・青・藍(あい)・紫」の7つの色が見える
②青い光のほうが赤い光よりも大きく屈折する
③太陽の白色光は、ありとあらゆる色の光が混ざったものである
④物の色は、その物がどの色の光を反射しやすいかによって決まる

　ただし、①については本当に7つの色が見えていたわけではないと言われています。確かに、よく「七色の虹」なんて言われますが、実際に見てみると「7色も見つけられない」と感じる方は多いのではないでしょうか。[31]
　②の性質は、青い光のほうが赤い光よりも屈折率が大きいことから説明がつきます。屈折率が大きいほど大きく屈折することは、先ほど車輪のイメージでお伝えしましたね(61頁)。

---

31)　それでもニュートンが無理やり(?)7色と言ったのは、「ドレミファソラシ」の各音に一つずつ対応させたかったからだとか、ラッキー7の7にこだわったからだとか諸説あります。

③は、意外に思われることの多い事実です。

　小さい頃、画用紙にたくさんの色のクレヨンや絵の具を重ね塗りすると、画用紙がほとんど真っ黒になってしまった経験があるからかもしれませんが、さまざまな色を重ねると黒くなっていくイメージを持っている人は少なくないようです。しかし、**さまざまな色（波長）の光が混ざると、光の色は白くなります**。太陽光の白色光には、可視光だけでなく、紫外線も赤外線も含まれていて、ありとあらゆる色（波長）の光が混じり合っているのです。

　④にあるように、物体の色というのは、その物体がどの波長（色）の光を反射するかによって決まります。裏を返せば、物体はその物体の色以外の光を吸収するのだとも言えます。たとえば赤いリンゴは、赤以外の色を吸収し、赤い光だけを反射するので、赤く見えるというわけです。

　赤いクレヨンを画用紙に塗ると赤以外の色を吸収する顔料が付着します。その上に青いクレヨンを塗ると青以外の色を吸収する顔料が重なるので、赤も吸収されるようになり、全体に黒っぽくなります。また、**海や湖が青いのは水の分子が赤っぽい光を吸収しやすく、青っぽい光だけを表面で反射するからです**。

　一般に、白色光に含まれる赤〜紫の光がそれぞれの波長に応じた角度で屈折し、さまざまな色の光に分かれることを**光の分散**と言います。

凸レンズ

⚙その3つのはたらき

　小さい頃、虫メガネで太陽の光を集めて紙などを焦がしたことのある方は多いのではないでしょうか。

　虫メガネのレンズのように、**中央のあたりが膨らんでいるレンズ**を**凸レンズ**と言います。

　凸レンズには主に次の3つのはたらきがあります。

　　①光を一点に集める

　　②ものを大きく見せる

　　③ものをレンズの反対側に映す

虫メガネで太陽の光を集めるのは凸レンズの①のはたらきを使っている
わけですね。凸レンズの②のはたらきを使っているものには、虫メガネ、
顕微鏡などがあります。また近視用のメガネやカメラやプロジェクターな
どは、③のはたらきを使っています。

　最初に**凸レンズの基本的な性質**を確認しておきましょう。

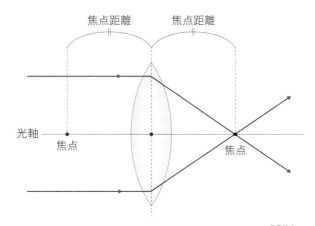

　レンズの中央を通り、レンズの面に対して垂直な線を**光軸**と言います。
また、光軸に平行な光を凸レンズにあてると、光は空気中からレンズに入
るときとレンズ内から空気中に出るときにそれぞれ屈折して、光軸上の一
点に集まります。この点を**焦点**と言います。焦点はレンズの両側にあり、
それぞれの焦点までの距離（**焦点距離**）は等しいです。

　なお、上の図ではレンズの真ん中で一度だけ屈折しているように書いて
いますが、本当は「空気中からレンズに入るときとレンズ内から空気中に
出るときにそれぞれ屈折」します。上の図はこれを簡略化した表記なので、
その点はご承知おきください [32]。

32）他の参考書でも、同様に簡略化されていることは多いです。

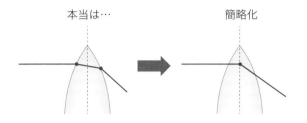

本当は…　　　　　簡略化

🜄「球面レンズ」と「非球面レンズ」

　この先は余談ですが、メガネやカメラのパンフレットを見ているときに**「非球面レンズ」**という言葉を見かけたことはないでしょうか？

　一般的に工作機械を使って球面を作ることは比較的簡単なため、レンズの断面は球の一部を切り出したような形になっていることが多いです。こうしたレンズのことは「球面レンズ」と言います。一方、「非球面レンズ」というのは、球面のカーブだけでなく、球面ではないカーブも使って作られているレンズのことを指します。では、メガネやカメラにはどうしてそんなレンズが使われるのでしょうか？　もっと言えば、なぜ非球面であることがウリになるのでしょうか？

　先ほど光軸に平行な光は、レンズを通った後、光軸上の一点（焦点）に集まると書きましたが、これはあくまで理想的な状態です。現実の球面レンズでは、光軸に平行な光であっても（レンズの中心部と周辺部を通った光で焦点がずれてしまい）、レンズを通った後の光が一点には集中しません。これを**「球面収差」**と言います。

理想　　　　　　　現実

　球面レンズの欠点である球面収差は、像がぼやける原因になってしまうので、球面ではないカーブも使って球面収差ができるだけ小さくなるよう

にデザインされたレンズが編み出されました。それが「非球面レンズ」です。

　メガネやカメラに使われている「非球面レンズ」は、レンズのふち（周辺部）に球面でも平面でもない[33]微妙なカーブ（非球面）が使われています。これにより、球面レンズよりは球面収差が小さくなります。

　しかし、レンズのふちに非球面のカーブを使ったとしても、光は色が違うと（波長の長さが違うと）屈折率が異なる（62頁）ため、すべての色の光の球面収差をゼロにすることは大変な難問です。

　レンズの球面収差については、古くは2000年以上前の古代ギリシャの数学者であったディオクレスも言及していますし、17世紀のクリスティアーン・ホイヘンスやアイザック・ニュートン、ゴットフリート・ライプニッツといった天才たちも、頭を悩ませました。

　この長年の問題がついに解決したと報じられたのは、つい最近のことです。2018年に、メキシコ国立自治大学の博士課程に在籍していた**ラファエル・ゴンザレス氏**が「完全に球面収差を解消したレンズを解析的[34]に設計する方法」を発見したと発表しました。下の画像[35]が、その「球面収差ゼロ」のレンズのデザインです（Wikipediaより）。

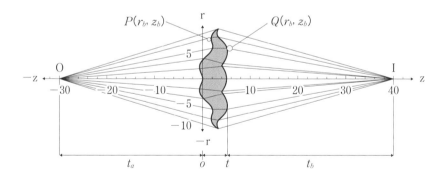

33）「球面でも平面でもない」というのは不思議な感じがするかもしれませんが、たとえばラグビーボールの一部を切り取ったような曲面は球面の一部ではありませんし、また平面でもありません。

34）数式として、関数の形で解が与えられること。

35）縦方向が拡大されています。

♻凸レンズと光の進み方　～像の位置と大きさを作図によって求める～

　前述のとおり、物体自身が光源である場合も、よその光源からの光を物体が反射する場合も、物体から出る光は四方八方に広がります。でも、物体から出た光がレンズを通って作る**像の位置や大きさを作図によって求める**ときは、以下の①～③の「特徴的な光線」のうちの**①と②を使って考える**[36]のが基本です。

特徴的な光線①

　レンズの中心を通る光：直進する

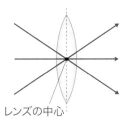

特徴的な光線②

　光軸に平行に進む光：焦点を通る

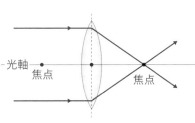

特徴的な光線③

　焦点を通る光：光軸に平行に進む

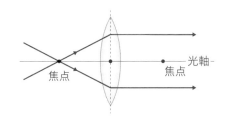

　それでは、実際に像の位置と大きさを作図によって求めてみましょう。いくつかの例で考えていきます。

---

36) 物体から出る他の(四方八方に広がる無数の)光もレンズを通った後は、「特徴的な光線①と②の交点」に集まります。なお、この後登場するレンズはすべて、球面収差を無視できる「理想的なレンズ」とします。

《例 1：物体が焦点距離のちょうど 2 倍の位置にあるとき》

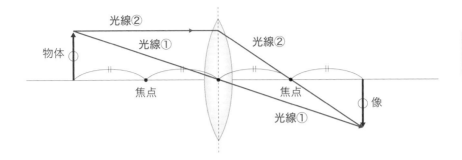

像の位置：焦点距離のちょうど 2 倍
像の大きさ：物体と同じ

《例 2：物体が焦点距離の 2 倍より遠い位置にあるとき》

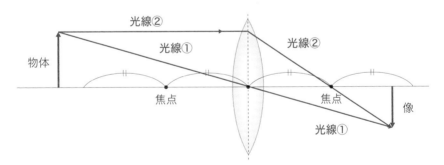

像の位置：焦点距離の 2 倍より近い
像の大きさ：物体より小さい

《例3：物体が焦点より遠く、焦点距離の2倍より近い位置にあるとき》

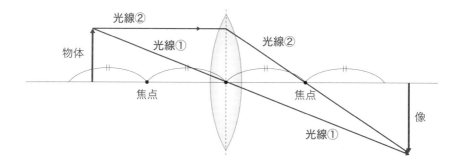

像の位置：焦点距離の2倍より遠い
像の大きさ：物体より大きい

　（例1）～（例3）のように、**レンズを通った光が交わるところにできる像**のことを**実像**と言います。プロジェクターなどで映像を映すとき、実像ができる位置にスクリーンを置けば、ピントのあった実像（映像）を見ることができます。

　また、これらの例から、**物体を焦点距離の2倍よりも遠ざければ、実像は、物体（実物）よりも小さくなり、逆に物体を焦点距離の2倍よりも近づけると、実像は物体（実物）よりも大きくなる**ことがわかります。

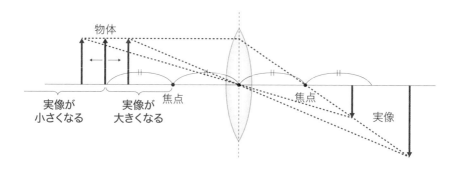

　しかし、物体を焦点よりもさらに内側（レンズに近いほう）に置くと、様子が一変します。次の（例4）を見てください。

《例4：物体が焦点より近い位置にあるとき》

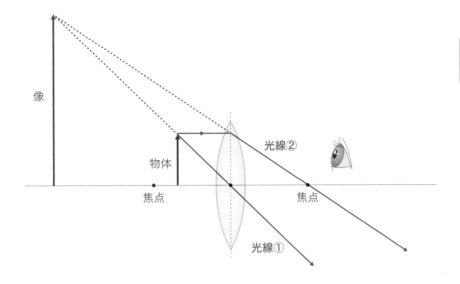

像の位置：物体とレンズに対して同じ側
像の大きさ：物体より大きい

　このように物体を焦点の内側に置くと、レンズを通った後の光線①と光線②は交わることがありません。つまり図の右側には像はできません。しかし、レンズを通して物体を見ると、物体の背後で光線①と光線②が交わっていると錯覚します。このように、本当は交わっていないのに、**あたかも交わっているかのように見える**像のことを**虚像**と言います。レンズを通して物体が大きく見えるとき、私たちは虚像を見ているのです。

　ここまでで、物体を焦点より遠いところに置けば実像ができ、焦点のより近いところに置けば虚像ができることがわかりました。それでは、ちょうど焦点のところに物体を置いた場合はどうなるのでしょうか？

《例 5 : 物体が焦点の位置にあるとき》

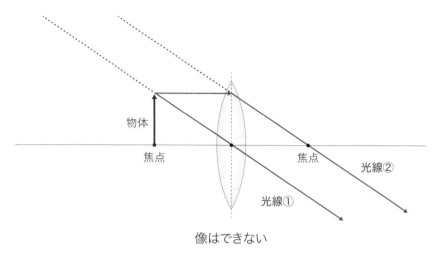

像はできない

　物体が焦点の位置にあると、**光線①と光線②は平行**になるため**実像も虚像もできません**。

　結局、物体の位置と像の関係をまとめると次のようになります。

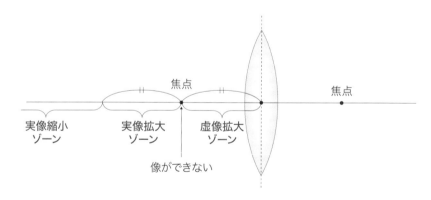

発展 レンズの式を計算で導く

　これまで見てきたように、レンズよってできる像の位置や大きさは、特徴的な 2 本の光線（光軸に平行な光とレンズの中央を通る光）の交点を作図すれば求められます。しかし、そのつど絵を書くのは面倒ですね。そこで、数式から計算によっても像の位置や大きさを求められるようにしておきましょう。

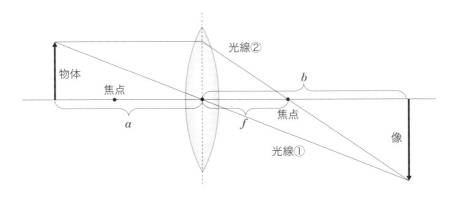

上の図のように、レンズの中心から物体までの距離を a、像までの距離を b、焦点までの距離を f とします。

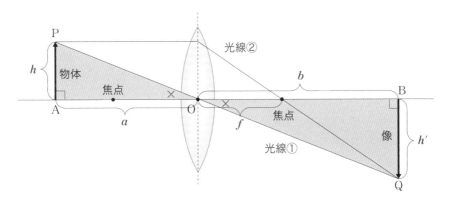

　まず、上の図の △OAP と △OBQ に注目してください。この2つの直角三角形は ∠POA = ∠QOB（対頂角）、∠PAO = ∠QBO（直角）なので **相似（形が同じ）**です[37]。よって、△OAP ∽ △OBQ より[38]

---

37) 次の各場合に2つの三角形は相似になります。
　　ⅰ）3組の辺の比がすべて等しい
　　ⅱ）2組の辺の比が等しく、その間の角が等しい
　　ⅲ）2組の角がそれぞれ等しい
　　ここでは（ⅲ）の条件より △OAP と △OBQ は相似です。
38)「∽」は相似であることを示すマークです。一般に、相似な図形どうしの対応する辺の比は等しくなります。

$$OA : AP = OB : BQ$$

$$\Rightarrow \quad a : h = b : h'$$

$$\Rightarrow \quad ah' = bh$$

$$\Rightarrow \quad h' = \frac{b}{a}h \quad \cdots ①$$

①式より、**像の大きさ(h')は物体(h)の $\dfrac{b}{a}$ 倍になる**ことがわかります。

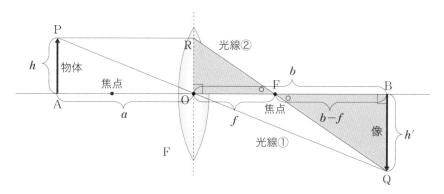

次に、上の図の △ROF と △QBF に注目します。この2つの直角三角形も ∠RFO = ∠QFB(対頂角)、∠ROF = ∠QBF(直角)なので**相似(形が同じ)**です。

よって、△ROF ∞ △QBF より

$$FO : OR = FB : BQ$$

$$\Rightarrow \quad f : h = b - f : h'$$

$$\Rightarrow \quad fh' = (b - f)h$$

$$\Rightarrow \quad h' = \frac{b - f}{f}h \quad \cdots ②$$

①、②より h' を消去すると、

$$\frac{b}{a}h = \frac{b - f}{f}h$$

$$\Rightarrow \quad \frac{b}{a} = \frac{b - f}{f}$$

$$\Rightarrow \quad bf = a(b - f)$$

$$\Rightarrow \quad bf = ab - af$$

$$\Rightarrow \quad bf + af = ab$$

$$\Rightarrow \quad \frac{bf}{abf} + \frac{af}{abf} = \frac{ab}{abf}$$

両辺に
$$\times \frac{1}{abf}$$

$$\Rightarrow \quad \frac{1}{a} + \frac{1}{b} = \frac{1}{f} \quad \cdots ③$$

最後に得られた③の式を「**レンズの式**」もしくは「**レンズの公式**」と言います。

ここでもう一度確認しますが、**a はレンズから物体までの距離、b はレンズから像までの距離、そして f はレンズから焦点までの距離**です。

69 頁の(例 1)では、物体を焦点距離の 2 倍の位置に置くと、像はレンズを挟んで反対側の、同じく焦点距離の 2 倍の位置のところにできることを、作図によって求めました。③を使えば、このことを計算によって求めることもできます。

③で、$a = 2f$ とすると [39]

$$\frac{1}{2f} + \frac{1}{b} = \frac{1}{f}$$

$\dfrac{1}{a} + \dfrac{1}{b} = \dfrac{1}{f}$
の a に $a = 2f$ を代入

$$\Rightarrow \quad \frac{1}{b} = \frac{1}{f} - \frac{1}{2f} = \frac{2}{2f} - \frac{1}{2f} = \frac{1}{2f}$$

$$\Rightarrow \quad b = 2f$$

確かに、像ができる位置(b)は、焦点距離(f)の 2 倍であることが計算できました。さらに、前ページの①式を使うと、物体を焦点距離の 2 倍の位置に置いたとき、**像の大きさ(h')と物体の大きさ(h)は同じになること**もわかります。

$$h' = \frac{b}{a}h$$

より、$a = 2f$、$b = 2f$ とすると

$$h' = \frac{2f}{2f}h \quad \Rightarrow \quad h' = h$$

71 ページで物体を焦点よりレンズに近いところに置くと、物体と同じ

---

39) 物体を置く位置(a)は、焦点距離(f)の 2 倍のところなので $a = 2f$ とします。

側に虚像ができると紹介しました。このこともレンズの式から導くことができます。たとえば、$a = \dfrac{f}{2}$ とすると [40)]

$$\dfrac{1}{\left(\dfrac{f}{2}\right)} + \dfrac{1}{b} = \dfrac{1}{f}$$

$\dfrac{1}{a} + \dfrac{1}{b} = \dfrac{1}{f}$

の a に $a = \dfrac{f}{2}$ を代入

$\dfrac{1}{\left(\dfrac{f}{2}\right)} = 1 \div \dfrac{f}{2}$

$= 1 \times \dfrac{2}{f}$

$= \dfrac{2}{f}$

$\Rightarrow \quad \dfrac{2}{f} + \dfrac{1}{b} = \dfrac{1}{f}$

$\Rightarrow \quad \dfrac{1}{b} = \dfrac{1}{f} - \dfrac{2}{f} = -\dfrac{1}{f}$

$\Rightarrow \quad b = -f$

b の値が負であることは、レンズに対して物体と同じ側に像（虚像）ができることを意味します [41)]。そしてこのときは、b の絶対値 [42)] が像（虚像）とレンズの距離を表します。

レンズの式から導いた「$b = -f$」は、物体と同じ側のちょうど焦点の位置に虚像ができることを教えてくれます。

またこのとき、74 ページの①を使えば像の大きさもわかります。ただし、$b < 0$ のときは、b の代わりに b の絶対値を使ってください。

$$h' = \dfrac{|b|}{a} h$$

より、$a = \dfrac{f}{2}$、$b = -f$ とすると

$$h' = \dfrac{|-f|}{\left(\dfrac{f}{2}\right)} h$$

$\dfrac{(-f)}{\left(\dfrac{f}{2}\right)} = |-f| \div \dfrac{f}{2} = f \times \dfrac{2}{f} = 2$

$$\Rightarrow \quad h' = 2h$$

---

40) 物体を焦点距離の半分のところに置くという意味です。

41) b の値が正であることは、像（実像）ができる位置はレンズに対して物体と反対側であることを意味します。

42) ある数 x が正または 0 のときは x 自身、負のときはマイナスを取り去った値。記号は $|x|$ で表します。

よって、像（虚像）の大きさは物体の2倍です。

以上の計算結果が正しいことは、下の図を使っても確かめられます。

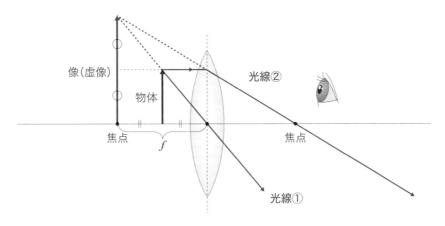

以上、まとめておきましょう。

●レンズの公式●

$$\frac{1}{a} + \frac{1}{b} = \frac{1}{f}$$

a：レンズから物体までの距離

b：レンズから像までの距離

f：レンズから焦点までの距離

※レンズに対して物体と同じ側に像（虚像）ができるときは、bは負の値になる。
　この場合はその絶対値がレンズから像までの距離を表す。

● 倍　率 ●

$$h' = \frac{b}{a}h$$

a：レンズから物体までの距離

b：レンズから像までの距離

h：物体の大きさ

h'：像の大きさ

※ $b < 0$ のときは b の代わりにその絶対値を用いる。

♨凸レンズの注意点①（レンズの半分を布で隠すと…）

　中学入試や中学の理科のテストなどでは、凸レンズに関して次のような問題がよく出題されます。

【例題】

　凸レンズの半分を布で隠しました。このとき、凸レンズによってできる（実）像はどのようになるか、下の(ア)〜(エ)より 1 つ選んで答えなさい。

　　(ア)　像は暗くなる

　　(イ)　像の半分が消える

　　(ウ)　像がぼやける

　　(エ)　何も変わらない

　先に正解を言いましょう。**正解は(ア)**です。なぜでしょうか？

　これまでに見てきたように、光は（それが光源から出るものであっても、他所の光源から出た光を乱反射する場合も）四方八方に広がります。

　像の位置を作図によって求めるときや、レンズの公式を求めるときは、特徴的な 2 本の光（光軸に平行な光とレンズと中心を通る光）に注目してき

ましたが、それはあくまで考えやすくするためであり、**本当は特徴的な2本の光以外にも無数の光が同じ点から出ています**。そして、それらの光は、レンズ全体を通って、2本の特徴的な光から求めた点に集まります（下の図参照）。

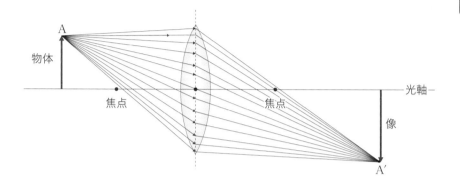

　上の図では物体のA点から出ているたくさんの光がレンズ全体を通って像のA′点に集まる様子を表しています。なお図の中の赤い光線は「特徴的な2本の光」です。

　また、この図は物体のA点から出る光だけを書いていますが、実際には物体のA点以外から出る光も同じように無数にあって、それらもレンズ全体を通って像の対応する点に集まります。たとえば、下の図のB点から出た光はすべて、像の対応する点B′に集まるわけです。

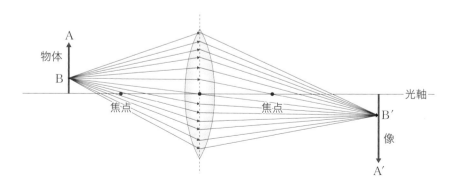

　さて、この状態からレンズの半分を布で隠してみましょう。

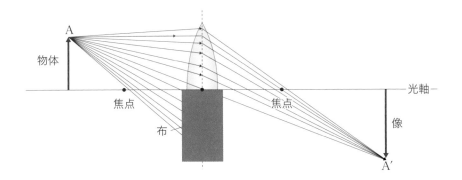

するとこのように、A′点に届く光が半減します。これは**像の明るさが
それだけ暗くなる**ことを意味します。

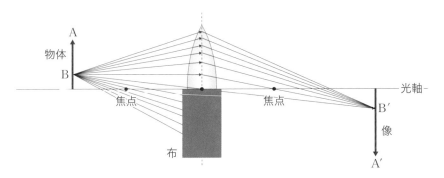

このことはB点から出る光についても同様です。レンズの半分を布で
隠すことにより、B′に届く光の量は半減するので暗くはなりますが、像
の位置にまったく光が届かなくなるということはないのです。よって、レ
ンズの半分を隠したからと言って、像の半分が消えてしまうということは
ありません。

さらに、レンズの半分を布で隠しても、焦点の位置がずれるわけではな
いので像がぼやける（ピンボケになる）こともありません。

以上よりこの例題の答えは（ア）です。

♻凸レンズの注意点②（実像の見え方）

次はこんな例題を考えてみましょう。これも非常によく出題される問題です。

【例題】

凸レンズとスクリーンを用意して、「5」の形をした物体の実像をスクリーンに映しました。このとき、スクリーンに映る実像はどのように見えますか？ 下の(ア)～(エ)より1つ選んで答えなさい。

(ア) 5 （そのまま）

(イ) 2 （上下だけが逆）

(ウ) 5 （左右だけが逆）

(エ) 5 （上下、左右がともに逆）

前述（69～70頁）の例1～例3等の図を確認していただければわかるように、凸レンズによってできる実像は、物体とは上下が逆になっています。でもだからといって(イ)を選んではいけません。

これまで書いてきた図はすべて真横から見た図でしたが、本当はレンズには奥行きもあります。そしてその奥行き方向に関しても実像の向きは物体とは逆になります。つまり、**凸レンズの実像は上下だけでなく左右に関しても、向きが逆になる**、というのが正解です（下の図参照）。よって、**正解は(エ)**。

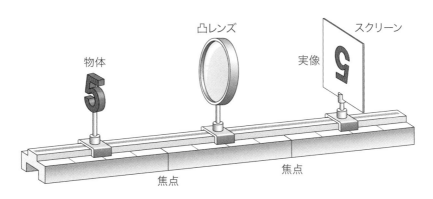

ちなみに、物体を焦点の内側に置いたときに見える**虚像は、上下も左右も物体と同じ向き**になります。このことは、虫メガネで何かを拡大して見るときのことを思い出してもらえれば、納得していただけるでしょう。

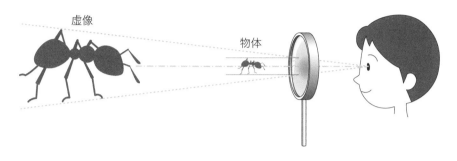

虚像

物体

ピンホールカメラ

◆ピンボケの原因

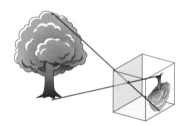

　「光」についての章の最後に、レンズを使わない「カメラ」をご紹介したいと思います。ここまで何度か確認してきたとおり、光源から出る光や物体が光源からの光を表面で乱反射(54頁)する光は四方八方に散らばります。

　凸レンズを使って、スクリーンに像をくっきりと映すことができるのは、こうした「散らばる光」をレンズが一点に集めてくれるからです。ただし(ご承知のとおり)スクリーンはどこに置いてもいいというわけではありません。作図やレンズの式によって計算される像点(55頁)の位置に置かない限り、ピンボケになります。

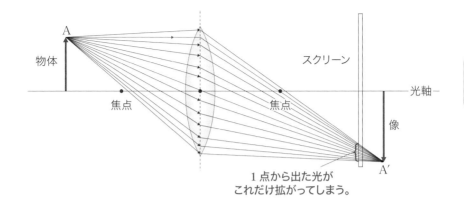

A

物体

焦点　　　　　　　　　　焦点

スクリーン

光軸

像

A′

1 点から出た光が
これだけ拡がってしまう。

　上の図にあるように、間違った位置にスクリーンを置くと物体の1点か
ら出る光が拡がってしまうからです。またこのときは、物体の異なる点か
ら出るそれぞれの「散らばる光」が互いに交錯してしまうこともピンボケ
の原因になります。

どこに置いてもピンボケにならない！

　でも、レンズを使わなくとも「散らばる光」のごく一部だけを通す穴（ピ
ンホール）を使えば、「散らばる光」のほとんどはスクリーンに届かなくな
り、光は拡がることも交錯することもありません。つまりピンボケになり
ません。この原理を使ったカメラのことを**ピンホールカメラ**と言います。

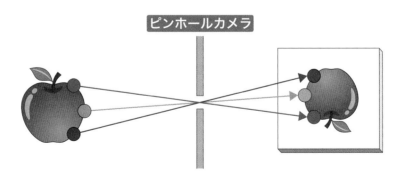

ピンホールカメラ

　ピンホールカメラのスクリーンに届く光は、たくさんの光を1点に集め
たものではないので、**スクリーンをどこに置いたとしてもピンボケになる**

ことはありません。これはピンホールカメラの大きな利点だと言えるでしょう。

　ただし、ピンホールカメラには弱点もあります。それは、スクリーンに届く光量が少ないので、像が暗くなってしまう、という点です。また、穴に大きさがある以上、少しは散らばってしまうので、レンズを通したときのようなくっきりとした像を得ることも難しいです。

　部屋の壁に小さな穴を開けると、穴の反対側の壁などに**外の風景が逆さに映る**ことは、紀元前の頃から知られていたと言われています。

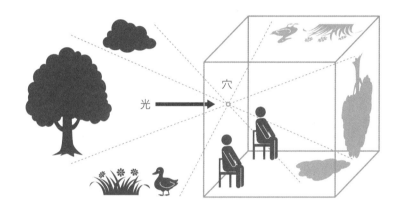

　ルネサンス時代のヨーロッパの画家たちの間では、ピンホールカメラの原理を使った**カメラ・オブスクラ** [43]というものを使って対象をそっくりそのまま映し取るという手法が流行っていたそうです。

43）綴りは "camera obscura"（ラテン語）で「暗い部屋」という意味。

♻江戸時代の浮世絵や書物にも登場

　日本でも、**葛飾北斎**がピンホールカメラに因んだ作品を残しています。
(1760-1849)
「富嶽百景」の中の**「さい穴の不二」**という作品です [44)]。そこには、雨戸
に開いた節穴（さい穴）を指さす人物と、障子に逆さまに映る富士山を見て
驚く人物たちが描かれています。

　また、**滝沢馬琴**の「**陰兼陽珍紋圖彙**」[45)]（1803）という書物の中にも同様
(1767-1848)
の絵があります。こちらは、納戸の節穴から一尺（約38cm）のところに紙
を置くと十間先（約18m 先）の風景が細部に至るまで忠実に映し出される
ことに驚いている様子を描いた絵です。

　ピンホールカメラの現象は、一部の画家や学者には昔から知られていた
こととはいえ、庶民の間ではとても不思議なことだったのでしょう。

---

44) インターネットで「さい穴の不二」を検索していただければ、実際の絵を見ること
　　ができます。ぜひご覧になってみてください。
45)「阴」は「陰」の、「阳」は「陽」の、「圖」は「図」の別字体です。

Column 2

虹の見え方と空の色

　虹は空気中の水滴によって太陽光が分散されるために起きる現象です。空気中の水滴に白い太陽光が入射すると、**光の分散**(64頁)が起きてさまざまな色に分かれます。波長の短い光(紫〜青の光)は、波長の長い光(赤〜オレンジの光)より屈折率が大きいので、斜めに入ってくる入射光に対して、青っぽい光は赤っぽい光よりも大きく屈折します。

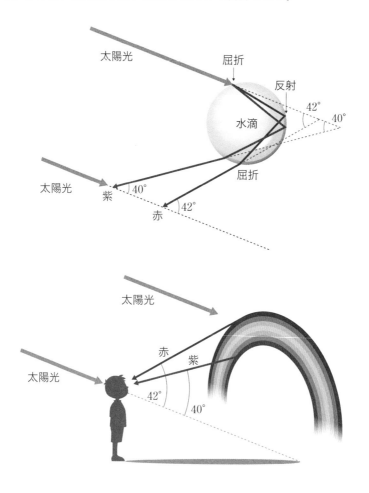

可視光の範囲では、赤色の光の屈折率が最小であるのに対して、紫色の光の屈折率は最大です。さまざまな色の光線は、水滴の奥へ進み、一部はそのまま進んで水滴を通り抜けますが、奥で反射して前面に戻ってくる光線もあります。そして戻ってきた光線が水滴の外に出るときに再び屈折が起きます。このとき、赤色の光は太陽光とのなす角が42度の方向へ、紫色の光は40度の方向へ出ていきます(前頁の図参照)。

　ただし、虹を肉眼で確認するためには、一粒の水滴による屈折と反射ではとうてい足りません。無数の水滴で同様の現象が起きる必要があります。

●雨上がりに虹を見つけたいときは？

　以上のことから、雨上がりに虹を見つけたいときは次のようにしてください。まず太陽に背を向けて地面にできた自分の影の先端を見ます。次にその視線を上に40度動かせば紫の光が、さらに2度(計42度)動かせば赤い光が目に入ることでしょう。(よって、虹は赤っぽい部分が上、青っぽい部分が下になります。)

●空が青い理由

　ここで本書の冒頭で紹介した「なぜ空は青いのか？」という問いに答えたいと思います。小さい粒子に光が当たると、通常の反射とは異なり、光は四方八方に散らばります。これを光の散乱と言います。空が青いのはこの光の散乱によるものです。

　光の散乱のメカニズムは、大学以降の物理で学ぶことなので詳細は割愛しますが、光の散乱は大きく分けて「レイリー散乱[1]」と呼ばれるものと「ミー散乱[2]」と呼ばれるものがあります。

　光が波長より小さな粒子に当たるときに起きる散乱がレイリー散乱、波長と同程度の大きさの粒子に当たるときに起きる散乱がミー散乱です。

---

1) この現象の説明を試みたイギリスの物理学者レイリー卿(第3代レイリー男爵：ジョン・ウィリアム・ストラット)にちなみます。
2) 理論式を導いたドイツの物理学者グスタフ・ミーにちなみます。

レイリー散乱によって散乱される光の強さは、波長の4乗に反比例することがわかっています。**波長の短い青っぽい光は散乱されやすく、波長の長い赤っぽい光はあまり散乱されずに進むことができる**というわけです。

具体的に計算してみると、青い光の波長は赤い光の波長の約$\frac{1}{1.4}$倍なので、青い光のほうが赤い光より約4倍強く散乱されることがわかります[3]。

　一般に、大気に含まれる空気分子や塵やホコリなどの微粒子の大きさは可視光の光の波長よりも小さいので、太陽光(の可視光)が大気層を通過するときにレイリー散乱が起きます。

　晴れた昼の空が青いのは、太陽光が大気を通過するときに空気分子や塵やホコリなどによって青系統の光が散乱するためです。その結果、紫や青の光が目に届くわけですが、人間の目は紫の光よりも青い光に対する感度のほうが良いので空は青く見えます。一方、夕方になると、空が赤〜オレンジ色に染まるのは、太陽光が大気の層を長い間通過するので、青系統の光は私たちの目に届く前に散乱されてしまい、残った赤系統の光だけが目に入ります(上図参照)。

　この先は余談ですが、NASAのアポロ計画で人類が月に降り立ったときの写真をご覧になったことはあるでしょうか？（次頁の画像参照）。

---

3) $\dfrac{1}{\left(\dfrac{1}{1.4}\right)^4} = 1.4^4 = 3.8416$

写真を見ると、月面に宇宙飛行士の影がくっきりとのびていますから、この写真を撮ったとき月は「昼」だったことがわかります。月には太陽の光が届いていたはずです。しかし、空は真っ暗ですね。これは、月には大気がないため、太陽光が届いても、光の(レイリー)散乱が起きないからです。

●雲が白い理由

粒子の大きさが光の波長よりも小さいときに起きるレイリー散乱では、波長の短い光(青い光)のほうが散乱されやすいのに対し、粒子の大きさが光の波長と同程度のときに起きる**「ミー散乱」では、波長が違っても散乱のされやすさに変わりはありません。**

たとえば、雲を形成する水滴(水分子が集まったもの)は可視光の波長と同程度であることが多いので、光が雲に当たったときに起きる散乱は「ミー散乱」です。ミー散乱では、どの色(波長)の光も同じように散乱されます。その結果どうなるでしょうか？　さまざまな色の光が混ざると光は白くなるのでしたね(64頁)。雲が白く見えるのは、ミー散乱によってさまざまな色の光が同程度に散乱されるからなのです。

第3章

電気とはなにか

不織布マスクのひみつ

「静電気」に対してどんなイメージをお持ちでしょうか？　多くの方は
あまり良くないイメージをお持ちなのではないでしょうか？　冬場、乾燥
しているときに金属製のドアノブに触れようとした瞬間、バチッとくるの
が静電気の仕業であることをご存じの方は多いでしょう。あれはあまり気
分の良いものではないので、静電気はマイナスイメージを持たれやすいの
だと思います。

しかし、静電気は私たちの生活に大いに役立っています。

たとえば使い捨ての不織布 1) マスク。

2020 年に突如として全世界を襲った新型コロナの大流行以降、世界中
でマスクの需要が高まり、マスク不足が深刻化しましたね。日本でも当初
はマスクがなかなか手に入らず多くの「マスク難民」が少ない在庫を求め
てドラッグストアに長い行列を作りました。そんな中、経済産業省は「マ
スクの再利用」について、「1 つのマスクを長く使ってもらうため、洗っ
たり、消毒液をつけたりしてもらうことで 2 ～ 3 回程度は再利用できる
ことを業界団体から周知してもらう」方向で検討していたそうですが、結
局、周知はされませんでした。「静電気によるフィルター効果が失われて
しまう」としてマスクメーカーがこぞって再利用に反対したからです。

市販の不織布マスクには「静電気フィルター」と呼ばれるものが入って
います。このフィルターは、静電気の力でウイルスを含むエアロゾル 2) を
吸着させているのですが、静電気は水に弱いため、洗ってしまうとその効
果が著しく落ちてしまうのです。実際、当時から WHO（世界保健機関）は
Web 等で「マスクが濡れたらすぐに取り替え、使い捨てマスクを再利用
してはならない」と警告していました。

他にも、工場の煙突から有害物質を取り除くために使われる電気集塵機
や、自動車や電気製品をムラなく綺麗に塗装するための技術、コピー機な
どにも静電気を利用したしくみが使われています。

---

1) 文字どおり、繊維を織らないで作成された布のこと。合成樹脂などの接着剤で繊維を
接合して布状にしたもの。
2) 空気中を漂う固体または液体の微粒子。

静電気

△陽子と電子の電気量

　一般に、物体が電気を帯びることを帯電と言い、帯電した物体に分布して貯まったまま動かない電気を静電気と言います。なお、物理学の世界では電気や電気量のことを電荷と言うことも多いです。

　帯電のしくみを理解するためには、原子の構造を知る必要があります。原子は中心にある原子核とそのまわりを回る電子からできています。さらに、原子核は陽子と中性子によって構成されています（次頁の図参照）。

　原子の大きさは約1億分の1cmです。これがどれくらい小さいかをイメージするために、1円玉（直径2mm）の上に原子を1つ乗せてみましょう。もちろん、きわめて小さな原子は影も形も見えません。そこで、ドラえもんの「ビッグライト」を使って原子がパチンコ玉の大きさ（直径約1cm）になるまで拡大します。すると1円玉の直径はなんと2000kmになってしまいます。北海道最北端の宗谷岬から九州最南端の佐多岬までの直線距離が約1800kmなので、1円玉の上に原子が1個乗っている状態というのは、北海道から九州までがすっぽり入ってしまうほどの超巨大な円盤の上にたった1個のパチンコ玉が乗っているようなものです。

　さらに、原子核の大きさは約10兆分の1cm～1兆分の1cm程度なので、大きくても原子の大きさの1万分の1ほどしかありません。もし原子核をビー玉（直径約2cm）くらいの大きさまで拡大すると、そのとき原子の直径は200mほどになります。つまり原子と原子核の大きさの関係は、東京ドーム（直径約244m）とマウンド付近に転がしたビー玉の関係に近いわけです。

　ちなみに、原子物理学の世界では、こんなに小さな原子や原子核の大きさを表すために「yukawa」という単位が使われることがあります。1yukawaは10兆分の1cmです。「yukawa」を使うと原子核の大きさは1～10yukawa程度、原子の大きさは10万yukawa程度ということになります。この単位の由来はもちろん、原子物理学の分野に大きな足跡を残し、日本最初のノーベル物理学賞を受賞された湯川秀樹博士です。
（1907－1981）

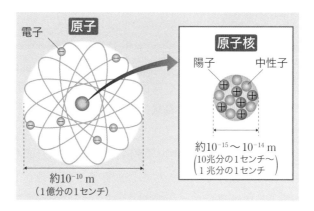

陽子は正の電気を持ち、電子は負の電気を持っていますが、中性子は電気を持ちません。陽子1個が持つ電気量と電子1個が持つ電子量は、符号は異なるものの、大きさは等しく $e = 1.6 \times 10^{-19}$ クーロン（98頁）であることがわかっています。

♻プラスチックの下敷きと髪の毛は絶好の組み合わせ

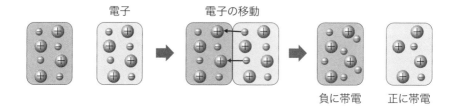

電気を帯びていない中性の原子では原子核内の陽子の数と原子核のまわりを回る電子の数が等しくなっていて、電気量は差し引きゼロなりますが、2種類の物質をこすり合わせると、片方から他方に電子が移動することがあります。陽子ではなく電子が移動するのは、重くて動きづらい原子核よりも、まわりを回っている軽い電子のほうが離れやすいからです。

子供の頃、下敷きを髪の毛でこすって髪の毛が吸いつく様子を面白がった記憶がある方

は多いと思いますが、あれは髪の毛から下敷きに電子が移動して、下敷きは負に帯電し、髪の毛は正(＋)に帯電するために起きる現象です。

(＋) に帯電
人毛・毛皮
ガラス
アクリル板
羊毛
ナイロン
絹
木綿
麻
人の皮膚
アルミニウム
紙
琥珀
エボナイト
鉄
銅
ニッケル
金
ゴム
ポリスチレン
白金
ポリエステル
アクリル繊維
ポリエチレン
(−) に帯電 塩化ビニル

このように物体が帯電するときは、物体どうしが電気(電子)をやり取りするだけであり、電気が生み出されたり失われたりすることはなく、その前後で電気量の総和は一定です。これを**電気量保存の法則**と言います。

2種類の物質をこすり合わせたとき、どちらが電子を失い、どちらが電子を得るかは、物質の組み合わせで決まります。**左の表**は「**帯電列**」と呼ばれ、正に帯電しやすい(電子を失いやすい)ものから順に書いたものです。下に行くほど負に帯電しやすい(電子を得やすい)物質であることを示しています。

帯電列の中で離れている物質どうしをこすり合わせると多くの電子が移動し、帯電列の中で近いものどうしをこすり合わせた場合は、電子の移動が少なかったり、まったく移動しなかったりします。

人毛はかなり正(＋)に帯電しやすく、プラスチックの素材である「塩化ビニル」はかなり負(−)に帯電しやすいので「髪の毛＆プラスチックの下敷き」という組み合わせは静電気が生じやすい組み合わせであることがわかります。

⚡「電気 electricity」の語源はギリシャ語の「琥珀 elektron」

ちなみに、英語で「電気」を表す"electricity"の語源は、ギリシャ語で琥珀を表す"elektron"です。「琥珀」というのは太古の樹脂が化石化したものですが、まだ塩化ビニル等の化学物質がなかった時代は、金属を除くと琥珀は負(−)に帯電しやすい物質であり、琥珀を毛皮等でこすったときによく静電気が生じたからでしょう。

また漢語（中国由来の語）である「電気」の「電」は「雷（かみなり）」を意味しています。アメリカの**ベンジャミン・フランクリン**[3]（1706－1790）が雷の正体は電気であることを発見した話が中国にも伝わり、「雷のもととなる見えないもの」のような意味で「電気」という言葉が使われだしたようです。

電流と電圧と（電気）抵抗

♻ボルタの仮説、グレイの実験

「静」電気があるなら「動」電気というものもあるんじゃないか、というのはごく自然な発想だと思います。

「動電気」という言葉を初めて使ったのは、イタリアの**アレッサンドロ・ボルタ**です。
（1745－1827）

ボルタはあるとき、舌の上に金貨と銀貨を同時に乗せて金属の線でつなぐと、舌に苦味を感じることを発見しました。しかもそれは静電気の「バチッ」のような瞬間的なものではなく、持続する刺激でした。そこでボルタは自分の舌が感じた刺激は「動き続ける電気」すなわち「動電気」であり、静電気とは異質なものであると考えたのです。

ボルタは、「動電気」を発生させるためには2種類の金属とその間には（舌のような）湿（しめ）った物体が必要なのではないかという仮説を立てました。そして、試行錯誤の末、**銅と亜鉛の間に希硫酸で湿らせた紙をはさみ**、これを指でつまむと「動電気」が感じられることをつきとめます。それは人類が初めて**持続電流**（継続的に流れる電気の流れ）を取り出すことができた瞬間であり、**「電池」**が発明された瞬間でもありました。こうした功績が認められて、ボルタは電位や電圧（99頁）を表す単位（ボルト）の由来になりました。

「動電気」が舌を刺激するのは、電気が舌を伝わって移動するからですが、電気にはこうした「伝導性」があることに気づいたのはボルタが最初では

---

3) アメリカ合衆国の政治家・物理学者・気象学者。アメリカ独立宣言の起草委員の一人。雷が電気であることを明らかにした凧（たこ）の実験が有名。現在の米100ドル紙幣に肖像が描かれている。

ありません。

　電気の伝導性に初めて気づいたのは、イギリスのアマチュア科学者であり、ニュートンの弟子でもあった**スティーヴン・グレイ**という人です。グレイは織物商人でした。絹織り機にときおり現れる「火花」——摩擦によって織り機に貯まった静電気の「火花放電」——を見て興味を持ったのをきっかけに電気の世界にのめりこんでいったようです。

　グレイは、物質には**こすっても帯電しないもの＝電気を逃がす(伝える)もの**と、**こすると帯電するもの＝電気を逃さない(伝えない)もの**があるんじゃないかと考えました。そして前者を**導体**、後者を**絶縁体**(あるいは**不導体**)と呼びました。

　グレイは自分の考えを確かめるために次のような実験を行いました。長い麻の荷造り紐[4]を用意し、これを天井から垂らした絹糸で支えます。そして麻の荷造り紐の一端に摩擦によって帯電したガラス管を近づけると、麻の荷造り紐のもう一方の端に羽毛が引き寄せられることを確認したのです(下の図参照)。

　グレイはこの実験によって、最終的には約 250m 離れた場所にまで電気を伝えることに成功しています[5]。

　また麻の荷造り紐を支える絹糸を針金に変更すると、羽毛が引き寄せられることはありませんでした。これについてグレイは、絹糸は絶縁体であるが、針金は導体なので、針金で吊るした場合は、電気が天井に逃げてし

---

4) 麻は水分を吸います。水は電気を通すので、麻の糸には電気を伝える性質(導体性)があります。グレイは経済的に困窮していて、導体性の良い金属を使うことができなかったため、金属の線の代わりに麻の荷造り紐を使いました。
5) グレイは静電気の力＝帯電した物体どうしが引き合う力が遠くに伝えられることから、「電気の伝導性はやがて通信に使えるだろう」と予言しました。

まうからだろうと結論しました。

　グレイの発見によって、電気とは**動きうる実体を持つもの**であることが明らかになり、それは「電気流体」と呼ばれました[6]。

　では「**電気流体**」の正体は、いったい何でしょうか？　もうおわかりですね。そうです。93 ～ 95 頁で紹介した**電子**です[7]。

(1)電流　～単位は「アンペア」～

　電子のように電荷を持つ粒子[8]**の流れのことを電流と言います。**

　電池と豆電球を**導線**[9]でつなぐと、導線の中を電子が移動します。「電流が流れる」とは**電子という実体のある粒が移動すること**なんだという認識は、この後にお話しする回路における抵抗や電熱線の発熱などを理解するために非常に重要です。

　「電流の大きさ[10]**」は 1 秒(単位時間)あたりに、導線の断面を通過する電気量によって決まります。**

　電流の強さの単位は**アンペア(A)**[11]や、**ミリアンペア(mA)**を使います(1A ＝ 1000mA)。

　1 アンペアは「導線の、ある断面を 1 秒間に通過する電荷量が 1 クーロンであるときの電流の大きさ」と定義されています。

　なお**クーロン(C)**[12]というのは、電荷の単位です。1 クーロンは、1 つの電子が持つ電荷の $\frac{1}{1.602176634} \times 10^{19}$ **倍**(約 624 京倍)と定義されています[13]。1 回の落雷の電荷量はおよそ 1 クーロンなので、電荷の単位量はずいぶん大きな量であると言えるでしょう。ちなみに、セーターでこすっ

---

6)　グレイの発見以前は「帯電」とは物質の状態変化のようなものだと考えられていました。

7)　ただし、電子が発見されたのは 19 世紀末のことなので「電気流体」の正体が電子だとわかったのは、ずっと後世のことです。

8)　電子の他、イオンや半導体の中の正孔(せいこう)も「電荷を持つ粒子」ですが、本書では今後「電流」＝「電子の流れ」とします。

9)　銅やアルミニウムなどの金属の線。

10)　「電流の強さ」とも言う。

11)　フランスの物理学者アンドレ＝マリ・アンペール(1775－1836)に由来します。アンペールについては後述(144 頁)します。

12)　フランスの物理学者シャルル・ド・クーロン(1736－1806)に由来します。

た下敷きに貯まる静電気量は多くても100万分の1ク　ロン程度です。

(2) 電圧　〜単位は「ボルト」〜

　電流を流そうとするはたらきを**電圧**と言います。電圧の単位は**ボルト（V）**[14]を使います。

　ところで、なぜ一般に金属は導体（電気を伝えるもの）になりうるのでしょうか？　それは、金属が結晶中を自由に動き回ることのできる**自由電子**を持っているからです（下の図参照）。

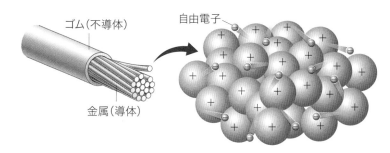

ゴム（不導体）
金属（導体）
自由電子

　結晶中の金属原子は整然と並んでいて、そのまわりを自由電子が動き回っています。導体の両端に電池や電源装置をつないで電圧をかけると、導体の中の自由電子は電気の力を受けて一定の方向に移動するようになり、**「電流が流れている状態」**になります。ちなみに電圧がかかっていないときも自由電子は動き回っていますが、その方向はてんでバラバラなので、全体としてはそれぞれの動きが打ち消しあって「電流が流れていない状態」になります[15]。

---

13) この定義は2019年に刷新されたものです。それまでは1クーロンは「1秒間に1アンペアの電流が運ぶ電荷量」と定義されていました。しかし、肝心の1アンペアの定義が「真空中に1メートルの間隔で平行に置いた、無限に長く断面積は限りなく小さい2本の導体に電流を流したとき、導体1メートルごとに2×10^{-7}ニュートンの力がはたらくときの電流の強さ」と定義されていたため、わかりづらく、また現実的に観測することも不可能であるとの批判がありました。そこで、1アンペアから1クーロンを定義するのではなく、1クーロンから1アンペアを定義することになりました。

14) 前述（96頁）のアレッサンドロ・ボルタに由来します。

(3) 抵抗　〜単位は「オーム」〜

　豆電球や電熱線のような**電流の流れをさまたげるもの**を**抵抗**と言い、単位は**オーム(Ω)**[16)] を使います。

　自由電子は「自由」とは言うものの、まったく何の障害もなく動き回れるわけではありません。なぜなら、どの金属原子もその場で小刻みに振動しているからです。金属の中の自由電子は原子の間をすり抜けていこうとする際に振動する原子に何度も衝突し、自身の持っている運動エネルギーを失います。運動エネルギーを失うということは、動きを止められるということです[17)]。すなわち**電子と原子の衝突こそ、抵抗の生じる原因**です。

抵抗と抵抗率

◇細長ければ細長いほど

　自由電子が金属(抵抗)の中を移動するとき、**長ければ長いほど、あるいは断面積が小さければ小さいほど通り抜けづらく**なります。

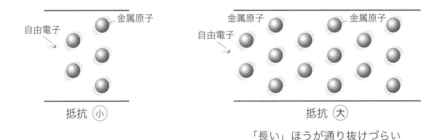

「長い」ほうが通り抜けづらい

---

15) もしかしたら読者の中には「電流」というのは「(電子などの)電荷を持つ粒子の流れ」のこと(98頁)なのだから、「電流が流れる」というのは「電荷を持つ粒子の流れが流れる」となって二重表現なのではないか、と思う方もいらっしゃるかもしれません。しかし「電流が流れる」というのは物理的に正しい表現です。なぜなら「電流が流れる」とは「電荷を持つ粒子の流れが一定の方向にそろう」ことを意味するからです。一方、「電流が流れない」とは「電荷を持つ粒子の流れがてんでバラバラである状態」を指します。

16) ドイツの物理学者ゲオルク・オーム(1789 − 1854)に由来します。オームについては後述(105頁)します。

17) 「エネルギー」については、248頁で詳しく説明しますが、ここでは「勢い」くらいに考えておいてください。

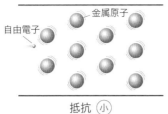

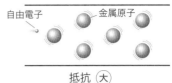

「せまい」ほうが通り抜けづらい

抵抗の大きさは、抵抗の長さが長いほうが、そして断面積が小さいほうが大きくなるのです。逆に言えば「太く短ければ、抵抗は少ない」ということになります。

同じ物質でも、長さが2倍になれば抵抗は2倍、断面積が2倍になれば、抵抗は半分になることがわかっています。つまり、**抵抗の大きさは、長さに比例し断面積に反比例** [18] します。

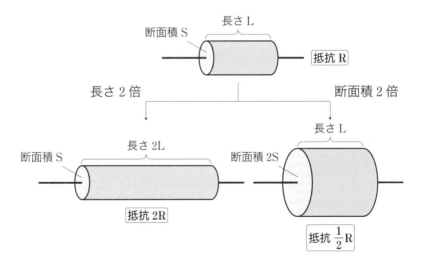

この関係を式で表せば以下のとおり [19]。

---

18) 一方が2倍、3倍、4倍…になったとき、他方も2倍、3倍、4倍…になることを「比例」、一方が2倍、3倍、4倍になったとき、他方は $\frac{1}{2}$ 倍、$\frac{1}{3}$ 倍、$\frac{1}{4}$ 倍…になることを「反比例」と言います。

19) 抵抗をこのように数式で表すのは高校物理ですが、参考までに紹介しておきます。

第**3**章 電気とはなにか──抵抗と抵抗率

ここで $\overset{\text{ロー}}{\rho}$ [20] は比例定数で**「抵抗率」**と呼ばれます。

$$\overset{\text{抵抗}}{R} = \underset{\text{抵抗率}}{\rho} \times \frac{\overset{\text{長さ}}{L}}{\underset{\text{断面積}}{S}}$$

　長さや断面積が違えば抵抗の大きさは変わってしまうので、どんな物質が電気を通しやすいかを見るためには**抵抗率**を参考にします。

物質の抵抗率(0℃)

	物質	抵抗率 $\rho(\Omega \cdot m)$
導体	銀	1.47×10^{-8}
	銅	1.55×10^{-8}
	アルミニウム	2.50×10^{-8}
	タングステン	4.9×10^{-8}
	ニクロム(ニッケルとクロムの合金)	107.3×10^{-8}
半導体	ゲルマニウム	約 0.5
	ケイ素	約 1000
不導体	ガラス	$10^{10} \sim 10^{14}$
	天然ゴム	$10^{12} \sim 10^{13}$
	ポリエチレン	$> 10^{14}$

　また、温度を下げれば原子の振動が穏やかになって、それだけ電子は通りやすくなりますから、一般に金属の温度を下げると抵抗率は小さくなります。

---

20) ρ はアルファベットの「r」に対応するギリシャ文字です。抵抗率を ρ で表すのは、抵抗(resistance)の値そのものは R で表すことが多く、これに対応するギリシャ文字が選ばれたからでしょう。

♻常伝導と超伝導

　では、金属の温度をどんどん下げていくと抵抗率はどこまで小さくなるのでしょうか？

　金や銀や銅はどんなに温度を下げても抵抗率が「残留抵抗比」と呼ばれる値以下にはなりません。一方、たとえば水銀は 4.2 ケルビン（約 −269℃）まで冷やすと、抵抗率が突如ゼロになります。

　このような現象を**超伝導**と言います。一方、超伝導が起きていない状態は、常伝導と言います。

　超伝導状態の物質の中を移動するとき、電子はエネルギーを失いません。発電所で作った電力を送電するとき、超伝導状態が実現できれば、エネルギーの損失を著^{いちじる}しく抑^{おさ}えることができますが、現状では超伝導状態を作りだすこと自体にコストがかかりすぎるという課題があります。

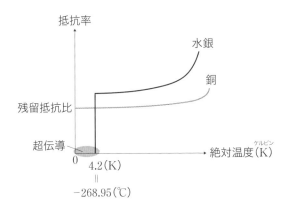

　一般に、回路等の導線には銅を使います。余計なロスを避けるという意味ではより抵抗率の低い銀を使いたいところですが、高価なため、導線には銀は使わないのがふつうです。

回路とオームの法則

♻回路図になれよう

　ここからは中学入試や高校入試の頻出問題であり、苦手な人が多い「回路」について、詳しくみていきましょう。

　そもそも回路[21]というのは、**エネルギーや物質がある場所から出て、もとの場所に戻ってくるまでの道筋のこと**を言います。

　広義に捉えれば、なにかが循環的に流れる道筋はすべて回路なので、カーレースで使うサーキットや、生物の代謝を担う循環的な部分なども回路ですが、狭義では、回路と言えば、電気の流れる経路が輪のようになっている**電気回路**のことを指します。

　回路は、電池や抵抗などを簡単な記号で表した「回路図」で書くのが簡便です。

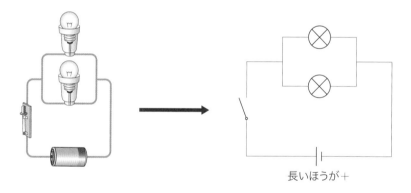

長いほうが＋

　次頁の表に、回路図で使う基本的な記号をまとめました。なお、抵抗を表す記号には、長方形を使ったものとギザギザを使ったものがありますが、長方形のほうが現在の国際規格です。

21）回路のことを英語では "circuit" と言います。

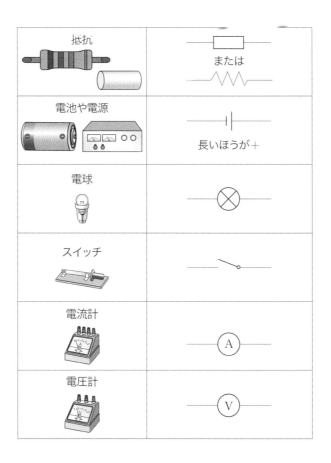

抵抗	─□─ または ─/\/\/─
電池や電源	─┤├─ 長いほうが＋
電球	⊗
スイッチ	─⟋○─
電流計	Ⓐ
電圧計	Ⓥ

⚛ゲオルグ・オームの発見

　ドイツの物理学者**ゲオルグ・オーム**は、同じ太さの導線の長さをいろい
(1789－1854)
ろ変えて回路につないだとき、電流の大きさがどのように変わるかを調べ
ました。その結果、流れる電流の大きさは、導線の長さに反比例すること
を発見しました。オームはその後も研究を続け、やがて**電流**(98頁)**の強さ**、
電池の**起電力** [22)]、回路の**抵抗**(100頁)といった概念を獲得します。

　そうして、これらの間には

───────────────

22)「起電力」とは回路に電流を流す力のことですが、回路に電流を流すはたらきのこと
　を電圧(99頁)とも言うので、起電力＝電圧を作る力と言うこともできます。

$$\underset{\text{起電力}}{V} = \underset{\text{電流}}{I} \times \underset{\text{抵抗}}{R}$$

といういわゆる**オームの法則**が成立することを突き止めました。1826 年のことです[23]。

　オームの法則は、抵抗の値が同じとき、**起電力が 2 倍、3 倍…になれば電流も 2 倍、3 倍…になる**ことを教えてくれます。

　オームの法則は、**夥(おびただ)しい数の実験から得られた結果を数式にまとめたもの**ですが、この法則の物理的なメッセージをもう少し掘り下げてみたいと思います。

　この法則は、回路の問題に必須というだけでなく高校の物理にもリンクします。少し難しくなってしまうかもしれませんが、よろしければお付き合いください。

⚠乾電池のしくみと性質

　そもそもなぜ乾電池[24]は起電力(= 回路に電流を流す力)を持てるのでしょうか？　それは**乾電池の内部で化学反応が起きる**からです。乾電池は化学反応によって、電子にエネルギー(249 頁)を与えます。エネルギーをもらった電子は、回路の中に飛び出していき、これが電流になるわけです。

---

23) これまでに 29 人のノーベル賞受賞者を輩出しているヨーロッパでも随一の物理学研究所である「キャベンディッシュ研究所」にその名を残しているイギリスのヘンリー・キャベンディッシュ(1831－1879)という人は科学好きの大富豪でした。彼は社交を嫌い、引きこもりのような生活をしながらただひたすら実験に没頭したそうです。そして得られた多くのデータは論文として発表されることはありませんでした。彼の死後約 60 年後にその実験ノートを譲り受けたかのマクスウェル(古典電磁気学を確立したイギリスの物理学者)はキャベンディッシュの成果に驚きました。なんとそこにはクーロンの法則やオームの法則と同等の内容が記されていたのです。実験ノートによると前者はクーロンが発見する約 10 年前に、後者に至っては約 50 年前に発見されていたことになります。

24) 電池には＋極と－極を電気的につなぐための「電解質」と呼ばれる物質が必要ですが、初期の電池の電解質は「液体」だったため、こぼれることがあり不便でした。そこで 1888 年、ドイツのカール・ガスナー(1855－1942)は電解質を石膏(せっこう)でかため、持ち歩いても中の液体がこぼれない電池を発明しました。これが「乾いた電池」＝乾電池と呼ばれるようになり、広く世間で使われるようになりました。

ただし、電池が（化学反応によって）電子に与えることのできるエネルギーは無限ではありません。**電池内部で化学反応をする物質** [25] **が無くなれば回路に電子を送り出すことができなくなり、電池の寿命は尽きてしまいます。**つまり、**乾電池を通過する電流が多ければ**（一定時間内に通過する電子の量が多ければ）、**電池の持続時間は短くなる**のです。このことは、回路の問題で電池の「持ち」を考える際に使いますので覚えておくとよいでしょう。

乾電池		
	電流が多い	電流が少ない
持続	短い	長い

♻オームの法則の「物理的メッセージ」

　電池の起電力によって電子にエネルギーを与えることは、地上において物体に「高さ」を与えることに似ています。

　地上で高さを与えられた物体は（支えがなければ）速度をどんどん速めながら落下しますね。同じように電池によってエネルギーをもらった電子は抵抗の中を加速しながら進もうとします。しかし、抵抗の中には金属原子がたくさんあるので、ある程度加速したあと、金属原子と衝突して止まってしまいます。その後ふたたび加速し始めますが、また衝突によって止まります。こうして**抵抗の中を進む電子は加速→ストップ→加速→ストップ**という具合に加速と停止を繰り返します。それはまるで市街地を進む自動車が、信号につかまるたびに停車させられるようなものですが、**平均すれば一定の速度で進む**と見なすことができます [26]。

25）例としては、亜鉛と二酸化マンガン、亜鉛と酸化銀、などです。
26）たとえば、30km の道のりを、加速と減速を繰り返しながら 1 時間で進んだのなら、
　　この間の平均の速度は時速 30km だと言えます。

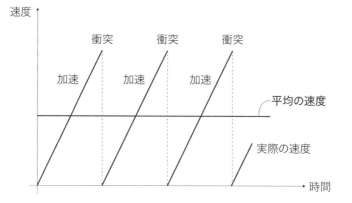

　電子が抵抗の中を通過する際の「平均の速度」は、途中に金属原子との衝突が無かった場合に到達する速度より遅くなります[27]。抵抗の中を通ることで電子はそれだけエネルギーを失うのです。ではどれくらいのエネルギーを失うのでしょうか？

　もし、

　　　衝突によって失うエネルギー ＞ 電池からもらうエネルギー

ならば、電子は回路を回るたびにエネルギーを減らし、やがて電流は流れなくなってしまう（電子が止まってしまう）でしょう。

　逆に、

　　　衝突によって失うエネルギー ＜ 電池からもらうエネルギー

ならば、電子は回路を回るたびにエネルギーを増やすことになるので、やがて暴走してしまう（電流の大きさが無限大になってしまう）はずです。しかし、実際にはそんなことにはなりません。

　オームの法則によると、

$$V = I \times R \ \Rightarrow \ I = \frac{V}{R}$$

---

27) パチンコの玉はくぎに衝突しながら落ちてきますが、その速度はくぎのないところをまっすぐに落ちてくる場合より遅くなりますね。

であり、回路における電流(I)の大きさは，抵抗の大きさ(R)と電池の起電力(V)で決まる一定値になります[28]。

これは、

衝突によって失うエネルギー ＝ 電池からもらうエネルギー　…☆

でなければ実現できないことです。

実は、**回路においては☆が成立する**というこのことこそが**オームの法則が主張していること**なのです[29]。

電池が電子にエネルギーを与える力のことを起電力と言うのに対し、抵抗を通過する際に電子がエネルギー失うことを**電圧降下**と言います。☆の主張は、ひとつの回路の中では

抵抗における電圧降下 ＝ 電池の起電力

が成り立つと言い換えることもできます。

電流Iが抵抗Rを通過するときの電圧降下(V)も「$V = I \times R$」によって計算できるというわけです。

もちろん、いくらオームが主張しても、実際の物理現象と異なるのなら（回路における電流の値が一定にならないのなら）、受け入れられるはずはありません。しかし、これまでに世界中で行われた実験結果が、オームの法則は正しいことを示しています。だからオームの法則は回路における電流、抵抗、起電力の値を司る法則として君臨しているのです。

⚘直列つなぎ・並列つなぎ

複数の抵抗を接続するときは、いくつかを縦につないで**電流が各抵抗を順に流れるようにつなぐ直列接続**と、いくつかの両端を束ねるようにして**電流が各抵抗に分かれて流れるようにつなぐ並列接続**があります。

---

28) VとRの値が決まれば、Iの大きさも一定になるということです。もし、回路における電流が時間とともに変化するなら、式のどこかに時間を表すtが変数として取り入れられていなければなりません。

29) 「主張している」なんて書き方をするのは、オームの法則は多くの実験結果に共通する性質をまとめたものであり、数学における定理や公式のように「絶対に間違いのないこと」として証明されたものではないからです。

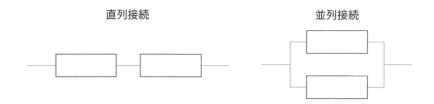

直列接続　　　　　　　　　　　　　　並列接続

　抵抗を直列につないだり、並列につないだりした際に、全体の抵抗がどうなるか、そして流れる電流がどうなるかをみていきましょう。ここで抵抗の大きさ(電流の流れづらさ)は抵抗の長さに比例し、断面積に反比例することを思い出してください(101頁)。

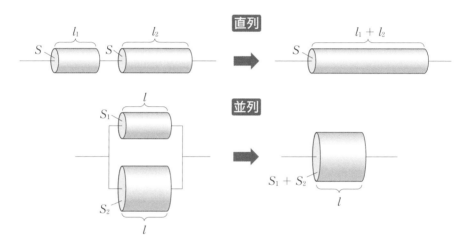

　抵抗を直列につなぐと、それだけ通りづらい部分が長くなりますので、それぞれが1つのときと比べると、**抵抗は大きくなります。**
　一方、**抵抗を並列につないだ場合は**、断面積がそれだけ広くなりますので、それぞれが1つのときと比べて、**抵抗は小さくなります。**

　この後は、中学入試や高校入試の頻出問題になっていて(しかも苦手にしている人が多い)**豆電球と電池の回路**を考えていきたいと思います。豆電球や電池を直列につないだり、並列につないだりしたときは、豆電球の明るさや、電球の持ち(持続時間)はどうなるかを考えてみましょう。
　まずは豆電球の性質を確認します。

♻豆電球のしくみと性質

基本的に**豆電球の明るさは、豆電球を流れる電流の量によって決まります。**

豆電球		
	電流が多い	電流が少ない
明るさ	明るい	暗い

電球は、フィラメント[30]と呼ばれる部分に電流が流れ、高温になることで光る[31]のですが、フィラメントは電流が流れれば流れるほど高温になって、より明るく光ります。

ちなみにフィラメントの材料であるタングステン[32]は、高温になることで徐々に蒸発し、やがては切れてしまいます。電流が流れれば流れるほど、より高温になり、より早く蒸発してしまうので、たくさんの電流が流れると電球の持続時間は短くなります。

ただし、電球の持続時間と電池の持続時間を比べると、ふつうは後者のほうが短いです。したがって、中学入試にありがちな回路における豆電球の「明るさの持続時間」というのは、電球の持続時間ではなく、**乾電池の持続時間で考えます。**

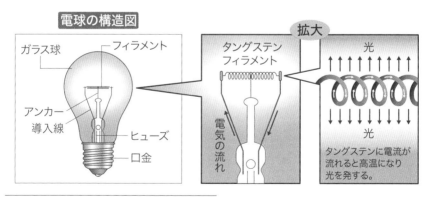

電球の構造図

ガラス球　フィラメント　アンカー　導入線　ヒューズ　口金

拡大

タングステンフィラメント　電気の流れ　光　光

タングステンに電流が流れると高温になり光を発する。

---

30) アメリカのトーマス・エジソン（1847－1931）は、フィラメントに京都の竹を使い、白熱電球を初めて本格的に商用化することに成功しました。それまでは数十時間で切れてしまったフィラメントが1000時間も切れずに光り続けたそうです。フィラメントの材料はその後竹からセルロースに代わり、今ではタングステンが使われています。

31) 熱放射（44頁）です。

32) 元素記号はW。金属の中では最も融点が高いことでも知られています。

《豆電球を直列につないだとき》

　豆電球は抵抗と見なすことができるので、豆電球を直列につなぐと、全体の抵抗はそれだけ大きくなります。

　同じ豆電球を直列に2個つなげれば、全体の抵抗は2倍になり、回路を流れる電流は $\frac{1}{2}$ 倍になります。同様に、同じ豆電球を直列に3個つなげれば回路を流れる電流は $\frac{1}{3}$ 倍になります[33]。

　豆電球の明るさは、流れる電流が少なければ暗くなるので、豆電球を直列につなげばつなぐほど**豆電球の明るさは暗くなります。**

　電池については、回路を流れる電流（電池が回路に送り出す電子）が少なくなれば、それだけ長持ちする（107頁）ので、豆電球を直列につなげばつなぐほど、**乾電池の持続時間は長くなります。**

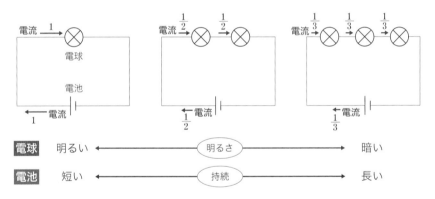

33) 同じ豆電球を直列に n 個つなげることは、抵抗の長さが n 倍になることと同じ効果があります。金属の種類が同じであれば、抵抗の大きさは抵抗の長さに比例する（101頁）のでしたね。

《豆電球を並列につないだとき》

では、豆電球を並列につないだ場合はどうでしょう。今度は抵抗を並列につないだことになるので、全体の抵抗は小さくなります。

同じ豆電球を並列に2個つなげれば、全体の抵抗は $\frac{1}{2}$ 倍になり、回路を流れる電流は2倍になります。同様に、同じ豆電球を並列に3個つなげれば、全体の抵抗は $\frac{1}{3}$ 倍になり、回路を流れる電流は3倍になります[34]。

ただし、回路に流れる電流が多くなっても、**1つ1つの豆電球に流れる電流は変わらない**ことに注意してください。回路を流れる電流は、豆電球に流れる前に枝分かれして、それぞれの豆電球に分配されるからです（下の図参照）。よって、豆電球をいくら並列につないでも、**豆電球の明るさに変化はありません**。

一方、電池については回路を流れる電流（電池が回路に送り出す電子）が多くなれば、それだけ寿命が短くなる（107頁）ので、豆電球を並列につなげばつなぐほど、**乾電池の持続時間は短くなります**。

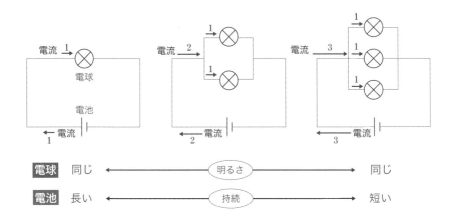

---

34) 同じ豆電球を並列に n 個つなげることは、抵抗の断面積が n 倍になることと同じ効果があります。金属の種類が同じであれば、抵抗の大きさは抵抗の断面積に反比例する（101頁）のでしたね。

《乾電池を直列につないだとき》

次に乾電池を直列につないだときのことを考えてみましょう。

乾電池を直列に2つつなぐと、1つ目の乾電池の起電力によってエネルギーを与えられた電子が2つ目の電池の起電力によってさらにエネルギーをもらうので、結局2倍のエネルギーを得ることになります。

前に「起電力によってエネルギーを得ることは地上において『高さ』を得ることに似ている」と書きました（107頁）。2つの乾電池を直列につないだとき起電力が2倍になることは、「高さ」が2倍になると考えるとイメージしやすいのではないでしょうか。

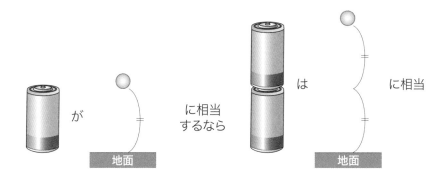

では、回路を流れる電子が2倍の起電力によって2倍のエネルギーをもらうと、電流の大きさはどうなるでしょうか？

地上でボールをある高さから落とす場合（空気抵抗は無視します）は、高さを2倍にしても地面に到達する速さは2倍にはなりません。$\sqrt{2}$ 倍になります[35]。地面に到達するときの速さを2倍にするためには、高さを4倍にする必要があるのです。

35）高校物理の範疇なので詳しい解説は割愛させていただきますが、質量 m の物体が高さ h から自由落下（初速なしの落下）をするときの地面到達時の速さ v は、**力学的エネルギー保存則**というものを使って右のように計算されます（g は重力加速度）。これにより最初の高さを h とすると、地面到達時の速さ v は、$\sqrt{h}$ に比例することがわかります。

$$\frac{1}{2}mv^2 = mgh$$
$$\Downarrow$$
$$v = \sqrt{2gh}$$

　このことをご存じの方は、起電力が2倍になることが2倍の高さを与えることに相当するのなら、（地上と同じように）電子の速さは $\sqrt{2}$ 倍になり、金属原子との衝突によって加速と減速を繰り返すときの平均の速度（107～108頁）も $\sqrt{2}$ 倍になるのではないか？　だとすると電流の大きさは「1秒あたりに、導線の断面を通過する電気量」によって決まる（98頁）のだから、電池を直列に2個つなぐと電流の大きさも $\sqrt{2}$ 倍になるはずだ……と考えるかもしれません。とても真っ当な（というより見事な）考察です。私が理科の教師ならこういう推論ができた生徒のことは大いに褒めます。

　しかし、残念ながらこの考察は事実に反します。

回路においては、起電力を2倍にすると、回路を流れる電流の大きさも単純に2倍になります。

　実際、オームの法則（106頁）を見てみると、

$$V = I \times R \quad \Rightarrow \quad I = \frac{V}{R}$$

ですから、V（起電力）が2倍になれば、電流の大きさ（I）も2倍になることがわかります。

　同様に、**電池を直列に3個つなげると、起電力も3倍になり、電流の大きさも3倍になります。**

　電球の明るさは流れる電流が多ければ多いほど明るくなる（111頁）ので、電池を直列につなげばそれだけ**電球は明るく光ります。**一方で、電池については流れる電流が多くなれば、それだけ**寿命が短くなる**（107頁）のでしたね。

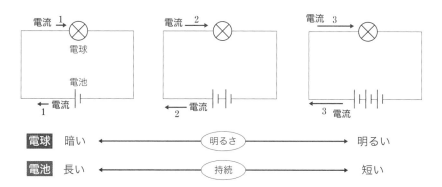

地上の場合は、高さを2倍にしても、物体にはたらく重力の大きさは変わりませんが、回路においては電池の起電力を2倍にすると、電子にはたらくクーロン力（電気の力）も2倍になります[36]。

　これが地上で物体に2倍の高さを与えたときと、回路で起電力を2倍にしたときの違いです。

　そして、物体にはたらく力が2倍になると、物体の加速度（単位時間あたりの速度変化）は2倍になり[37]、金属原子との衝突によって加速と減速を繰り返すときの平均の速度（107～108頁）も2倍になります。

　前述のとおり、2倍の起電力を与えることと、地上で物体の高さを2倍にすることは「2倍のエネルギーを与える」という点においては同じですが、**力のはたらき方は異なる**ため、回路における起電力と電流の関係を、地上における物体のエネルギーと速度の関係にそっくりそのまま置き換えることはできません。

36）これも高校物理の範疇なので、簡単な説明に留めますが、抵抗の両端の電位差（＝電池の起電力）が V、抵抗の長さが d のとき、抵抗の中の電場を E（一様な電場）とすると、右のように表せます。
　　このとき電子にはたらくクーロン力 F は $F = eE$ となることがわかっています（e は電子の電荷量）。つまり、V が2倍になれば、E が2倍になり、それに伴って F も2倍になるというわけです。

$$V = Ed$$
$$\Downarrow$$
$$E = \frac{V}{d}$$

37）高校物理で学ぶ「運動方程式」によると、物体の質量 m、物体の加速度 a、物体にはたらく力 F は右の関係になります。
　　これから物体にはたらく力が2倍になれば、**物体の加速度も2倍になる**ことがわかります。

$$ma = F$$
$$\Downarrow$$
$$a = \frac{F}{m}$$

♻電流と回路の問題を苦手にしている方に伝えておきたいこと

この先は余談です。

回路を教えるとき、巷（ちまた）ではよくポンプと水路を使った図が使われますが、弊害もあります。確かに、目に見えない電流を水に置き換えればイメージが膨らみますし、実際にうまく説明できる部分もあるのですが、一方で、誤ったイメージ（「高さ」が2倍になると流れる電流は$\sqrt{2}$倍になるのではないか？など）を植え付けかねないからです。

ここは、やはり実験から導かれた「オームの法則」をよりどころにして、以下の2点を受け容（い）れるべきだと私は考えます。

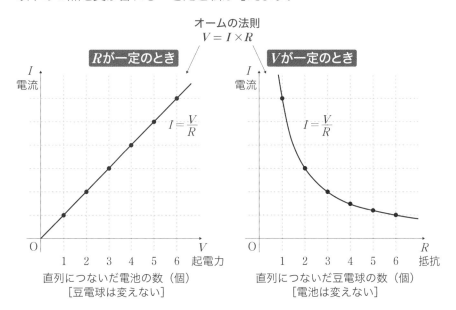

・抵抗（R）が一定であれば、起電力（V）と電流（I）は比例する [38]
・起電力（V）が一定であれば、抵抗（R）と電流（I）は反比例する [39]

38）一方が2倍、3倍…になるとき他方も2倍、3倍…になること。

39）一方が2倍、3倍になるとき他方は$\frac{1}{2}$倍、$\frac{1}{3}$倍…になること。

⚠不可分の関係にある物理と数学、その決定的な相違点

　高校数学の準備が整った上で高校物理を学べば、オームの法則のしくみを数式的にもう少し掘り下げることはできます。ただし、高校に進んでも「電子が電池の起電力によって得るエネルギーと電子が金属原子との衝突によって失うエネルギーがちょうど等しくなり、回路の中を流れる電流は一定になる」という**オームの法則の主張**(109頁)を説明することはできません。

　理科の中でも特に物理は、その学習スタイルが数学ととてもよく似ています。どちらも闇雲に暗記するのではなく、**どうしてそうなるのかという理屈を充分に理解すること**が重要です。

　歴史的に見ても、物理と数学は長い間不可分の関係にあり、物理現象を説明するために多くの新しい数学が生み出されてきました。

　とはいえ、物理と数学では決定的に違う部分もあります。

　誤解を恐れずに両者の違いを簡単に言ってしまうならば、**さまざまな自然現象に共通する法則を見つけようとするのが物理**であるのに対して、**数学は、一般に成り立つ正しいことを論理的に導き、それを個別の問題に適用して対処しようとします。**

　言い換えると、「個々の例→一般に成り立つ法則」という方向で推論するのが物理であり、「一般に成り立つ法則→個々の例」の方向で推論するのが数学です[40]。ちなみに、前者を**帰納的推論**、後者を**演繹的推論**[41]と言います。

　これまで本書は「オームの法則」に多くの紙面を割いてきました。それは電流と回路の問題を苦手にしている方がとても多いというだけでなく、できるかぎりかみ砕いて内容の理解を促した上で「気づいたら自然界はこうなっていました」と主張するオームの法則のような「自然界のルール」

---

[40] 多くの実験結果から「オームの法則」を導くのが物理であり、「三角形の面積 = 底辺×高さ÷2」という公式を使って、ある三角形の面積を求めようとするのが数学だというわけです。

[41] 今年も去年も一昨年も桜は散った。だから桜は必ず散るものなのだろうと考えるのが帰納的推論であり、桜は必ず散るのだから、来年の桜もきっと散るだろうと考えるのが演繹的推論です。

をどこか謙虚な気持ちで受け入れる姿勢の大切さもお伝えしたかったからです。

「だったら、こんなにくどくどと説明せずに、最初から『これは考えてわかることではないから丸暗記してくださいね〜』と言ってくれたら良かったのに」とお叱りを受けてしまうかもしれません。でも、何の考察もせずに丸暗記してしまうのと、こうして現段階における理解をできるだけ掘り下げた上で「ここから先は『そういうものだ』と受け入れていくしかない」ことをわかっていただくのとでは、とても大きな違いがあると私は信じています。

《乾電池を並列につないだとき》

余談が長くなりました……。話を回路に戻しましょう。4番目のケースとして、乾電池を並列につないだときの様子を考えます。

「2個の乾電池を並列につなぐと、2倍の電子を送り込めるはずだから、電流の大きさも2倍になるのではないか？」と想像する人は少なくありません。しかし複数の電池を並列につないだとき、**電流の大きさは、電池が1個のときと同じになります。**

なぜでしょうか？

この疑問に答えるために「**自由電子 [42] の数密度**」というものを紹介させてください。「自由電子の数密度」とは**単位体積（たいてい $1m^3$）中の電子の数**のことです。この「自由電子の数密度」（混み具合と言ってもいいでしょう）は、**金属の種類だけで決まります。**たとえば銅の場合、自由電子の数密度はいつでも約 8.5×10^{28} 個 $/m^3$ で一定です [43]。

数密度が一定なので、回路の自由電子が導線（金属）の中を進んで行くときも、その混み具合はいつも同じになります。電池を並列に2つ並べたからと言って、2倍の密度（混み具合）になるわけではありません。先行する

---

42) 金属原子の中を自由に動き回れる電子 = 電流の担い手になる電子のことでしたね（99 〜 100頁）。

43) 8.5 穣個（穣〔じょう〕は数の単位で、万、億、兆、京〔けい〕、垓〔がい〕、秭〔じょ〕、穣、… です）。

電子が移動して「空き」ができなければ、次の電子を送り込むことはできないのです [44]。

　でも、これだけでは電流の大きさが変わらないことの理由としては不充分でしょう。もし、2個の電池を並列につないだときのほうが、電子1個1個の速度が速くなるのなら、「空き」ができるまでの時間も短くなって、回路を流れる電流の大きさも大きくなるからです。

　もう少し詳しく見ていきましょう。

　まず、電池が並列のとき、電池を通過する電子が受け取るエネルギー（起電力）は電池が1個のときと同じです [45]。

　起電力が同じということは（「高さ」が同じなので）電子が受ける電気の力も同じになります。ということは1個の電子が金属原子との衝突を繰り返しながら進むときの「平均の速度」（107〜108頁）も（電池が1個のときと）同じです。

　だとすると、たとえば自由電子100個分の「空き」ができるまでに1秒かかるならば、電池が2個のときも、1秒待たないと100個分の「空き」

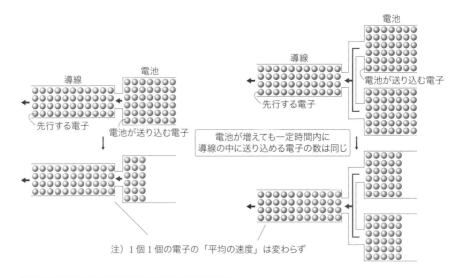

注）1個1個の電子の「平均の速度」は変わらず

44）入れ替え制の映画館のようなものです。

45）どの電子も通過する電池の数は1つだからです。

はできないことになります。これが、2個の電池を並列につないでも、回路を流れる電流の大きさ（1秒の間に通過する電気の量）は、電池が1個のときと変わらない理由です。

　ちなみに、回路の中を移動する電子は1秒で数mm程度しか移動しません。意外に遅いと思われたでしょう？

　「じゃあなんでスイッチを押すとすぐに電気がつくの？」という疑問はもっともですが、実はスイッチを入れた瞬間に1つの電子がすごい勢いで回路の中を1周するわけではありません。生クリームでケーキを飾るときなどに使う「ホイップ絞り器」をイメージしてください。絞り器を持つ手に力をこめると先端からすぐに生クリームが出ますが、それはもともと先端付近にあった生クリームが押し出されているだけであり、手元付近の生クリームがすぐに出てくるわけではありませんね。回路を流れる電流（電子）もこれに似ています。この喩えでは、絞り器を絞る手の力は「起電力」、1秒の間に出てくる生クリームの量が「電流」、絞り器の先端の金具が「抵抗」にそれぞれ相当します。

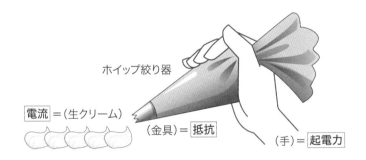

ホイップ絞り器

電流 ＝（生クリーム）

（金具）＝ 抵抗

（手）＝ 起電力

　そんなわけで、電池を並列につないだ回路では、電流の大きさは変わらないので、**豆電球の明るさにも変化はありません。**

　また、1秒待たないと100個分の「空き」ができないとき、並列につながれた電池が2個あるなら、1個の電池が1秒の間に送り込める電子の数は50個です。電池が寿命を迎えるまでに回路内に送り込める電子の総数は決まっているので、**2個の電池を並列につなぐと、電池は2倍長持ちする**ことがわかります。

結局、電池を並列につなぐと、豆電球の明るさは変わらず、乾電池の寿命は長くなります。

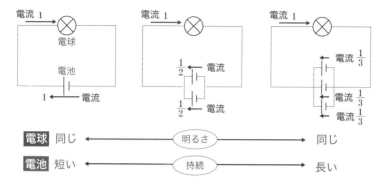

	明るさ	
電球	同じ ←	→ 同じ

	持続	
電池	短い ←	→ 長い

♻4つのケースをまとめると…

これまで見てきた4つのケースをまとめておきましょう。

豆電球		
	直列	並列
明るさ	**暗い**	**同じ**
持続	長い	短い

・豆電球1個と乾電池1個をつないだ回路の明るさに比べ、

　　　豆電球の直列つなぎ→暗くなる

　　　乾電池の直列つなぎ→明るくなる

　　　並列つなぎは→(どちらも)明るさは同じ(変わらない)

ショート（短絡）

⚠️出火原因にもなるショート

突然ですが、「電気火災」という言葉をご存じでしょうか？　電気火災とは、電化製品、コード、コンセント、配線器具等の電気機器が原因の火災のことです。

令和元年の 10 月、琉球王国の栄華を物語る沖縄のシンボルであり、世界遺産にも登録されていた首里城（那覇市）がほぼ全焼してしまいました。最終的な出火原因は特定できなかったようですが、那覇市消防局は「出火原因は正殿の電気系統が濃厚」との見解を発表しました。

東京消防庁によると令和元年の全火災のうち、電気火災の割合は 31.4%であり、年々増加傾向にあるということです [46]。その発生状況は上位から順にリチウムイオン電池、電気ストーブ、差し込みプラグ、コード、コンセント……となっています。

電気ストーブによる出火は、近くの毛布やカーテンが高温になりすぎることで起こるケースがほとんどですが、これは想像がつきやすいでしょう。

では、リチウムイオン電池や、差し込みプラグ、コードなどはなぜ出火原因になるのでしょうか。実は、これらの出火原因のほとんどに回路の「**ショート（短絡）** [47]」と呼ばれる現象が関わっています。

「ショート」は、**電池のプラス極とマイナス極を直接導線でつないでしまうこと**を言います。回路をショートさせてしまうと、途中に豆電球などの抵抗が無いために、大量の電流が流れてしまい、これが大きな発熱につながります。

オームの法則（$V = I \times R$）によると電池の起電力（V）が一定のとき、抵抗（R）が小さければ小さいほど、電流（I）は大きくなるのでしたね。これは、抵抗が 0 になると、電流の大きさは無限大になることを意味します（次頁の図参照）。

46）東京消防庁広報テーマ（2020 年 8 月号）より。
47）英語では、short circuit と言います。

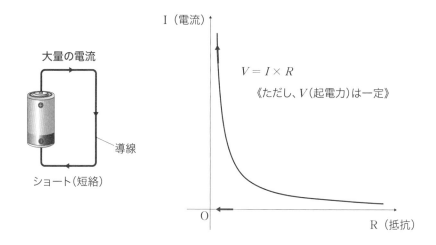

「リチウムイオン電池」というのは、充電ができる電池（二次電池と言います）の一種です [48]。たくさんの電気を溜め込むことのできる容量がありながら、小型で軽量という特色を持っているため、スマートフォンやノートパソコンなどに広く使われています [49]。

このリチウムイオン電池を過充電したり、外部から強い衝撃を与えたりすると、電池の中の回路でショートが起きて、発熱・出火の原因になります。

また、差し込みプラグにおいては「**トラッキング現象**」と呼ばれる現象にも注意が必要です。

トラッキング現象とは、電極間に溜まったホコリや水分（湿気）が火花放電を引き起こし、プラグ表面に炭化導電路（トラック）ができることで電極間がショートする現象のことを言います。

48）他には、鉛蓄電池やニッケルカドミウム電池などが有名です。

49）リチウムイオン電池の開発には、2019 年にノーベル化学賞を受賞された吉野彰先生が多大な貢献をされました。

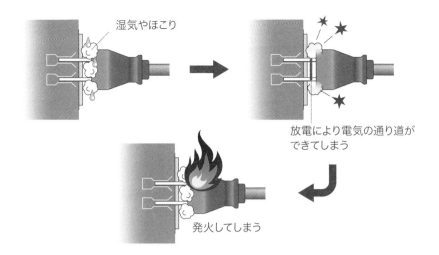

湿気やほこり

放電により電気の通り道が
できてしまう

発火してしまう

⚠電気コードにおける「ショート」のしくみ

次に、電気コードにおける「ショート」のしくみをみていきましょう。電気コードの外側の皮膜 50) をはがすと、2本の被覆に包まれた線が出てきます。

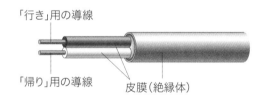

「行き」用の導線

「帰り」用の導線

皮膜（絶縁体）

この2本の線は、それぞれ電気の「行き」用と「帰り」用の導線です。コンセントからプラグを介して流れてきた電気は、一方の線を通って電気機器に入った後、もう一方の線を通って帰ってきます。電気機器は「抵抗」としてはたらくので、通常は問題ありませんが、家具の踏みつけなどによってコードが傷つき、2本の導線が直接触れあうことがあると「ショート」が起きます。

50）ビニール（絶縁体）でできています。

電気コードの発熱[51]によって皮膜の絶縁性能が低下し、「行き」と「帰り」の導線間で電流が流れ「ショート」が起きてしまうこともあります。コードが高温にならないように、電気コードは許容電流以内で使いましょう。またコードを束ねて使うと互いに温めあって思わぬ高温になることもあるので注意が必要です。

電気ストーブや電気コンロといった熱を出すことが目的の電気機器に対しては多くの方が用心されていることと思います。でも、回路のショートは盲点かもしれません。実際、先に紹介した首里城の火災でも正殿の配線にショート痕のようなものが複数見つかったそうです。

この機会にご家庭の配線をチェックされてみてはいかがでしょうか。

いろいろな回路の計算

ここからは、テストによくでる複雑な回路について調べてみましょう。

これまで見てきたように、考え方の基本は以下のとおりです。

抵抗の直列つなぎ……抵抗の長さが伸びる

抵抗の並列つなぎ……抵抗の断面積が広がる

電池の直列つなぎ……起電力を足し算

電池の並列つなぎ……起電力変わらず（電池の寿命は伸びる）

抵抗の大きさは抵抗の長さに比例し、断面積に反比例するのでしたね（101頁）。抵抗の長さが2倍になれば、抵抗の大きさも2倍になり、抵抗の断面積が2倍になれば、抵抗の大きさは $\frac{1}{2}$ 倍になるのでした。逆に言えば、断面積が $\frac{1}{2}$ 倍になれば、抵抗の大きさは2倍になります。

抵抗の大きさについては一般に、

$$抵抗の長さが\ n\ 倍 = 抵抗の断面積が\ \frac{1}{n}\ 倍$$

51）コードに電流が流れることによる発熱のしくみは 134 頁で解説します。

$$\text{抵抗の長さが } \frac{1}{n} \text{ 倍} = \text{抵抗の断面積が } n \text{ 倍}$$

というわけです。

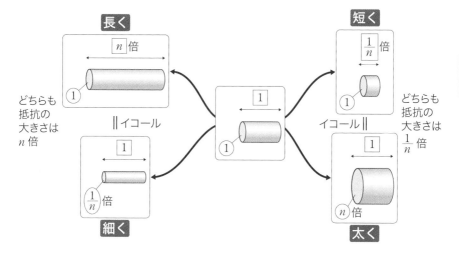

《基本の回路》乾電池 1 個、豆電球 1 個

　中学受験ではよく下のような乾電池 1 個、豆電球 1 個の回路を「基本の回路」として、この回路に流れる電流を「1」にします。

　本書でも同じように表していきましょう。

　また 1 個の豆電球は長さが $\boxed{1}$、断面積も ① の抵抗としてはたらくものとします。

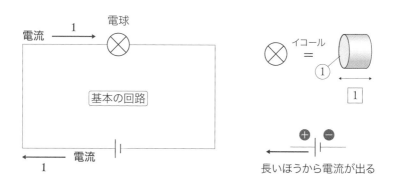

《複雑な回路①》乾電池1個、豆電球3個

下の図のような回路を考えます。

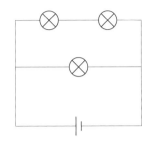

いくつかの豆電球（抵抗）を、段階を追ってまとめていきます。最終的には1個の抵抗で表すことができれば、流れる電流がどうなるかもわかりやすいでしょう。

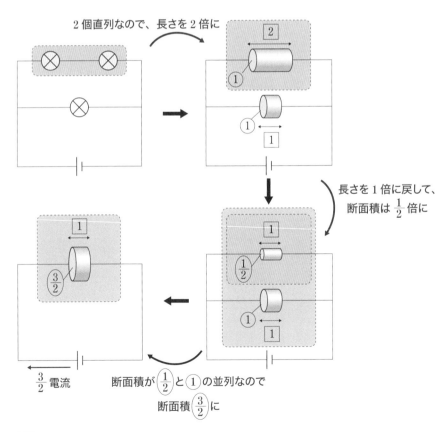

結局、この**回路全体の抵抗は長さが**$\boxed{1}$**、断面積が**$\left(\dfrac{3}{2}\right)$**の抵抗 1 個と同じ**です [52]。よって（豆電球が 1 個のときと比べて）回路全体の抵抗の大きさは $\dfrac{2}{3}$ 倍になります [53]。抵抗の大きさと流れる電流の大きさは反比例するので、結局流れる電流の大きさは「$\dfrac{3}{2}$」です。

《参考》

断面積の大きさ n 倍 ⇒ 抵抗の大きさ $\dfrac{1}{n}$ 倍 ⇒ 電流の大きさ n 倍

　なお、たとえば電池が 2 個直列につながれているときは、起電力が 2 倍になるので、回路全体を流れる電流も 2 倍になります。

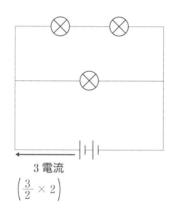

3 電流
$\left(\dfrac{3}{2} \times 2\right)$

　つまり、上の回路では「**3**」の電流が流れることになります。

　また、複数の電池を並列につないだ場合は、起電力は変わらないので回路全体を流れる電流の大きさに変化はありません。電池を並列につなぐとその分、電池は長持ちします。

52）ここでは、抵抗の長さを $\boxed{1}$ にそろえていきましたが、断面積を ① にそろえていく方法もあります。その場合は、最終的な抵抗の長さは $\boxed{\dfrac{2}{3}}$ になります。

53）抵抗の断面積と抵抗の大きさは反比例するのでしたね（101 頁）。

次に回路が分岐した後、それぞれの経路に流れる電流はどうなるでしょうか？　今、考えている回路では2つの経路の抵抗は2：1ですね[54]。抵抗の大きさと流れる電流の大きさは反比例しますから、2つの経路に流れる電流の大きさは1：2になります。

乾電池が1個のとき、この回路全体を流れる電流の大きさは「$\frac{3}{2}$」なので、それぞれに流れる電流は「$\frac{1}{2}$」と「1」です（下図参照）。

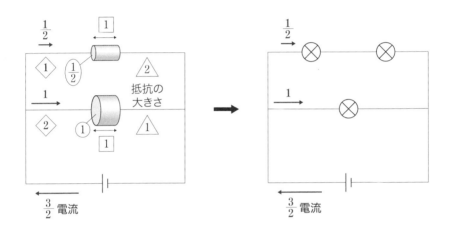

《複雑な回路②》乾電池1個、豆電球4個

今度はさらに複雑な下の図のような回路を考えます。

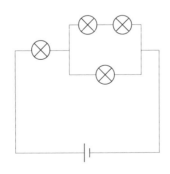

54）長さをそろえたときの断面積の比が $\frac{1}{2}$：1 ＝ 1：2 なので抵抗の大きさの比は2：1。

ただし、この回路には「複雑な回路①」と同じ部分が含まれています。「複雑な回路①」の抵抗は長さが 1、断面積が $\dfrac{3}{2}$ の抵抗 1 個と見なせたことを利用していきましょう。

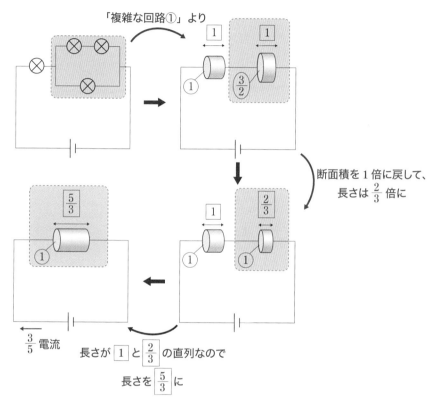

「複雑な回路①」より

断面積を 1 倍に戻して、長さは $\dfrac{2}{3}$ 倍に

$\dfrac{3}{5}$ 電流

長さが 1 と $\dfrac{2}{3}$ の直列なので
長さを $\dfrac{5}{3}$ に

今度は、最終的に 2 つの抵抗の直列になるので、抵抗の断面積を①に揃えていきます。そうすると、結局回路全体の抵抗は**長さが $\dfrac{5}{3}$、断面積が①の抵抗 1 個と見なせます。**

長さが $\dfrac{5}{3}$ ということは抵抗の値も $\dfrac{5}{3}$ 倍なので、流れる電流の大きさは「$\dfrac{3}{5}$」です。

長さが n 倍 ⇒ 抵抗の大きさ n 倍 ⇒ 電流の大きさ $\dfrac{1}{n}$ 倍

　ここでも電池を直列に 2 個つないだ場合は起電力も 2 倍になって回路全体に流れる電流も 2 倍になります。

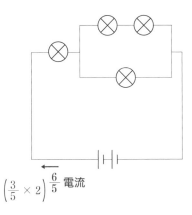

$$\left(\dfrac{3}{5} \times 2\right) \dfrac{6}{5}\text{電流}$$

　先ほどと同じように、電池を並列につないだ場合は、流れる電流の大きさに変化はありませんが、電池が長持ちするようになります。

　分岐をしたあとのそれぞれの経路に流れる電流も「複雑な経路①」と同じように考えていきましょう。「複雑な経路①」と同じ構造を持つ分岐では、やはりそれぞれの経路に流れる電流は 1 : 2 になります（128 頁）。回路全体を流れる電流が「$\dfrac{3}{5}$」なので、それぞれに流れる電流は「$\dfrac{1}{5}$」と「$\dfrac{2}{5}$」です（次頁の図参照）。

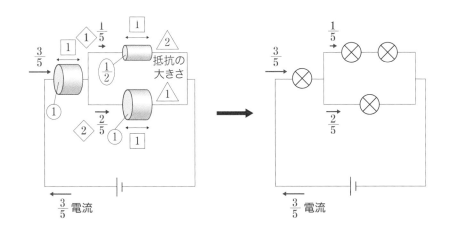

ジュール熱（消費電力）

⚠ジェームズ・ジュールの功績

　電池の起電力によって回路の中を流れる電子は、抵抗の中の金属原子との衝突によってエネルギーを失う、ということはすでに書いた（109 頁）とおりです。

　では自由電子が失ったエネルギーはどこにいってしまうのでしょうか？

　自由電子が抵抗の中の金属原子に衝突すると、金属原子はその場でより激しく振動するようになります[55]。**自由電子が持っていたエネルギーは金属原子の振動を激しくするために使われる**のです。

　一般に、原子や分子は常に運動しています。そしてその運動の大きさ（正確には運動エネルギー）は温度によって決まる[56]ので、原子や分子の運動のことを物理では**「熱運動」**と呼びます。抵抗の中の金属原子の振動も熱運動の一種です。

　自由電子が衝突することで金属原子の熱運動が激しくなると抵抗の温度が上がります。自由電子が持っていたエネルギーは「熱」になって失われ

55）金属原子が自由電子のように動き回ることができないのは、金属原子は結晶（規則正しく並んだ配列）を作っているからです。

56）実は「温度」とは熱運動する分子や原子の運動エネルギーの大きさを表したものです。

133

ていくのです。この抵抗における発熱のことを**ジュール熱**と言います。

「ジュール熱」の名は、19世紀の半ばに活躍したイギリスの物理学者**ジェームズ・ジュール**に由来しています。ジュールはさまざまな種類の金属を使って実験を行い**「抵抗における発熱量が、電流の2乗と抵抗と時間に比例する」**ことに気づきました。さらに、熱はエネルギーの一種であるという根本的な洞察を得て、物理における最重要法則と言っても過言ではない「エネルギー保存の法則」の研究に大きな足跡を残したため、エネルギーを測る国際単位は彼の名にちなんで「J」が使われています。

1kgの物体を静かに10cm持ち上げるために必要なエネルギーが約1Jです。ちなみにプロ野球選手が時速160kmのボールを投げるのに必要なエネルギーはおよそ140Jほどになります。

ジュール熱をQとして、数式で表してみましょう[57]。

$$\underset{\text{ジュール熱}}{Q} = \underset{\text{電流}^2}{I^2} \times \underset{\text{抵抗}}{R} \times \underset{\text{時間}}{t} \quad (\text{単位 J})$$

ここで、オームの法則「$V = I \times R$」を思い出すと、

$$Q = I^2 \times R \times t = I \times I \times R \times t = I \times V \times t$$

である[58]ことから、ジュール熱は次のように表すこともできます。

$$\underset{\text{ジュール熱}}{Q} = \underset{\text{電流}}{I} \times \underset{\text{電圧降下}}{V} \times \underset{\text{時間}}{t} \quad (\text{単位 J})$$

---

57)「発熱量が電流の2乗と抵抗と時間に比例する」と言いながら、Qを表す式の中に比例定数が表れないのは、「J」という単位は比例定数が「1」になるように定められているからです。

58) オームの法則とは、ひとつの回路において、「電池の起電力と抵抗における電圧降下」は等しいことを主張しているものでした。つまり「$V = I \times R$」のVは起電力であると同時に電圧降下でもあるわけですが、ここでは抵抗における発熱を考えているので、Vは抵抗における電圧降下ということにしましょう。

♻ワット（W）という単位

話が飛ぶようですが、日常生活の中で最も馴染みの深い電気関連の単位と言えば「W」ではないでしょうか？

「100W の電球」とか「モバイルバッテリーの出力は 30W」のような形で目にすることが多いと思います。

実はこの「W」というのは**1 秒あたりのジュール熱を表す単位**です。もともと自由電子が持っていたエネルギーは、ジュール熱として空気中（回路の外）に失われていくので「1 秒あたりのジュール熱」を**消費電力**（あるいは単に**電力**）と言います。

たとえば、ある抵抗から 3 秒間で 300J のジュール熱が発生したとすると、その抵抗の消費電力（電力）は 100W です。

消費電力（電力）も数式で表しておきましょう。消費電力（電力）を P とすると、

$$P = \frac{Q}{t} = \frac{I^2 \times R \times t}{t} = I^2 \times R \quad \text{または} \quad P = \frac{Q}{t} = \frac{I \times V \times t}{t} = I \times V$$

なので、

$$\overset{\text{消費電力（電力）}}{P} = \overset{\text{電流}^2}{I^2} \times \overset{\text{抵抗}}{R} \quad \text{（単位 W）}$$

または

$$\overset{\text{消費電力（電力）}}{P} = \overset{\text{電流}}{I} \times \overset{\text{電圧降下}}{V} \quad \text{（単位 W）}$$

となります。

たとえば、1200W のドライヤーを 100V のコンセントにつなぐと、ドライヤーに流れる電流は 12 A です。

⚠ジュール熱の理論的背景

ジュールは実験から、「(発熱量 = 電流² × 抵抗×時間)」であることを突き止めましたが、ここから得られる「$P = I \times V$(消費電力 = 電流 × 電圧降下)について、どうしてこの式が成り立つのかを考えてみたいと思います。

この先は少し難しくなってしまうので、ご興味のある方だけお読みください(先をお急ぎの方は次の「電熱線」⇒ 138 頁にお進みください)。

これまでさんざん「起電力とは回路に電流を流す力です」とか「起電力によって電子にエネルギーを与えることは、地上において物体に高さを与えることに似ている」とか書いてきました。

これらはもちろん間違いではないのですが、ややオブラートに包んだ言い回しになっています。

起電力を正確に言うならば、それは**「回路に電流を流すために与える単位電荷(1 C)あたりのエネルギー」**です。

たとえば、起電力が 1.5V の電池を 4C の電荷が通過したとすると、電池が与えたエネルギーの総量は

$$4 \left[\overset{\text{クーロン}}{\text{C}} \right] \times 1.5 \left[\overset{\text{ボルト}}{\text{V}} \right] = 6 \left[\overset{\text{ジュール}}{\text{J}} \right]$$

になります。

一般に、起電力が V [V] の電池を q [C] の電荷が通過すると、電池が電荷に与えたエネルギーの総量は「$q \times V$」です。

ところで、電流(I)は「1 秒(単位時間)あたりに、導線の断面を通過する電気量」(98 頁)なので電流の大きさが I [A] のとき t 秒間で回路に流れる(電池を通過する)自由電子の電荷量(q)は、

$$q = I \times t$$

よって、電池の起電力が V [V]、回路の流れる電流の大きさが I [A] のとき電池が t 秒間で自由電子に与えるエネルギーの総量は

$$q \times V = I \times t \times V = I \times V \times t$$

となります。

　一方、ジュール熱（Q）は自由電子が金属原子と衝突して失うエネルギーのこと（134頁）であり、それは電子が電池の起電力によって得るエネルギーに等しいのでしたね。つまり、上の「$I \times V \times t$」が Q の正体です。

$$Q = I \times V \times t$$

$V = I \times R$ を代入すると
$Q = I \times I \times R \times t = I^2 \times R \times t$

　そして、消費電力（P）とは単位時間（1秒）あたりのジュール熱のことなので

$$P = \frac{Q}{t} = \frac{I \times V \times t}{t} = I \times V$$

が成立します。

電熱線

♻電熱線といえばニクロム線、ここでは銅線も

以上の理解をふまえて、回路の中で電熱線を直列につないだ場合と並列につないだ場合の発熱量について調べてみましょう。

電熱線というのは、電流による発熱（ジュール熱）を熱源として利用する金属の線のことで、らせん状に巻かれていることが多いです。

電熱線は発熱させることが目的なので通常は電気抵抗率が高く[59]、高温での強さや加工のしやすさを併せ持つものが使われます。ニッケルとクロムの合金である**ニクロム線**が有名です[60]。

ただし、理科の問題としては、**抵抗の小さい電熱線**として**銅線**もよく登場します[61]。

《電熱線の直列つなぎ》

最初に、ニクロム線（抵抗の大きな電熱線）と銅線（抵抗の小さい電熱線）を**直列**につなぎ、それぞれを同じ体積の水の中に入れてみましょう。そうしたとき、それぞれの水槽の温度上昇はどのようになるでしょうか？

---

59) $P = I^2 \times R$ なので R(抵抗)が大きいほうが消費電力（1秒間あたりのジュール熱）は大きくなります。

60) ニクロム(Nichrome)はもともとアメリカのドライバー・ハリス社の登録商標でしたが、今では電熱線の代名詞のようになっています。その後開発された、鉄とクロムとアルミニウムの合金であるカンタル(Kanthal。こちらも登録商標)を使った「カンタル線」も「ニクロム線」と呼ばれることがあります。

61) 長さ1m、断面積1mm²で比較すると、ニクロム線の抵抗は約1.1Ω(オーム)、銅線の抵抗は約0.0017Ωなので、ニクロム線の抵抗は銅線の約650倍です。

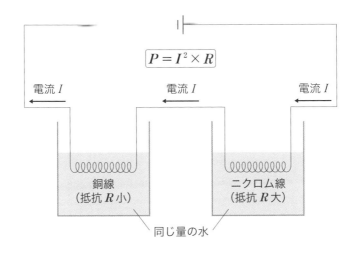

$$P = I^2 \times R$$

電流 I 電流 I 電流 I

銅線
（抵抗 R 小）

ニクロム線
（抵抗 R 大）

同じ量の水

　電熱線は直列につながれているので、どちらの電熱線にも**同じ電流（I）**が流れます。「$P = I^2 \times R$」なので、流れる電流（I）が等しいとき、電熱線は**抵抗（R）の大きいほうが消費電力（P）も大きくなります**。よって発熱量（ジュール熱）はニクロム線のほうが多いです [62]。

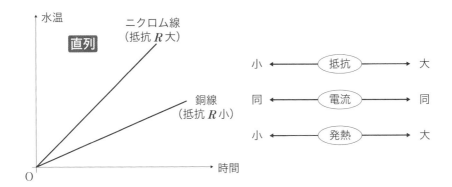

62）消費電力（P）は1秒あたりの発熱量なので、発熱量（ジュール熱）を Q［W］とすると、$Q = P \times t$（t は秒数）でしたね（135頁）。よって、2つの水槽に同じ時間通電するのであれば、P を比べればどちらのほうがより多く発熱するかがわかります。

《電熱線の並列つなぎ》

　次に、ニクロム線（抵抗の大きな電熱線）と銅線（抵抗の小さい電熱線）を
並列につなぎ、それぞれの水槽の温度上昇の様子がどうなるかを考えま
しょう。

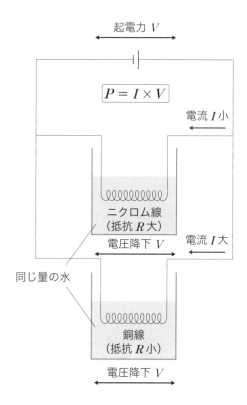

　今度は並列つなぎなので、それぞれの電熱線における**電圧降下 V は同
じ（電池の起電力に等しい）**です[63]。

---

63) もし、それぞれの電熱線における電圧降下が起電力と等しくないということがあると、
　　電圧降下が起電力より小さい電熱線を通った電子は回路をまわるたびにエネルギー
　　がどんどん大きくなって暴走します。逆に電圧降下が起電力より大きな電熱線を通っ
　　た電子は回路をまわるたびにエネルギーがどんどん小さくなって電流が流れなくな
　　ります。いずれも回路を流れる電流が一定になりませんが、実際にはそのようなこ
　　とは起こらないので、並列つなぎにおけるそれぞれの電熱線の電圧降下は電池の起
　　電力と等しくなります。

また抵抗が大きいほうが流れる電流は小さくなります。

「$P = I \times V$」から、電圧降下(V)が等しいとき、電熱線は**電流(I)の大きいほうが消費電力(P)も大きくなります。**よって発熱量(ジュール熱)は抵抗の小さい銅線のほうが多いです。

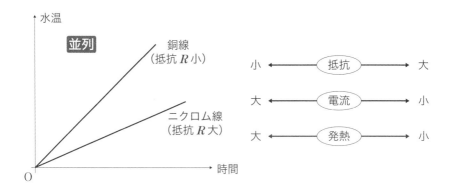

まとめると…

電流が同じ(**直列**)なら、**抵抗の** 大 きいほうが**発熱は** 大

電圧が同じ(**並列**)なら、**抵抗の** 小 さいほうが**発熱は** 大

です。

消費電力(P)の式は2つありますが、発熱量(ジュール熱 $= P \times$ 時間)を比べるとき、直列のときは「$P = I^2 \times R$」、並列のときは「$P = I \times V$」を使うと、考えやすいと思います。

Column 3

負の電荷の移動とは？

●マイナス（負）の概念はふれずにおくべきか

本節では最初に原子の構造を紹介し、原子核の中の陽子は正の電荷を持ち、そのまわりの**電子は負の電荷を持っている**ことをお伝えしました（94頁）。

その後、金属の中を通る電気の流れ、すなわち電流の正体は電子であることも繰り返し書きました。つまり、回路に電流が流れるとき、実際に移動するのは「負の電荷」です。しかし本文ではあえて負の電荷が移動していることは強調しませんでした。

そのいちばんの理由は本書のコンセプトのひとつが「中学受験をする小学生のお子さんに理科を教えられるようにすること」だからです。

ご承知のとおり、負の数というのは中学数学で初めて登場する概念です。もちろん、天気予報等で「マイナス3℃」という言葉を聞いたり、平均点が70点で自分が65点だったとき「平均点よりマイナス5点だった」のように言ったりすることはあるでしょう。

でも、たとえば「東にマイナス5m進む」や「マイナス100万円の利益」のような表現を理解するのは小学生には簡単ではありません。負の数というのは、0や分数や小数よりもさらに抽象度の高い数の概念なのです。

とは言え「本当は負の電荷が移動しているんだよ」ということをひた隠しにしたまま、電気のセクションを終わるのは忍びないので、このコラムではあえて「負の電荷の移動」について考えてみたいと思います。

●お金の話でわかりやすく

たとえば、はじめA君は4万円、B君は5万円を持っているとしましょう。その後B君がA君に1万円を渡したとすると、A君の所持金は5万円、B君の所持金は4万円になりますね。

ここで5万円を基準にすると、**1万円足りないという状態（−1万円）がA君からB君に「移動」**したことになりますが、4万円を基準にすれば1

万円多い(+1万円)という状態が、B君からA君に移動したことになります。

「B君がA君に1万円を渡す」という現象の本質は同じでも、基準の取り方次第で負の数(−1万円)が移動するように見えたり、正の数(+1万円)が移動するように見えたりするというわけです。ただし、**負の数の移動方向と正の数の移動方向は逆になります。**

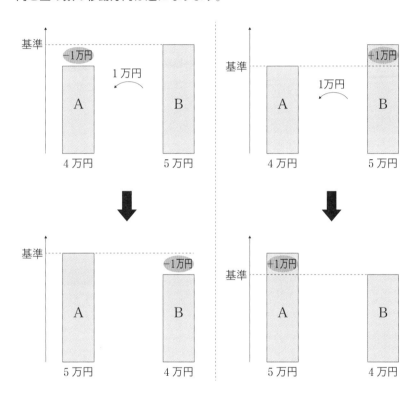

●仮定の定義がまかりとおる

同じように、回路においても正の電荷が電池の正極(＋)から出て負極(−)に戻ってくることと、負の電荷が電池の負極から出て正極に戻ってくることは、現象としては同じであると考えられます。

これは、**電流を正の電荷の移動と考える**と、**電流の向きと電子の流れる向きは逆になる**ことを意味します。

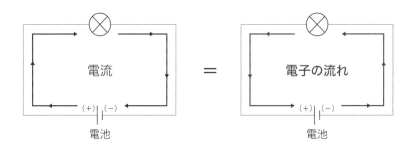

電流 = 電子の流れ

電池　　　　　　　　　　　　　　電池

　「だったら、もとから電流とは負の電荷の移動であると定義すればよかったじゃないか」というご意見もあるでしょう。もっともです。私もそう思います。しかし、電子の発見(1897年)よりずっと前に、フランスの**アンドレ＝マリ・アンペール**が「電気の流れ(電
(1775-1836)
流)」は正の電荷を持つと仮定し、その移動方向を電流の向きとして定義してしまったので仕方ありません。

　しかも上述のように、正の電荷が時計回りに移動することと負の電荷が反時計回りに移動することは、現象の本質としては同じであると考えられるので「電流の向きは電子の流れの向きと逆向きと考える」ことが今もまかり通って(?)います。

アンペール

　なお、アンペールの名誉のために書き添えておくと、彼は(電流の単位にその名を残していることからもわかるとおり)電気と磁場の関係を初めて数式化した偉大な科学者でした。

第4章

磁石とはなにか

磁石は「慈石」？

　物体にはたらく力は接触力と非接触力の2つに大きく分けることがで
きます。

　文字どおり、**接触力**というのは**物体が他の何かと直接接触しているとき
にはたらく力**です。たとえば、机の上に本が置いてあるとき、本には机か
ら接触力（垂直抗力と言います）がはたらきます。物体に糸をくっつけて
引っ張るときも、物体には接触力（張力と言います）がはたらきます。摩擦
力も接触力です。

　一方、**非接触力**というのは**接触しているかどうかにかかわらずはたらく
力**です。私たちが日常生活の中で感じることのできる非接触力は次の3種
類しかありません。

　　　　① 　重力（万有引力）

　　　　② 　電気の力

　　　　③ 　磁石の力

　①の重力については、第5章以降の「力学」のセクションでお話しし
ます。②の電気の力とは異なる種類の電気（＋と－）が引き合ったり、同じ
種類の電気（＋と＋あるいは－と－）が互いに反発し合ったりする力のこと
です。前のセクションで紹介した、静電気によって起こる力は電気の力で
す。ここでは③の磁石の力について紹介していきます。

　人類はずいぶん古くから磁石の存在を知っていて、紀元前6～7世紀
の古代ギリシャの哲学者タレスが書いた書物の中にも磁石についての記述
が見つかっています。（紀元前624−546）

　ちなみに、英語で磁石を意味するmagnet（マグネット）の語源は諸説ありますが、
小アジア[1]にあったマグネーシア（現在のトルコ共和国のマニサ）という場
所で、天然磁石が多く算出したことが由来のようです[2]。

　日本語の「磁石」という語は中国から伝わったものですが、中国ではも

---

1) 地中海とエーゲ海、黒海に挟まれた西アジアの半島地域。
2) 他には、古代ギリシャの「マグネス」という羊飼いが、自分の靴の金属部分に貼り付
　く磁鉄鉱（化学式はFe_3O_4：鉄と酸素の化合物）を発見したことに由来するという説も
　あります。

ともと「慈石」と書いていました[3]。「慈」には「大切にする・かわいいがる」などの意味があり、磁石が鉄を引きつける様子がまるで母が子を慈しみ抱きしめているように見えることから、この名前が付いたという説もあります[4]。

いろいろな磁石

♻️日本は「磁石王国」

ところで、ネオジムという金属を使った**「ネオジム磁石」**という磁石をご存じでしょうか？　これは現在市販されている磁石の中では世界最高の性能を誇る磁石です。最近では 100 円ショップでも「超強力マグネット」などの名前で売っています。

今私が使っている机の足は鉄製なので、2cm×2cm くらいの小さな正方形のネオジム磁石が付いたフックを付けてカバンなどを掛けているのですが、まったく危なげがありません。パッケージの謳い文句によると、フック 1 つで最大 2kg の重さまで耐えられるそうです！

実はこのネオジム磁石を開発したのは、住友特殊金属（現、日立金属）の佐川眞人氏です。1984 年のことでした。
（1943− ）

ホワイトボード等に使われる彩色のプラスチックのついたカラーマグネットや理科の実験室などにある U 字型磁石に使われている磁石は**「フェライト磁石」**です。フェライト磁石は世界で最も広く使われている磁石ですが、そのもとになった **OP 磁石**[5]もやはり日本人が発明しました。東京工業大学の博士であった加藤与五郎氏と武井武氏の功績です。
　　　　　　　　　　　（1872−1967）　（1899−1992）

さらに遡ると、世界初の永久磁石である **KS 鋼**や KS 鋼より性能の良い **MK 鋼**も日本人が開発しました[6]（次頁の表参照）。あまり知られていな

3）日本で最初に発行された磁石に関する単行本のタイトルは「慈石論」（石井光致著。1827 年発刊）でした。

4）そう言えば、英語の magnetic にも「魅力的な」という意味があります。離れていても引き合う磁石は、魅力が人を引きつける様子を連想させるのでしょう。

5）OP は oxide powder（酸化物粉末）の略。

6）鋼（はがね）とは炭素含有量が 0.02 ％〜 2 ％の鉄と炭素の合金のこと（JIS 規格。微量のケイ素やマンガン等も含む）。KS は開発に出資した住友吉左衛門の頭文字。MK は開発者三島徳七の三島と彼の旧姓喜住（きずみ）の頭文字。

いようですが、日本はいわば「磁石王国」なのです。

《日本人と磁石の発明》

磁石の種類	発明者	開発年
KS 鋼	本多光太郎[7]・高木弘	1916 年
MK 鋼	三島徳七	1931 年
OP 磁石	加藤与五郎・武井武[7]	1932 年
新 KS 鋼	本多光太郎	1934 年
ネオジム磁石	佐川眞人	1984 年

△見えない磁力を見える化したい

　磁石と磁石の間や磁石と鉄の間などにはたらく力を**磁力**と言い、磁力の
はたらいている空間を**磁界**[8]と言います。

(1)　磁界の向き

　方位磁針を磁界の中に置いたとき、方位磁針の **N 極**が指し示す向きを
その点の**磁界の向き**と言います。

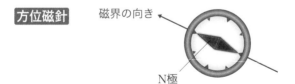

方位磁針　　磁界の向き　　N極

(2)　磁力線

　磁力は目に見えません。そこで、イギリスの**マイケル・ファラデー**は、
砂鉄と棒磁石でできる次頁の図のような模様を参考にして**磁力線**というも
のを考案しました。

(1791-1867)

---

7) 本多光太郎、武井武については、本章末のコラム 4 も参照。
8)「**磁場**」と言うこともあります。

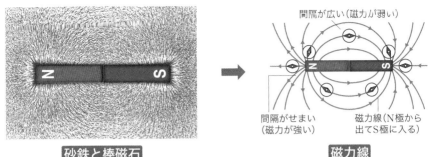

間隔が広い（磁力が弱い）

間隔がせまい
（磁力が強い）

磁力線（N極から
出てS極に入る）

砂鉄と棒磁石

磁力線

　磁力線はN極から出てS極に入り、磁力線における接線の方向はその場所における磁力の方向を表します。また、磁力線が密集しているところは磁力が強く、磁力線がまばらなところは磁力が弱いことを示します。

　ファラデーが磁力線のアイディアを思いついたのは、空間（磁場あるいは磁界）そのものが物理現象を引き起こす性質を持っていると考えたからでした。それまでの物理学者が、もっぱら姿かたちのある物体にばかり注目していたことを考えると、これはまさに画期的な発想だったと言っていいでしょう。

　実際、19世紀以降の物理学では「場」（空間）の研究が進みました。たとえば**アルベルト・アインシュタイン**が1915年から1916年にかけて発表した一般相対性理論の根幹である**「質量による時空の歪み」**もまさにこうした「場」の研究の成果です[9]。
（1879-1955）

♻なぜ鉄は磁石にくっつくのか

　小学校の理科の実験などで経験された方も多いと思いますが、鉄のくぎを磁石で何度も同じ向きにこすると、**くぎ自身が磁石になります**。このとき、磁石のS極でくぎの根本から先っぽの方向にこすると、磁石の先っぽはN極、根本はS極になります。

9）アインシュタインは、質量のあるものが動くと、空間の歪みが「重力波」となって周囲に伝わるはずだと考えました。その「重力波」は一般相対性理論の発表からちょうど100年後の2015年に、マサチューセッツ工科大学名誉教授のレイナー・ワイスらのチームによって実際に観測されました。このときチームは観測の成功からわずか2年後の2017年にノーベル物理学賞を受賞しています。

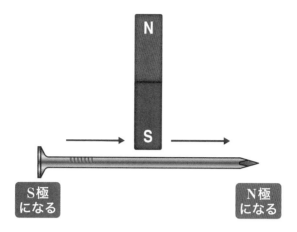

この現象のしくみを詳しくみていきましょう。

　そもそも、なぜ鉄は磁石にくっつくのでしょうか？　また磁石でこする前のくぎが磁石のはたらきを持たないのは、なぜでしょうか？

　実はここでも**電子**が関係しています。

　前に、電子は原子核のまわりを回っていると紹介しました（93 〜 94 頁）。それは地球や火星などの惑星が太陽のまわりを回る**公転** [10)]に近いイメージです。

　地球は 1 年をかけて太陽のまわりを回るだけでなく、1 日に 1 回、北極と南極を貫く地軸を中心として自転します。同じように電子も原子核の周りを回るだけでなく、**自転**しています。これを**電子のスピン（electron spin）**と言います。

　20 世紀以降の量子力学の発展によって、この**電子のスピンが磁力を生み出す** [11)]ことがわかってきました。ただし、多くの元素 [12)]では電子が 2 つずつペアを作っていて、対になる電子のスピンの方向が互いに逆向きの

---

10) 惑星の公転や自転については地学編で説明する予定です。

11) 電子のように電荷を持つ粒子が動くことで磁力が生まれる現象については後ほど「電磁石」（156 頁）の項目で詳しく説明します。

12) 化学的にそれ以上分解できない物質を「元素」と言います。水素（H）、酸素（O）、鉄（Fe）などは元素です。自然界には約 90 種類の元素があります（人工的に作られたものを合わせると約 120 種類）。ちなみに水（H_2O）は水素と酸素に分解できるので元素ではありません。

ため、電子のスピンが生み出す磁力は互いに打ち消し合って外には出てきません。

逆に言えば、ペアになっていない電子(不対電子と言います)が存在すれば、その電子のスピンによって磁力が生まれることになります。この不対電子のスピンによる磁力の効果が特に大きいのが鉄やコバルト、ニッケルなどの強磁性体と呼ばれる物質です。

♻️磁化　～磁石でこすった鉄くぎが磁石になるしくみ～

それならば、鉄製のくぎは磁石でこすらなくても、元から磁石としての性質を持つはずだと思われるかもしれません。そうならないのは次のような理由です。

鉄を構成する鉄原子のそれぞれは磁石としての性質を持ち、それらがいくつか集まって小さな磁石を作ります。このミニ磁石[13]のことを物理では「磁区」と言います[14]。

鉄製のくぎが元から磁石の性質を持たないのは、くぎの中のミニ磁石(磁区)のN極とS極の方向がバラバラだからです。

ミニ磁石（磁区）

鉄のくぎ

最初は「ミニ磁石」の向きがバラバラ

しかし、外から磁石を近づけるなどして磁力を加えると(= 磁界の中に置くと)ミニ磁石が磁力を受けて回転し、全体的にミニ磁石の向きが揃います。

---

13)「ミニ磁石」の大きさは、1辺の長さが $\frac{15}{1,000,000}$ mm(15 ナノメートル)の立方体程度。

14) ただし「磁区」は大学で勉強する用語です。

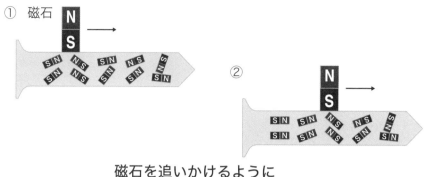

① 磁石

磁石を追いかけるように
「ミニ磁石」が回転

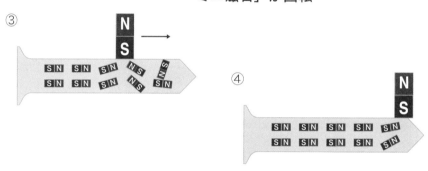

そして、鉄のくぎは全体として磁石の性質を持つようになるのです。

「ミニ磁石」の向きが揃えば
くぎ全体が磁石になる

　このように、外から磁力をかけて物質のミニ磁石（磁区）の向きを揃えることを**磁化**と言います。

♻人造の永久磁石はまだ歴史が浅い

鉄やコバルトやニッケルなどの強磁性体は、一度磁化されると、外からの磁力がなくなってもしばらくは磁石としての性質を保ちます[15]が、その後ふたたび「ミニ磁石」の方向がバラバラになって、全体としては磁石の性質を失います。

ミニ磁石(磁区)の動きやすさは物質によって違いがあり、中には一度磁化されるとミニ磁石の向きが固定され、全体として磁石の性質を持ち続けるものがあります。それが先に紹介したフェライト磁石やネオジム磁石のような**「永久磁石」**です。

しかし永久磁石が人間の手によって作られるようになったのは20世紀以降のことです。それまでは磁石と言えば、もともと磁力を持つ鉱物として産出する**天然磁石**しかありませんでした。

天然磁石は英語では"lodestone"あるいは"loadstone"と言います。「道の石」とか「旅の石」という意味ですが、こう呼ばれるようになったのは、天然磁石はもっぱら羅針盤(方位磁針=後述164頁)として使われていたためです。

天然磁石が磁力を持つのは、雷によって磁化されたからだと言われています。「え?　なぜ雷がミニ磁石の向きを揃えることができるの?」と思われるかもしれません。これについては後ほどお話しします。

---

15)　外部からの磁力によって弱く磁化はされるものの、外部の磁力がなくなるとすぐに磁石としての性質を持たなくなる物質を**「常磁性体」**と言います。アルミニウムや白金(プラチナ)は常磁性体です。常磁性体は、磁化されたとしても磁石にくっつく力は弱いので、弱い磁石にはつきません。強い磁石にはくっつきます。また、外部からの磁力の向きとは反対の向きに磁化される(外部の磁石のS極とミニ磁石=磁区のS極が向き合う)**「反磁性体」**というものもあります。木や水や銅などは反磁性体なので、どちらかというと磁石から逃げていく性質を持ち、磁石にくっつくことはありません。

棒磁石の性質　～真ん中に鉄くぎがつかないわけ～

棒磁石の真ん中（N極とS極の境目）に鉄のくぎをくっつけることはできるでしょうか？　実はできません。棒磁石の真ん中に鉄のくぎをつけようとしても、**ポトリと下に落ちてしまいます**。

しかし、この境目で棒磁石を切断すると、切った箇所には、くぎがくっつくようになります。

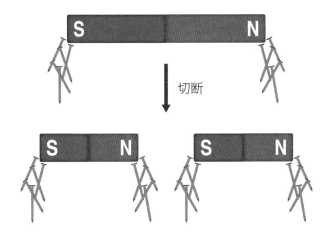

なぜこのようなことが起きるのでしょうか？

それは棒磁石も鉄と同じく無数の「ミニ磁石」（磁区）の集まりだからです。

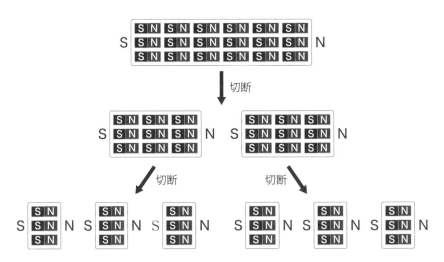

前頁の図のように、棒磁石の内部は「ミニ磁石」（磁区）が向きを揃えて整然と並んでいますので、切断をするとその切断面に新しくN極やS極としてのはたらきが現れるのです。

　棒磁石にはミニ磁石が無数に並んでいるのに、**棒磁石の真ん中付近には磁力がない理由を、磁力線を使って考えてみましょう。**

　前に書いたとおり、磁力線は磁石のN極から出てS極に入ります。このことは「ミニ磁石」（磁区）でも変わりません。

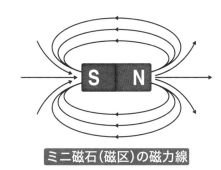

ミニ磁石（磁区）の磁力線

　磁力線のあるところには（磁力線の方向に）磁力があるわけですが、N極のすぐ近くにS極がある場合、**N極から出た磁力線はすべて隣のS極に入っていきます。**その結果、磁力線は外に出なくなります。結果として棒磁石の真ん中付近には磁力線がないことになって、磁力もなくなってしまうのです。

磁力線

電磁石

♻電磁石　〜エルステッドの発見〜

　鉄のくぎを磁石にするもう一つの方法を紹介しましょう。それは導線を巻きつけて電流を流すという方法です。

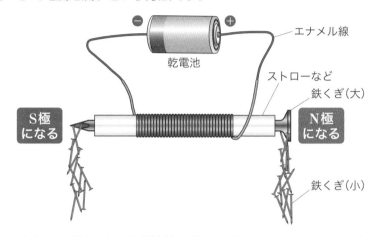

　このように、鉄などの強磁性体で作った芯のまわりに**コイル**[16]を巻いて作った磁石のことを**電磁石**と言います。

　では、どうしてコイルを巻きつけて電流を流すと鉄くぎは磁石になるのでしょうか？　それは、**導線を流れる電流が磁場を生み出し、その磁場によって鉄くぎの中の「ミニ磁石」（磁区）の方向が揃うから**です。

　デンマークにあるコペンハーゲン大学の教授であった**ハンス・クリスティアン・エルステッド**[17]は、ある講義の中で、電流が金属線に流れる
(1777-1851)
と金属が熱くなるという実験を行なっていました。1820年のことです。そのとき彼は、たまたま近くにあった方位磁石の磁針が金属線のほうに振れるのを発見しました。電流を切ると磁針は元どおり北を指しますが、ふ

16）導線をバネのような形になるようにぐるぐる巻きに（らせん状や渦巻状に）したもの（後ほど詳しく紹介します）。

17）エルステッドは、CGS単位系（長さ、質量、時間の単位としてそれぞれcm、g、S［秒］を使う単位系）で磁場の強さを表す単位にその名を残しています。記号はOe。ただし、単位の国際規格であるSI単位系では磁場の強さは「A/m」（アンペア毎メートル）で表します。

たたび電流を流すとやはり磁針は先ほどと同じ方向に振れました。これを見たエルステッドはただちに**「電流は磁石に影響を及ぼす」**という事実に気づいたそうです。

　エルステッドの発見は、またたく間に各国に伝わりました。特にフランスは当時数学のレベルが高かったため、数学的にこの現象を記述することに成功する者たちが現れます。それが**ジャン＝バティスト・ビオ**とフェリックス・サヴァールです。2人は、地磁気の影響を取り除く工夫をしながら、実験を重ね、**直線電流では電流の大きさに比例し、電線からの距離の2乗に反比例する磁力が生じる**ことをつきとめました。さらに、電線の微小部分に流れる電流が任意の場所にある磁石に及ぼす力の大きさを数式化し、これを重ね合わせることで(積分することで)電流全体が周囲に及ぼす磁力を計算することに成功しました。その計算式を**ビオ・サヴァールの法則**と言います。

　フランスにはもう一人、エルステッドの発見を数学的な視点でいち早くまとめあげた人物がいます。前述(144頁)の**アンドレ＝マリ・アンペール**です。

　アンペールは、電流を流した金属線が磁石になるのなら、電流を流した金属線どうしの間には力がはたらくだろうと考え、同じ向きに流れる電流どうしの間には引力、反対向きに流れる電流どうしの間には反発力がはたらくことを発見し、その力を数式化することにも成功しました。

　前に、アンペールが電流の正体は正の電荷であると考えてしまったために、その後の混乱が生じているという話を紹介しました(144頁)が、彼が電流の「向き」にことさら注目するようになったのは、電流の間にはたらく力がその向きによって引力だったり反発力だったりしたことがきっかけだったようです。

♻右ねじの法則　～アンペールの発見～

アンペールはさらに、いわゆる**「右ねじの法則」**として知られる法則も発見しました。これは**電流の向きと電流が生み出す磁場の向き**に関する法則です。

私たちが通常使用しているねじは「右ねじ」と言って、右回り（時計回り）に回すと締まります[18]。

電流の向きに右ねじが進むとき、電流が作る磁場の向きは、ねじを回す方向に一致するというのが右ねじの法則です。

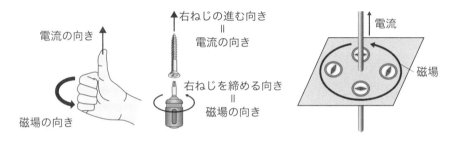

ただし、「右ねじの法則」は、日本流の呼び名で、欧米ではふつう**右手の法則（right-hand rule）**と言います。右手を出してグッド（いいね！）の形にしたとき、親指の指す方向が電流の向きで、残りの指の方向が磁場の向きに一致するからです。

円形電流に右ねじの法則（右手の法則）をあてはめると、次頁の図のように円形の面に垂直な磁場が生まれることがわかります。**円形電流の中心に生じる磁力の大きさも流れる電流の大きさに比例する**ことがわかっています[19]。

---

18) 扇風機の羽根の取り付けねじや稼動部を両端で固定する軸の片側などは、ゆるみ防止のため「左ねじ」が利用されていて、左回り（反時計回り）に回すと締まるようになっています。

19) ビオ・サヴァールの法則（157頁）によって積分計算した結果です。

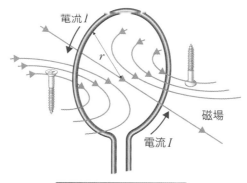

電流 *I*

r

磁場

電流 *I*

円形電流が作る磁力線

♻コイル

　円筒形のわくに絶縁した導線(エナメル線 [20] など)を何回か巻きつけて、**ぐるぐる巻きにしたもの(らせん状にしたもの)**を**コイル**と言います。

(1)コイルの磁力線

　コイルは円形の導線をたくさん重ねた形になっているため、円形の電流がつくる磁場が合わさり、コイル内部に強い磁場ができます。

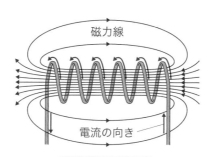

磁力線

電流の向き

コイルの磁力線

(2)コイルの極

　コイルの磁力線の向きは、コイルに流れる電流の向きによって決まり、その向きは次頁の図のように**右手の法則**で決めることができます。

20) 銅線に「エナメル」と呼ばれる絶縁皮膜を焼き付けたもの。

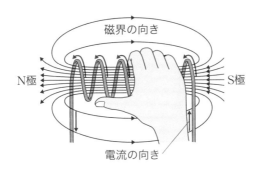

図中のラベル：磁界の向き、N極、S極、電流の向き

　ただし、この場合の「右手の法則」は右手を「いいね！」の形にしたときの**親指以外の4本の指の方向が電流の流れる方向、親指の方向が磁力線の方向**になります。

　磁力線はN極から出て、S極に入っていく（149頁）ので、**親指の方向がN極**と考えてもよいでしょう。

♻電磁石の磁力を大きくする3つの方法

　上の図を見ると、電磁石を作るには、コイルに電流を流しさえすれば良いのではないか？　電磁石に「鉄などの強磁性体で作った芯」は必要ないのではないか？　と思われるかもしれません。

　これには「**磁気抵抗**」というものが関係しています。

　電気抵抗（100頁）は電気の通りづらさを表すものでした。これに対し「磁気抵抗」は電磁石等における**磁力の生じにくさ**を表します。空気と鉄で比べると、空気の磁気抵抗の大きさは鉄の**約2000倍**もあります。同じコイルを使う場合、鉄の芯を使ったほうが、コイルだけのときより約2000倍も大きな磁力を生じさせることができるのです。つまり、電磁石を作るとき「鉄などの強磁性体で作った芯」が必要なのは、**電磁石の磁力を大きくするため**です。

　なお、コイルが同じなら鉄などの**芯は太ければ太いほど**（それだけ磁気抵抗が小さくなるので）**電磁石の磁力は大きく**なります。

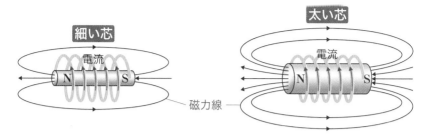

太い芯のほうが磁力が大きい

また、**コイルの巻き数を増やす**と、そのぶん円形電流が作る磁場が重ね合わせられるので、**電磁石の磁力は大きく**なります。コイルの巻数と電磁石の磁力は比例します。

さらに、電流が作る磁場は電流の大きさに比例する（158頁）ので**コイルに流す電流を大きく**することによっても、**電磁石の磁力は大きく**なります。

ただし、実験などで電磁石の磁力を大きくしようとして、コイルの巻数を多くするときには、**使うエナメル線の量を増やさない**ように注意してください。なぜなら、エナメル線[21]が長くなると、それだけ電気抵抗が大きくなって[22]、流れる電流が弱くなってしまうからです。たとえば巻数を2倍にすれば磁力は2倍になりますが、同時に使うエナメル線の長さも2倍にしてしまうと、流れる電流が半分になって磁力も半分になり、それぞれの効果が相殺してコイルが生み出す磁力は結局変わりません。

コイルの巻き数の違いによる電磁石の磁力の違いを調べる実験では、次頁の図のように、巻き数が少ないときエナメル線は余らせておいて、巻き数が多くなってもエナメル線全体の長さは変わらないようにする工夫が必要です。

21）銅の電線に絶縁体の塗料を塗ったものを「エナメル線」と言います。ようは絶縁塗料でコーティングされた導線のことです。なお「エナメル」は物質名ではなく絶縁用のニス（塗料）の総称です。ポリウレタンやポリエステルがよく使われます。
22）抵抗の大きさは長さに比例、断面積に反比例するのでしたね（101頁）。

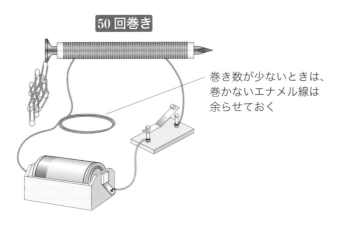

50回巻き

巻き数が少ないときは、
巻かないエナメル線は
余らせておく

⚠電磁石の特徴　〜まとめ：棒磁石との比較で〜

ここで棒磁石と電磁石の違いをまとめておきましょう。

(1)N極とS極を入れ替えることができる

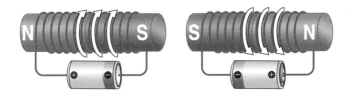

　右手の法則(159頁)からわかるように、電池の向きを変えれば(電流の向きを変えれば)電磁石のN極とS極を入れ替えることができます。

(2)磁力をほぼゼロにすることができる

　コイルに流れる電流を止めれば、電磁石の磁力はほぼゼロになります。ただし、実際には鉄などの芯に「残留磁気」と呼ばれるものが残るため、電流を止めただけでは完全に磁力をゼロにすることはできません。そのため、電流を止めた途端に磁力をゼロにする必要がある機器ではわずかに逆向きの電流を流したり、磁力が消えるような特別な操作を加えたりしています。

(3)磁力の大きさを変えることができる

　前の節で紹介したとおり、鉄の芯を太くしたり、コイルに流す電流を大きくしたり、さらにコイルの巻き数を増やしたりすれば、磁力の大きさを変えることができます。

(4)永久磁石よりも強力な磁力を作れる

　2019 年に**「世界最強の磁石」**の記録が 20 年ぶりに更新されたのをご存じでしょうか。フロリダ州のタラハシーにある国立高磁場研究所（通称：MagLab）が開発した**「リトル・ビッグ・コイル 3」**という電磁石は、その表面に **1m² あたり 45.5Wb** [23] **の磁気量**を生み出すことに成功しました [24]。

　「磁気量」とは磁極の強さを表す物理量であり、単位は Wb を使います。また、磁石の生み出す磁場の強さには 1m² あたりの磁気量（Wb）を表す T（＝Wb/m²）という単位 [25] もよく使われます。T で表せば「リトル・ビッグ・コイル 3」が生み出す磁場の強さは 45.5T です。

　ちなみに、17T 程度の磁場があると、ネズミは宙に浮いてしまいます。なぜなら、ネズミの体内に含まれる水は反磁性体（153 頁脚注）であり、磁石から逃げていく性質を持っているからです。

---

23) ドイツの物理学者ヴィルヘルム・ヴェーバー（1804−1891）に由来します。ヴェーバーは、電気や磁気の精密な測定器具を製作し、同時期に活躍したフリードリヒ・ガウスとともに電磁気の単位の統一に尽力しました。

24) ある温度（転移温度）以下になると電気抵抗がゼロになる超伝導現象（103 頁）を利用しているそうです。

25) セルビア系アメリカ人の物理学者であり発明家でもあったニコラ・テスラ（1856−1943）に由来します。テスラはエジソンのライバルとしても知られ、現代の電力システムで採用されている交流発電・交流送電の基盤を築きました。

地球は大きな一つの磁石

♻元祖・羅針盤　～南を教える「指南魚」～

　中国では 11 世紀頃から、魚の形をした軽い木の模型に磁石を埋め込んだ「**指南魚**」というものを水に浮かべて、南の方向を調べていたと伝えられています [26]。

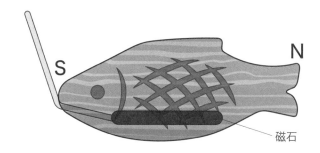

磁石

　指南魚は、中国の四大発明の一つである羅針盤の原型になりました [27]。南宋(1127－1279)の時代には、水に浮かべた「指南針」と方位盤が一体に組み合わさった元祖「羅針盤」が発明され、アラビアの航海者を通じて広くヨーロッパに伝えられています。

　そもそもなぜ、磁石を使うと方角がわかるのでしょうか？

　それは、**地球自身が、北極付近が S 極で南極付近が N 極** [28] **であるような大きな磁石になっていて、地球の表面には南極から北極に向かう磁力線が存在**するからです。地球の表面にある磁場のことを「**地磁気**」と言います。

---

26) 教え導くことを「指南する」というのは、中国では古くから(北ではなく)南を知ることに重きを置いていたからだと言われています。ちなみに、英語では新しい事柄を教えることを "orientation" と言いますが、こちらの原義は「東を向く」です。

27) 紙、印刷、火薬とともに羅針盤は中国発祥の四大発明に数えられています。

28) 北極(North Pole)付近が S 極、南極(South Pole)付近が N 極になっているのは、磁石の N 極の指す方向を「北」にしているからです。紛らわしいですが、中学入試等では頻出問題です。

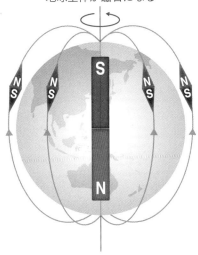

地球全体が磁石になる

⏏なぜ地磁気があるのか

　ではなぜ、地球には地磁気があるのでしょうか？

　これには地球の内部構造が関係しています。

　地球の内部には**「中心核」**と呼ばれる部分があり、中心核の主成分は鉄を主な成分とする**金属**です。中心核はさらに**内核**と**外核**に分かれていて、地震波等を使った調査から内核の金属は固体、外核の金属はドロドロの液体状態であることがわかっています。

　ちなみに、外核の金属が溶けてしまうのは、地球の中心核の温度が約6000℃[29]もあるからです。ただし、それにもかかわらず内核の金属が固体のままであることは、長い間科学者たちにとって悩みの種でした。最近の研究[30]では、内核のきわめて高い圧力（地球表面の約350万倍！）が金属の再結晶化を促す可能性が指摘されています。

29) 太陽の表面温度と同じくらい。
30) 2017年2月に公開されたスウェーデン王立工科大学の研究チームによる論文。スーパーコンピューターを使ってシミュレーションしたようです。

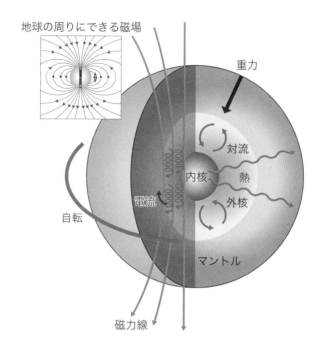

地球の周りにできる磁場

重力

対流

内核 熱

電流 外核

自転

マントル

磁力線

話を地磁気の発生原理に戻しましょう。

　地球の自転によって、核の金属も一緒に回転します。このとき金属の持つたくさんの電子の動きが電気の流れとなり（中でも外核の液体状態の金属が対流[31]することによって）、「右ねじの法則」（158頁）にしたがって磁場が生まれると言われています[32]。つまり、地球は大きな「電磁石」だというわけです。

　ただし、地磁気の発生原理は完全に解明されたわけではなく、今も熱心に研究されています。たとえば、海底の古い岩石を調べてみると、地磁気のN極とS極が過去に何度も逆転していることがわかるのですが、このような現象が起きる理由は今でも説明ができていません。

31）液体や気体の流れによって熱や物質が運ばれること。
32）このような理論を「ダイナモ理論」と言います（dynamo：発電機）。本来は地球がもともと持っていたとされている磁場の影響なども考慮する必要があり、難しい理論です。

♻ 2種類の「北」 ～「真北」と「磁北」～

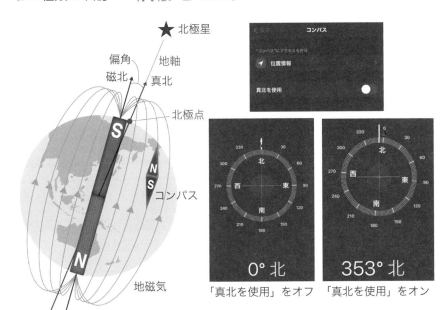

「真北を使用」をオフ 　　「真北を使用」をオン

iPhoneをはじめ多くのスマートフォンには、実際に地磁気を測定する**「地磁気センサー」**というものが搭載されているのをご存じでしょうか？

地図アプリやカーナビのアプリが、今の自分の位置だけでなく、どちらの方向(方位)を向いているのかも教えてくれるのは、この地磁気センサーと加速度センサーのおかげです[33]。

iPhoneに初めからインストールされている「コンパス」というアプリの設定画面を開くと「真北を使用」という項目があります。この項目の意味がおわかりでしょうか。

---

33) ちなみに現在地を割り出すのには、人工衛星からの電波を受信して現在地を特定するいわゆる GPS(Global Positioning System：全地球測位システム)機能が使われています。また「加速度センサー」は重力の方向などを検知することによって端末自身の傾きを特定します。

「真北」[34] というのは北極点の方向です。一般的な地図の真上の方向が「真北」であり、私たちが通常使う「北」は「真北」を指します。地球は北極点と南極点を結んだ「地軸」を中心に自転しているわけですが、地軸を真北の方向に延長すると北極星があります。

　こう言われると、北を知るための「コンパス」で「真北」を使用するのは当たり前だと思われるかもしれません。なぜ設定項目になっているのでしょうか。それは、純粋に地磁気センサーだけで割り出す「北」は真北ではないからです。

　方位磁石が指す「北」を **「磁北」** と言います [35]。地球を大きな磁石に見立てたときの「S極」の方向が磁北です。前に地球は「北極付近がS極で南極付近がN極であるような大きな磁石になって」いると書きました（164頁）が、厳密に言うと「磁北」と「真北」は少しずれているのです。iPhoneの「コンパス」の設定で「真北を使用」をオフにすると、コンパスのN極は磁北を指し、オンにすると真北を指すようになりますので、正確な北（真北）が知りたいときは、この設定をオンにすることを忘れないようにしてください。

　磁北と真北のずれを表す角度のことを「偏角」と言います。

　偏角の値は場所によって違うだけでなく、時間とともに少しずつ変化します。国土交通省の付属機関である国土地理院のWebサイトを見ると、全国各地における地磁気を細かく測定したデータを見ることができます [36]。

　iPhoneの「コンパス」が真北を示すことができるのは、「地磁気センサー」で地磁気の磁力線の方向（磁北）割り出し、GPS機能を使って端末が使われている場所の偏角をデータとして読み込んで補正しているからです。

---

34)「しんぼく」ではなく「しんぽく」あるいは「しんほく」と読みます。
35) 風水では「北」と言うときには「磁北」を指すのが普通のようです。古来、家相や吉方位を診断する際には方位磁石を使うことが多かったためだと思われます。
36) この原稿の執筆当時（2021年5月）、私の住む神奈川県横浜市の偏角は7度ほどですが、沖縄本島では約5度、北海道の北端では約10度になっています。

電磁誘導

♻ファラデーの逆転の発想

電流が磁場を生み出すのなら、その反対に**磁場が電流を生み出すことも あり得るのではないか**と考えた人物がいました。磁力線を考案したファラ デー（148頁）です。

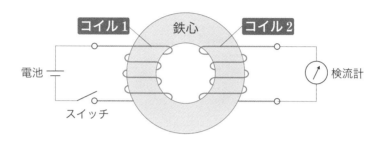

ファラデーは自身の考えを立証するため、環状の鉄心[37]に2つのコイ ルを巻き付けて、片方のコイルには電池、もう片方のコイルには特製の鋭 敏な検流計をつないだ装置を考えました（上図参照）。

コイル1に電流が流れれば磁場が生まれます。その磁場が鉄心を通って、 コイル2を貫くことで、コイル2に電流が流れることを期待したわけです。

しかし、何度実験してもコイル2に電流が流れる様子はありません。 ファラデーはなかなかあきらめられず、コイルを巻き付けた鉄心を常に持 ち歩いていたと言います。そんなある日のことです。やはりコイル2に流 れる電流は捉えられず、失意の中、電池のスイッチを切ると、その瞬間、 検流計の針がわずかに動くではありませんか。その後、改めてスイッチを 入れてみると、入れた瞬間だけまた検流計の針が動きました。やっとコイ ル2の電流を検知したファラデーは、コイル1に流れる電流が変化して、 磁場が変わったときにだけ、コイル2に電流が流れるのではないか考えま した。そこで、今度は検流計をつないだコイルの近くで棒磁石を動かす実 験をしてみました。ファラデーの読みどおり、検流計の針が振れて、コイ

37）鉄の芯のこと。

ルに流れる電流を確認することができました。

このように、コイルにまわりの磁場が変化するとコイルに電流が流れる現象を**電磁誘導**と言います。また、このときに流れる電流を**誘導電流**と言います。

磁力線（148 頁）を用いてファラデーは電磁誘導を次のように説明[38]しました。「**導体が磁力線を横切ると、横切った磁力線の数に比例して、導体中に起電力が生じる。**」

これを**ファラデーの電磁誘導の法則**と言います。

♻人類初の発電機　〜ファラデーがもたらした「現代」〜

コイルの場合、コイルが磁力線を横切ると、コイルを貫く磁力線の本数や向き、密集度などが変化します。すなわちファラデーの電磁誘導の法則は「**コイルを貫く磁力線に変化があるとコイルには起電力が生じる**」と読み替えることもできます。

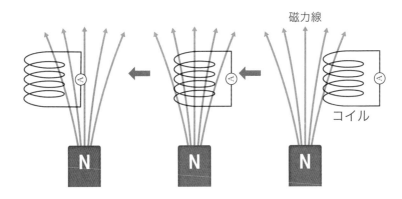

ファラデーは、自身のこの理論を裏付けるべく、次の図のような装置を作りました。そして見事、銅板から電流を取り出すことに成功しています。これは人類初の**発電機**であり、これによって、電池よりもはるかに低コストで豊富な電流が得られるようになりました。大量の電気を必要と

38）実は、ファラデーが磁力線を考案したのは、自身の発見した電磁誘導を説明するためでした。

する「現代」は、ファラデーのこの発明から始まったと言っても過言ではないでしょう。

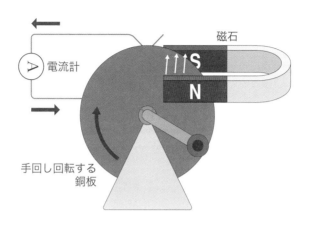

磁石

(A) 電流計

↑↑↑ S

N

手回し回転する
銅板

❁レンツの法則

19世紀のロシアの物理学者**ハインリヒ・レンツ**は、**磁界（磁場）を変化**
(1804−1865)
させるとその変化をさまたげる向きに誘導電流が生じることを見いだしました。これを**レンツの法則**と言います。

たとえば、**コイルに磁石のN極を次頁の図のように左から近づけると、**
コイルを貫く右方向の磁界（磁場）が増えますね[39]。このとき「その変化
をさまたげる向きに誘導電流が生じる」とはどういう意味でしょうか？
それは「右向きの磁界が増える変化をさまたげる向き」すなわち**「左向き**
の磁界を生じる向き」に電流が流れるということです。このときコイルの
左側がN極、右側がS極になります。コイルを流れる誘導電流の方向は
「右手の法則」で確かめます。

---

39)「右向きの磁力線が増える」とも言えます。

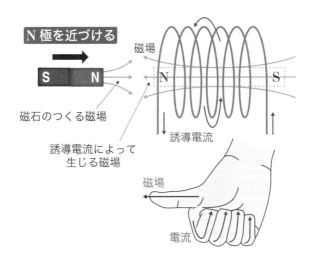

逆に**磁石の N 極を次の図のようにコイルから遠ざける**と、今度はコイルを貫く右向きの磁界（磁場）が減りますから「その変化をさまたげる向き」は**「右向きの磁界を生じる向き」**になります。このときはコイルの左側が S 極、右側が N 極です。よって、誘導電流向きも逆向きになります。

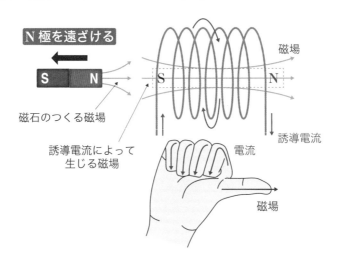

❖自然は安定を好み、変化や不自然を好まない

　この「レンツの法則」に限らず、自然界を司る法則には「変化をさまたげる」ようにはたらくものが多いです。なぜかと言うと、**自然界は常に「安定」を求める**からです。

　もし、自然界に変化を好む傾向があったらどうでしょう？　ひとつの小さな変化が起きたとき、自然界がその変化に乗ずるようなことがあれば、最初は小さかった変化が増幅されることになります。そんなことがあちらこちらで起きるのなら、今頃世の中は非常に落ち着かない、きわめて混沌とした世界（カオス）になっていることでしょう。しかし、現実の自然界は一定の秩序を保っています。これは自然界が「変化」を嫌う性質を持っているからです。

❖ローレンツ力と左手の法則

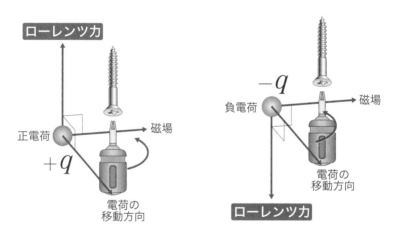

　磁場の中を移動する電荷は、上の図のように磁場の方向とも電荷の移動方向とも垂直な方向に力を受けます。この力を**ローレンツ力**(Lorentz force)と言います。148 頁では「磁力のはたらいている空間」を磁界（磁場）と言う、と書きましたが、**磁界（磁場）とは運動する電荷に力を及ぼす空間**でもあるのです。

　ローレンツ力の方向は、正電荷の場合は、電荷の移動方向から磁場の方

向に回したときに右ねじが進む方向になります。ただし負電荷の場合は、ローレンツ力の方向は逆方向になりますので注意してください。

　余談ですが、ローレンツ力を発見したオランダの**ヘンドリック・ローレ ンツ**は、かのアインシュタインをして「私個人にとって、人生で出会った
^(1853−1928)最重要人物」と言わしめた人物です。実際、アインシュタインの特殊相対性理論はローレンツの電磁気における研究成果の上に成り立っています。

　ローレンツ力の方向は、少々わかりづらいため、ロンドン大学で教鞭をとっていた**ジョン・フレミング**は、学生のためにいわゆる**「フレミングの 左手の法則」**^(1849−1945)を考案しました（下図参照）。今では、日本を含め多くの国でこの手の形は——どの指が何を表すかは忘れてしまったとしても——有名です。

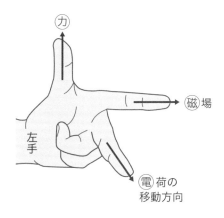

　フレミングの左手の法則では、電荷が正電荷の場合、中指が電荷の移動方向、人差し指が磁場の方向、親指がローレンツ力の方向を表します。フレミング自身は

中指（seCond finger）→電流（Current）

人差指（First finger）→磁場（Field）

親指（THumb）→推力（THrust）

と指の名称と対応をつけて覚えさせようとしたようですが、日本では**中指 →人差し指→親指**の順に「**電・磁・力**」と覚えることが多いです。どの指から始まるのかが不安であれば、いちばん力強い指である親指は「力」と

覚えておくとよいでしょう。

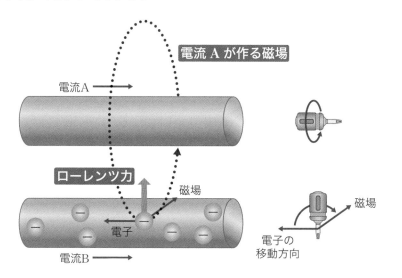

電流の正体は電子の流れ（移動）なので、電流が磁場から受ける力もローレンツ力で説明できます。

上の図のように、電流Aと電流Bが同じ方向に流れている状況を考えてみましょう。

電流Aはまわりに磁場を作り、その向きは右ねじの法則（あるいは右手の法則）から図のようになります。一方、電流Bの電子（移動方向は電流の方向と逆）は、電流Aが作り出す磁場の中を移動することになるのでローレンツ力を受けます。

正電荷であればその向きは、電荷の移動方向から磁場の方向に回したときに右ねじが進む方向（あるいはフレミングの左手の法則における親指の方向）すなわち図の下向きですが、電子は負の電荷を持っているので、電流Bの電子が受けるローレンツ力は、図の上向き（電流Aの方向）になります。

電流Bのすべての電子について同じことが言えるので、電流B全体は電流Aのほうに引っ張られることになるわけです。同様に、電流Bが作り出す磁場によって、電流Aのすべての電子は電流Bの方向にローレンツ力を

受け、電流A全体は電流Bの方向に引っ張られることもわかります。

　結局、157頁で見たように、同じ方向に流れる電流どうしには引力がはたらきます。なお、ここで省きますが、余力のある方は、逆向きに流れる電流どうしには、反発力がはたらくことも確かめてみてください。

モーターと発電機

⚠️電流が磁場から受ける力

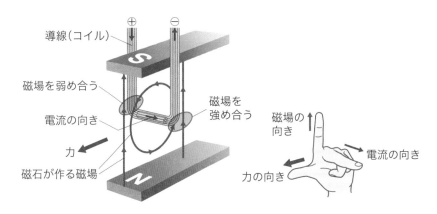

　上の図のように、磁石の作る磁場の中に導線（コイル[40]）を置いて、外部の電源から電流を流すと、磁場の中の電流[41]はローレンツ力を受ける[42]ので、**図の左の方向**に動きます。

　電流が受ける力の向きは「フレミングの左手の法則」から求められますが、先ほど書いた「自然界は変化を嫌う」という側面からも考えてみましょう。

40）これまで「コイル」と言えば、導線どうしを少し離してぐるぐる巻きの様子がよくわかるバネのような形をした図を描いてきましたが、上の図にあるように導線どうしをピタッとくっつけてぐるぐる巻きにしたものも「コイル」と呼びます。

41）電流の正体は負の電荷を持つ電子なので、電子の移動する方向と電流の方向は逆。

42）ただし、負の電荷が受けるローレンツ力の方向は、同じ方向に正の電荷が移動する場合の逆なので結局、電流の方向に正の電荷が移動すると考えて、「フレミングの左手の法則」を適用しても構いません。

図の奥側に注目してください。ここでは磁石が作る磁場の方向と、導線（コイル）を流れる電流が作る磁場の向きが揃っていますね。つまり、図の奥側では磁場が強め合い、導線の中を電流が流れていなかったときに比べると、磁力線がより「密」になります。この「変化」を自然界は嫌うので、密を避けるように導線を図の手前に移動させようするわけです。つまり、**導線（コイル）を流れる電流は、磁場を強め合っているほうから弱め合っているほうへ向かって力を受ける**と解釈することもできます。

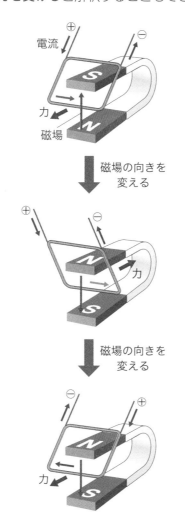

磁石のN極とS極を逆にしたり、導線（コイル）に流す電流の方向を逆にしたりするたびに、導線を流れる電流が受ける力の方向は逆になります。

♻ファラデーの電磁回転装置

磁石と導線と電源を用意し、磁場の向きを変えたり、電流の向きを変えたりすれば、導線をゆらゆらとブランコのように動かせることがわかりました。

このように、電気と磁気を利用して動力を生み出す装置のことを「**モーター**」あるいは「**電動機**」と言います[43]。

人類最初の電動機（モーター）を考え出したのも、電磁誘導の法則を発見し、発電機を発明したファラデーです[44]。1821年のことでした[45]。ファラデーの発明したモーターは下図のような構造をしていて、「**ファラデーの電磁回転装置**」と呼ばれています。

この装置には大量の水銀が使われていて、水銀は電気をよく通すので全体が回路になっています。左の「可動磁石」は電流が作り出す円形の磁場（158〜159頁）によって、また右の「可動針金」は電流が磁場から受けるローレンツ力（173頁）によって回転します。

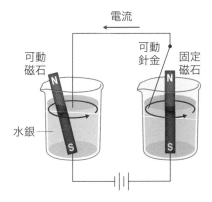

---

43) 英語の motor の原義は「動かすもの」という意味です。

44) 電動機と発電機は混同してしまうかもしれませんが、電動機は「電気と磁気を利用して動力を生み出すもの」であり、発電機は「磁気と動力から電気を生み出すもの」です。

45) 電磁誘導の法則を発見し、発電機を発明したのは（両方とも）1831年。

♲科学より課税が好きな英国首相

この先は余談です。

「電動機」の発明に成功したファラデーは、研究を支援してもらおうと、時の英国首相グラッドストンをたずね、電気の力で針金や磁石がくるくる回る様子を実演して見せました。

しかし、グラッドストンは「こんなのがいったい何の役に立つのだ？」と言って、ほとんど関心を示さなかったそうです。

それもそのはず。当時のイギリスは第一次産業革命のまっただ中で、動力を生み出す機械として蒸気機関が登場したばかり。電気で動く「モーター」は時代を先取りしすぎていて、その重要性を理解するのは難しかったのでしょう。また、電気を得る唯一の手段だった電池は当時大変高価でした[46]。

グラッドストンでなくとも「電気で動くと言ったって、電気自体がなかなか手に入らないのだから意味がない」と思ったことでしょう。

そこでファラデーは電動機（モーター）の科学的な意義を説明することをあきらめ、「いずれ税金を課すことができるようになりますよ」と言ってグラッドストンを説得し、支援を取りつけたそうです。

英国王立研究所で毎年末恒例のクリスマス・レクチャーで子供たちを含む聴衆を前に講演するファラデー

[46] ファラデーによって発電機が発明されるのは 10 年後のことです。

♻モーターのしくみ

最も広く使われているモーターは次のような構造になっています。

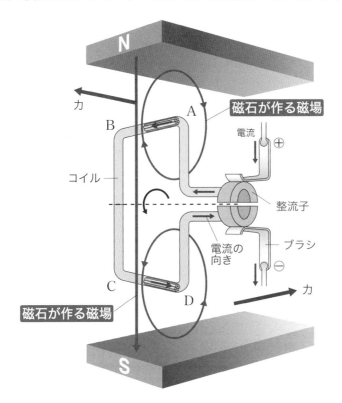

モーターで最も重要なのは「**回転を持続させること**」です。そのために 整流子とブラシと呼ばれる部品があります。整流子とブラシのおかげで、外部電源から流れてくる電流は一定の方向であっても、**コイル流れる電流が半回転ごとに切りかわり**、コイルは常に同じ方向に回り続けることができるのです（次頁の図参照）。

もし、コイルに流れる電流の向きが変わらなければ、半回転ごとに反対向きに回転する力が生まれて、モーターは回り続けることができなくなってしまいます。

では、次頁の図で整流子とブラシのはたらきによって、コイルが一定の方向に回転し続ける様子を見てみましょう。

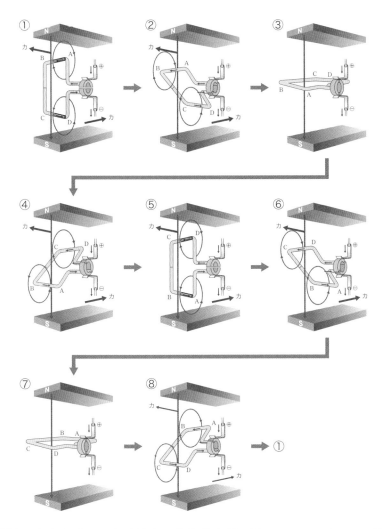

電流の向きをチェックすると、①と②と⑧では A → B → C → D ですが、④と⑤と⑥では D → C → B → A となっており、ちょうど反対になっていることがわかっていただけると思います。なお、③と⑦ではブラシが整流子のすき間に当たっていて、コイルには電流が流れませんが、惰性で回転は続きます。

単なるコイルではなく**鉄心に導線を巻いた電磁石**を回転させるモーターもあります。モーターにおいて、回転する電磁石のことは**電機子**と言い、

固定された磁石[47)]のほうは**界磁石**[48)]と言います。

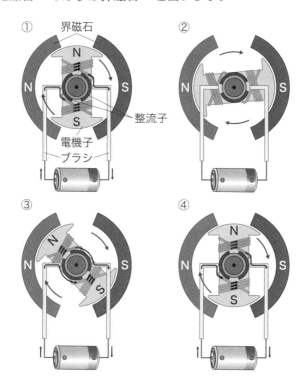

①界磁石

②

整流子

電機子

ブラシ

③

④

①の状態のときのブラシと整流子が接していて、電機子（電磁石）には電流が流れ、「右手の法則」（159頁）によって図の上側がS極、下側がN極になります。電機子は界磁石と引き合って回転します。

②の状態ではブラシと整流子が接していないので、電機子に電流は流れませんが惰性で回転を続けます。

③の状態では、ふたたび電機子には電流が流れ、界磁石との反発が生まれて回転します。

④の電機子の状態は①と上下が逆さまになっていますが、整流子とブラシのおかげで電機子の極は①と同じ向きになって、やはり同じ方向に回転が続きます。

47）永久磁石のときも、電磁石のときもあります。
48）単に「界磁」と言うこともあります。

♻交流電流と発電機

　コイルの近くで磁場を変化させると、コイルを貫く磁力線が変化するので電磁誘導の法則により、コイルには電流が流れます。

　たとえば、コイルの近くで棒磁石を左右に振ったらどうなるでしょうか？

　下の図は「レンツの法則」の説明に用いた図です（171頁）。電磁誘導によって生じる電流の向きは、外部の磁場の変化をさまたげる方向でしたね。

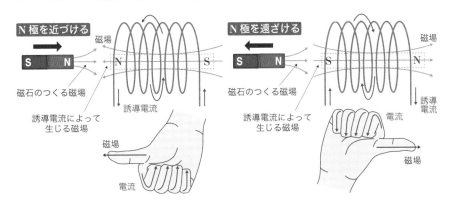

　コイルに流れる電流の向きは、磁石がコイルに近づくときと遠ざかるときとで逆向きになります。

　同じように、コイルの近くで棒磁石を回転させたときも、N極が近づいてくるときと遠ざかっていくときとで**誘導電流の向きは逆**になります。

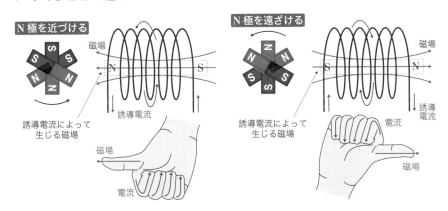

　このように、周期的に流れる向きが変わる電流を交流と言います。発電

所の**発電機**も磁石をグルグル回転させることによって電気を作り出しているので、発電所が送電する電気は交流です。

　前にもご紹介したオシロスコープという装置で交流の電流や電圧が時間とともにどのように変化するかを調べると、波のような形になります。

オシロスコープ

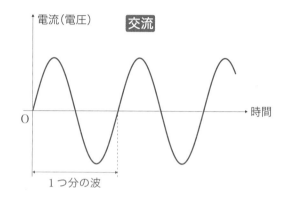

電流（電圧）　交流

時間

O

1つ分の波

🔁日本列島　東西分断の謎

　1秒間に繰り返される波の数を**周波数**と言い、単位は**ヘルツ（Hz）**[49]を使います。日本で家庭に供給されている交流の周波数は、東日本では50Hz、西日本では60Hzです。静岡県の富士川と新潟県の糸魚川が境目になっています。

　ちなみに、日本の中で周波数が異なる理由は、明治時代に発電所を作るとき、東日本では50Hzのドイツ製の発電機を、西日本では60Hzのアメリカ製の発電機を導入したからです。

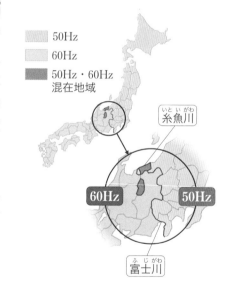

50Hz
60Hz
50Hz・60Hz
混在地域

糸魚川

60Hz　50Hz

富士川

49）電磁気学の分野で大きな功績を残したドイツの物理学者ハインリヒ・ヘルツ（1857−1894）に由来します。

日本のように同じ国で2種類の周波数の電気が使われている国は珍しいです。全国の周波数を統一しようという話し合いは、これまでにも何度も持たれてきましたが、電化製品の中には周波数が異なると使えなくなってしまうものがあるので、現状はあまり進んでいません。

50Hz（東日本）と60Hz（西日本）の境目の地域には周波数変換所と呼ばれる施設があり、交流を一度直流に変換してから別の周波数の交流にすることができます。しかし周波数を変換して送電できる量には限りがあります。

2011年に東日本大震災が起きたときには、東日本では計画停電を余儀なくされました。地震と津波で東日本の発電所が被害を受けたため、圧倒的に電力が不足したためです。あのとき、西日本から大量の電気を送電することができなかったのは、東西で周波数の違いがあったからです。災害に備えるためにも変換所の増設や設備強化などの対策が必要とされています。

♻モーターは発電機にもなる　～手違いから見つかった発見～

先ほどは、コイルの近くで棒磁石を回転させましたが、磁石のほうは固定しておいて、コイルのほうを回転させたときも、同じ様にコイルを貫く磁力線が変化するので、誘導電流が生まれます。……ということは、実はモーターから電池を外し代わりに電球を付けて、外部からの力でモーターに内蔵されているコイルや電機子（電磁石）を回転させると、電球を光らすことができます。つまり、モーターはそのまま発電機として使用することもできるのです。

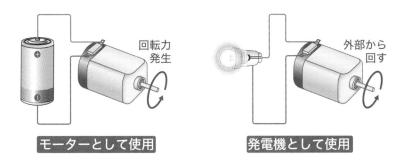

回転力
発生

外部から
回す

モーターとして使用　　　発電機として使用

こんなエピソードが残っています。

ベルギーの発明家**ゼノブ・グラム**が、1873年のウィーン万博に最新式
の発電機を出品したときのことです。展示中に助手が間違えて2台の発電
機どうしを接続してしまったらしいのですが、そのとき蒸気機関（外から
の動力）によって片方の発電機の回転が始まると、もう一方の発電機の電
機子が高速で回転し始めました。電流を送り込まれた発電機がモーターと
してのはたらきを見せたのです。

これを見たグラムは**「発電機はモーターとして使うことができる」**こと
と**「外部からの動力が得られれば、それを発電機で電気に変換してから電
線で送れば、別の場所でモーターを使って動力に戻すことができる」**こと
を立証しました。

グラムの発明した発電機は、初めて商業ベースに乗った発電機であり、
また送電によってエネルギーを供給し、動力や照明を得られる可能性も示
したことで、第二次産業革命のきっかけを与えたとも言われています。

♻手回し発電機

発電機とモーターは同じ構造であることをわかりやすく教えてくれるの
が、**手回し発電機**です。

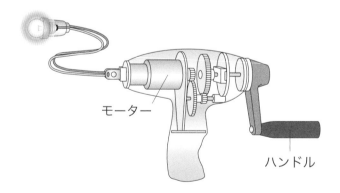

手回し発電機は、ハンドルを回すと**中に入っているモーター**が回転し、
電気を作ることができます。一般に、ハンドルを速く回すと強い電流が流

れ、ハンドルを回す方向を変えると、電流の向きが変わります。ちなみに、モーターの中には整流子(180頁)があるので、手回し発電機で作る電流は交流にはならず直流です。

　また、下の図のように2台の手回し発電機をつないで、片方のハンドルを手で回すと、もう一方の手回し発電機のハンドルが(勝手に)回転し始めます。これは、手で回しているほう(P)のモーターが発電機としてはたらき、もう一方(Q)のモーターに電気を送り込めているからです。

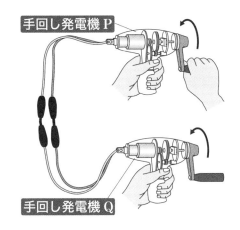

手回し発電機 P

手回し発電機 Q

　手で与えた動力が電気に変わり、送電され、ふたたび(他方のハンドルを回すという)動力に戻されているわけですが、これはまさに現代の送電によるエネルギー供給のしくみと同じです。

　発電所では火力、風力、水力、原子力等を利用して磁石を回転させ、電気を生み出しています。動力のエネルギーを電力に変えているわけです。その電気が家庭や会社や工場等に送電され、電気製品のモーターを動かす動力になったり照明になったりしています。

Column 4 ジェームズ・ユーイングの功績

●お雇い外国人として来日

1878 年(明治 11 年)、1 人の若き天才物理学者が日本の地を踏みました。イギリスの**ジェームズ・ユーイング**です。幕末から明治にかけて、欧米の
(1855−1935)
技術や学問を「富国強兵」に役立てるために雇用された外国人、いわゆる「お雇い外国人」の一人でした。

ユーイングは弱冠 23 歳で物理学・機械工学の教授として東京大学に赴任します。

ユーイングは地震学にも興味を持ち、同時期に来日していた同郷のジョン・ミルンらとともに日本地震学会を設立するなど、とても多才な人だっ
(1850−1913)
たようですが、特に磁気研究の分野では大きな功績を残しました。

●飽和磁化とヒステリシス

磁性体を磁場の中に置くと、磁性体は磁化されて磁石になります(151頁)。外部の磁場を強くすれば、磁性体の磁化の強さも大きくなりますが、やがて「**飽和磁化**」と呼ばれる値になると頭打ちになります(=それ以上磁化されません)。

次に外部の磁場を弱めていくと、磁性体の磁化の強さも小さくなっていきますが、このときの減り方は、磁化の強さが増えるときとは別のルートになります。

外部の磁場の方向を逆向きにしたときの様子も含めて磁性体の磁化の強さの変化をグラフにしたものを「**ヒステリシス曲線**[1]」と言います。

命名したのは、この現象をいち早く研究していたユーイングです。

---

1)「ヒステリシス」の語源は古典ギリシャ語で「不足・不備」を表す
"ὑστέρησις"(hysteresis)です。磁性体の磁化の強さが、その時の外部磁場の強さだけでは決まらないことからこの名前になったのだと思われます。

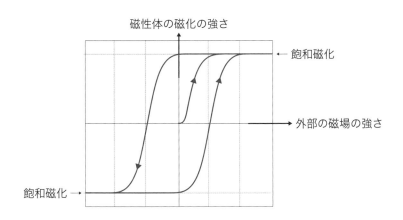

磁性体の磁化の強さ ← 飽和磁化

外部の磁場の強さ

飽和磁化 →

　ヒステリシスとは、ある物質の状態が**「現在加えられている力だけでなく、過去に加わった力に依存して変化する」現象**のことを言います。これは、ある状態を見れば、過去になにがあったのかがわかることを意味します。ヒステリシスを別名**「履歴現象」**とも呼ぶのはこのためです。

　実際、磁性体を外部の磁場によって磁化するとき、磁性体の磁化の強さは、そのときの磁場の大きさだけでは決まらず、どのようにその状態になったか(増えている最中なのか減っている最中なのか)によります。

　ヒステリシス現象においては、現在の状態を観察するだけで、過去にどのような力が加えられたのかを推測することができます。磁性体の持つこの性質を「記録」に応用したものが、ビデオテープ、フロッピーディスク、ハードディスクなどの「磁気記録装置」です[2]。

---

2) 今ではほとんど見かけなくなったフロッピーディスクは、家庭にあるような磁石でも、くっつけるとデータが破損してしまいましたが、最近のハードディスク(HDD)やSDカード等は「人間の血液細胞から鉄分を吸い出してしまうほど強力な」磁石でない限り、影響はないと言われています。一般家庭で手に入るような磁石のせいでデータが影響を受けることはないようです。

●ユーイングがまいた「磁石王国」の種

ユーイングの弟子には、長岡半太郎がいます。長岡は後にノーベル賞を受賞した湯川秀樹や朝永振一郎の師であり、原子構造の解明の草分けとなった「土星型原子模型」を提唱したことでも有名ですが、磁性材料の研究においても世界的な学者でした。

ユーイング　　長岡半太郎

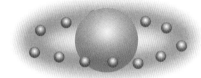

土星型原子模型

KS磁石鋼(147〜148頁)を発明した本多光太郎は長岡の教え子です。さらに、本多が所長となった東北大学金属材料研究所には、後にOP磁石(フェライト磁石)の発明に成功する武井武がいました。

ユーイングは1883年(明治16年)に5年間の任期を満了して帰国しましたが、その後、1世紀以上にわたって日本が磁気研究において世界をリードするような「磁石王国」になれたのは、彼がまいてくれた種が大きく花開いたからに違いありません。

ばねとてこの原理

　このあとは、「力学」と呼ばれる分野のお話をしていきます。力学というのは、物体の運動や力のつり合いに関する物理法則を研究する物理学の一部門のことを言います。

　本書ではこれまでも「力」という言葉をたくさん使ってきました。また日常生活の中でも「彼の英語の力はたいしたものだ」とか「体中に力がみなぎってきた」など、「力」はさまざまな意味で使います。しかし物理学における「力」は次の二つの意味に限られています。

　　　Ⅰ　物体の運動状態を変化させる作用
　　　Ⅱ　物体を変形させる作用

　ここで言う「作用」とは、二つの物体の間で一方が他方に与える力のことです。

　ばねについて学ぶ本節で注目するのは、Ⅱの「物体を変形させる作用」です。

　外から力を加えることによって形が変形し、力を取り去るとふたたびもとの姿に戻る性質のことを「弾性」と言い、弾性を持つ物体のことを弾性体と言います。

　弾性体の代表が「ばね」です[1]。

　一方、力を加えても変形しない物体のことを剛体と言います。

　ただし、現実には、完全な剛体はこの世にありません。力を加えたときに「まったくたわまない物体」というものは存在しないのです[2]。

　余談ですが、人類は太古の昔から18世紀の産業革命に至るまで道具と言えば、弓のように「弾性を利用するもの」と石器のように「弾性を利用しない剛体として使用するもの」の2種類しかなかったとする本もあります[3]。

1）「ばね」の語源には諸説ありますが、「跳ねる」から転じたものという説が有力です。また、ばねを英語で言うと spring ですが、spring も原義は「ぴょんと跳ねる」です。spring が「春」の意味でも使われるのは、春は若芽がぴょんと現れる季節だからだと言われています。
2）完全剛体の存在を認めると、アインシュタインの相対性理論をくつがえすパラドックスが成立してしまいます（237頁のコラムに詳しく書きます）。
3）『機械要素活用マニュアル・ばね』（ニッパツ・日本発条株式会社 編／工業調査会 1995年刊）より。

弾性体の代表的存在としての「ばね」

❖フックの法則　～限界内なら成り立つ関係～

　弾性体が変形しているとき、もとの形に戻ろうとする力のことを**弾性力**と言います。実験によると、**物体の変形量がある範囲内にあれば弾性力の大きさは物体の変形の大きさ（変形量）に比例**します[4]。これを、発見したイギリスの科学者**ロバート・フック**にちなんで**フックの法則**と言います。
(1635−1703)

　ただし、ばねを思いっきり伸ばすともとに戻らなくなってしまうように、弾性体に加える外力が大きすぎて、物体の変形量が「ある範囲」を超えると、弾性体はもとの形に戻らなくなります。物体が変形させられたときのもとに戻ろうとする力には上限があるというわけです。この上限の弾性力のことを**弾性限界**と言います。

　ばねであれば、ばねが自然長（そのばねに力がはたらいていないときの長さ）より伸びたり縮んだりしているとき、ばねが自然長に戻ろうとする力はこの伸びや縮みに比例します。

　ばねにおもりをつるしたときは、おもりの重さを2倍、3倍…にすると、ばねの伸びも2倍、3倍…になります。

第**5**章　ばねとてこの原理——弾性体の代表的存在としての「ばね」

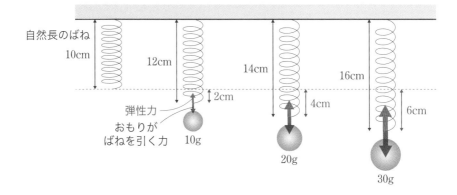

---

4)「BがAに比例する」というのは、Aが2倍、3倍…と変化したとき、Bも2倍、3倍…と変化することを意味します。

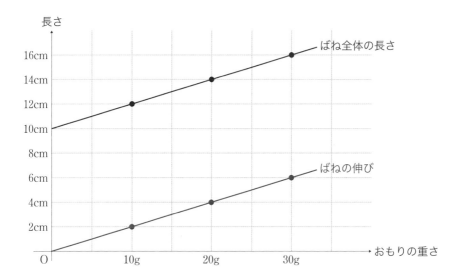

たとえば、軽いばねに 10g のおもりをつるしたとき、ばねが自然長から 2cm 伸びたとしましょう。このとき、ばねの弾性力（もとに戻ろうとする力）は、おもりがばねを引く力[5]とつり合います。

次に、おもりの重さを倍の 20g にします。すると、つり合うばねの弾性力も倍になるので、ばねの伸びは 4cm になります。

同じように、おもりを 30g にしたときのばねの伸びは 6cm です。

このときに、ばね全体の長さは、10cm → 12cm → 14cm → 16cm となり、おもりの重さに比例しないので注意してください（グラフ参照[6]）。

なお、ここで言う「軽いばね」とは、ばね自身の重さは無視できる、という意味です。もしばね自身の重さを無視できない場合は、ばね自身の重さによってもばねが伸びてしまうことになり、おもりの重さとばねの伸びが比例しなくなります。

5）この場合「おもりがばねを引く力」＝「おもりにかかる重力」です。
6）一般に、y が x の 1 次関数であるとき（$y = ax + b$ と表せるとき）グラフは直線になります。そして、この直線が原点を通るとき（$b = 0$ のとき⇒$y = ax$ のとき）に限り「y は x に比例する」と言います。比例関係というのは、1 次関数の中の特別な関係です。ばねの例では「ばね全体の長さ」は「おもりの重さ」の 1 次関数ではありますが、グラフが原点を通らないので（おもりの重さが 2 倍、3 倍…になったとき、ばね全体の長さが 2 倍、3 倍…になるわけではないので）これらは比例の関係にあるとは言えません。

今後、本書に登場するばねはすべて「軽いばね」であるとします。

⚖ フックの肖像画が残っていない理由

ここで本題に入る前に「フックの法則」を発見したフックのことをもう少し紹介させてください。

フックは物理と生物の両方の教科書に登場する稀有(けう)な科学者です。物理の教科書ではこのフックの法則の発見者として、生物の教科書では初めて顕微鏡で細胞を観察した人物として紹介されています。細胞に cell(＝小部屋が原義)という名前をつけたのもフックです。

またフックは、同じイギリスの大科学者**ロバート・ボイル**の助手として(1627−1691)真空ポンプの開発に携(たずさ)わったり、望遠鏡を作って火星や木星の自転を観察したり、化石を研究して進化論を唱えたり、光の屈折についての研究をしたりと、数々の素晴らしい科学的発見の現場に立ち会いました。

それだけでなく建築家としても有名で、ロンドンが大火に見舞われたときには焼け跡のほぼ半分を測量し、復興に大きく貢献しました。その多岐にわたる活躍の様子から彼のことを「ロンドンのレオナルド・ダ・ヴィンチだ」と評する歴史家もいます。

そんなフックは、ニュートンと犬猿の仲であったことでも有名です。

若かりし頃のニュートンが王立協会に初めて出した論文をフックがひどく批判し、以後も事あるごとに嫌がらせをしたため、のちに同協会の会長になったニュートンは、協会の引っ越しの際にフックの関連資料をすべて捨ててしまいました。そのため、目覚ましい業績を挙げた科学者であったのにもかかわらず、フックの肖像画は一枚も残っていません。

⚖ 接触力について　〜ポイントは境界面〜

前に、物体にはたらく力は、接触力と非接触力の 2 つに分けられて、非接触力には重力(万有引力)、電気の力、磁石の力の 3 種類しかないと書きました[7](146 頁)。

これらの力を除くすべての力 = **接触力**は、文字どおり**物体が他の物体と接触しているその境界面にだけはたらく力**です。

逆に言うと、**物体と物体が接触すればそこには必ず接触力がはたらきます**。このことは、力学の問題を考えていく際の基本になりますので、しっかりと肝に銘じておいてください。

♻ばねにかかる力　〜全体で見るか、両端の各点で見るか〜

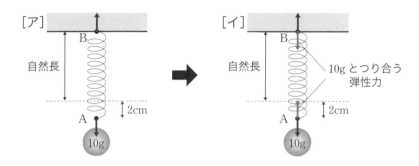

上の図の〔ア〕のように、天井からつるしたばねに10gのおもりを付けたとき、ばねが自然長から2cm伸びたとしましょう。

ばねは、A点で10gの重さの分だけ下方向に力を受けます。にもかかわらず、ばねが静止していられるのは、**B点で天井からA点と同じ大きさの力を上方向に受けているからです**。

つまり、

$$\begin{pmatrix} \textbf{A点でおもりが} \\ \textbf{下向きに引く力} \end{pmatrix} = \begin{pmatrix} \textbf{B点で天井が} \\ \textbf{上向きに引く力} \end{pmatrix} \quad \cdots ①$$

です。

当たり前と言えば当たり前ですが、**力を受けているにもかかわらず物体が静止しているとき、物体にはたらく力は必ずつり合っています**。

---

7) 物理では通常、電気の力と磁石の力は合わせて「電磁力」と書くことが多いです。電流は周囲に磁場を生み出し（156頁）、また磁場が変化すると起電力が生まれる（170頁）ことから、電気の力と磁石の力は互いに兄弟のような関係にあるからです。つまり、非接触力は万有引力と電磁力の2種類しかない、という言い方もできます。

さて、前頁の図［ア］は、ばねにはたらく力だけを書きましたが、おもりとばねの結合点である A 点だけに注目してみると、A 点も静止しています。では A 点では何と何の力がつり合っているのでしょうか？

それは、10g のおもりが下向きに引く力と、ばねの上向きの弾性力（ばねが自然長に戻ろうとする力）です。

同じように、B 点においても天井が上向きにばねを引っ張る力とばねの下向きの弾性力がつり合っています。

まとめると

A 点でおもりが下向きに引く力 ＝ A 点での上向きの弾性力

B 点で天井が上向きに引く力 ＝ B 点での下向きの弾性力

です。①も考えると、

A 点での上向きの弾性力 ＝ B 点での下向きの弾性力

であることがわかります。

この例からもわかるように、**同じばねの両端の弾性力はいつも、大きさは同じで向きは反対になります** [8]。

195 頁にも書いたとおり、接触力は注目する物体の境界面にだけはたらく力です。ただし、**「注目する物体」をどのように考えるかによって、考え方が違ってきます。**

［ア］の図は 1 本のばね全体に注目した場合の図ですが、［イ］の図は、A 点や B 点という点に注目した図になっています。

8) ただし、ばねの重さも考慮しないといけない場合は、天井では、おもりの重さに加えてばね自身の重さも支えないといけないので、ばねの両端の弾性力の大きさは等しくなくなります。ばね自身の重さを考えると話が複雑になりすぎる（大学レベル以上です）ので、本書に登場するばねは、すべてばね自身の重さを無視できるものとします。

第 **5** 章　ばねとてこの原理──弾性体の代表的存在としての「ばね」

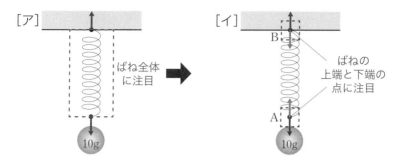

［ア］の場合は、注目する物体（ばね）の境界面にある「他の物体」は、おもりと天井だけです。この場合は、接触力として考える必要があるのは、おもりや天井がばねに及ぼす接触力だけであり、ばねの弾性力は考える必要がありません。

一方の［イ］の場合は、ばねの端のA点やB点に注目しているので、おもりや天井に加えて、ばねも「他の物体」になります。そのため、おもりや天井が引っ張る力だけでなく、ばねの弾性力も「接触力」になるのです。

♻横にしたばねではどうか

これまでお話ししたことは、**ばねを横にして、滑車を通しておもりをつないだときにも変わりません。力の方向が変わるだけ**で、たてにつるしたばねと同じように考えることができます。

なお、以下に登場するばねはすべて、たてにつるして 10g のおもりをつけると 2cm 伸びるばねです。

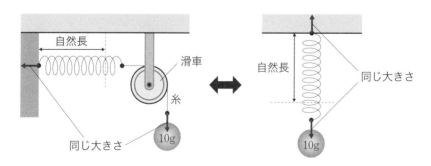

まずばね全体に注目してみましょう。横にしたばねが動いてないのであれば、

壁がばねを引っ張る力 = 10g のおもりが引っ張る力

というつり合いの式が成り立ちます。つまり、おもりの重さが同じなら、横にしたばねを壁が引っ張る力とたてにつるしたばねを天井が引っ張る力は同じです。

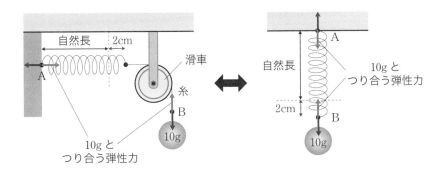

今度はばねの端の点に注目します。

ばねをたてにつるしても、横にしても、A 点や B 点で力がつり合っていることに変わりはありません。

このことから、横にした場合も天井からつるしたときと同じく、A 点や B 点での弾性力の大きさは、10g とつり合う大きさです。よって、たてでも横でも、10g のおもりをつるしたとき、ばねは **2cm** 伸びます。

補足 糸の張力の正体

上の説明では、さらりと「B 点での弾性力」と書いてしまいましたが、ばねを横にした図を見ると、B 点は「ばねの端点」には見えませんね。それなのに「B 点での弾性力」と言われても納得できない、という読者の方もいらっしゃることでしょう。そんな方のために、なぜ「B 点での弾性力」と書いたのかを補足させてください。

A 点、B 点の他に、（本来の）滑車側の「ばねの端点」である C 点にも注目します。その上で、あらためて各点のつり合いを考えます。

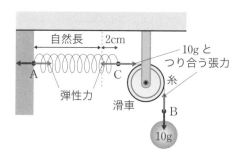

・A 点でのつり合い

$$\text{壁がばねを引っ張る力} = \text{ばねの弾性力} \quad \cdots ①$$

・B 点でのつり合い

$$\text{B 点で糸の張力} = \text{10g のおもりが引っ張る力} \quad \cdots ②$$

・C 点でのつり合い

$$\text{ばねの弾性力} = \text{C 点での糸の張力} \quad \cdots ③$$

ここで言う「張力」とは、ぴんと張った糸や綱が物体を引っ張る力を指します[9]。

前述（197 頁）のとおり、同じばねの両端の弾性力は等しいので、①と③から

$$\text{壁がばねを引っ張る力} = \text{C 点での糸の張力} \quad \cdots ④$$

であることがわかります。

「壁がばねを引っ張る力」と「10g のおもりが引っ張る力」は等しい（199 頁）ので、④は

$$\text{10g のおもりが引っ張る力} = \text{C 点での糸の張力} \quad \cdots ⑤$$

9）糸や綱を両側から引っ張ると、糸や綱もわずかに伸びるため、もとの長さに戻ろうとする弾性力が生まれます。これが糸や綱の張力の正体です。だったら、糸や綱でも「弾性力」と言えばいいじゃないかという気もしますが、少なくとも高校までの物理では糸や綱には「弾性力」という言葉は使いません。

と書き換えることができます。

さらに②も考えると

B 点での糸の張力 ＝ C 点での糸の張力　　…⑥

です。

結局、⑥から**滑車にかかる 1 本の糸の両端の張力は等しく、**⑤からその**張力の大きさはどちらも 10g のおもりが引く力に等しいことがわかります。**

一般に、ばねの両端の弾性力がいつも等しい(197 頁)のと同じく、糸がぴんと張っているときの糸の両端の張力もいつも等しいです[10]。

結局③と⑥から、

ばねの弾性力 ＝ C 点での糸の張力 ＝ B 点での糸の張力

となり、(B 点や C 点での)「糸の張力」は「ばねの弾性力」と等しいことがわかります。先ほど、正確には「B 点での糸の張力」と書くべきところを「B 点での弾性力」と書いたのはこれが理由です。

今後は、ばねの端に糸をつけて滑車で方向を変えた場合、糸の張力はばねの弾性力に等しいことを使っていきたいと思います。

♻よくある誤解　～両側がおもりの場合～

10g のおもりをつけて天井からつるすと 2cm 伸びるばねを横にして、右図のように両端に 10g のおもりをつけた場合、ばねは自然長から何 cm 伸びるでしょうか？

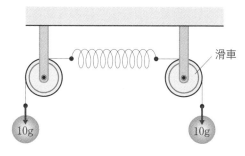

---

10) 前の注にもあるように、糸の張力の正体は「弾性力」なので、質量の無視できる「軽い糸」であれば、糸の両端の張力は常に等しいわけです。

この問題を出すと、左右に 10g ずつ計 20g つるしているのだから 4cm
伸びるのではないか？　と考えてしまう人は少なくありません。しかし、
これは誤りです。

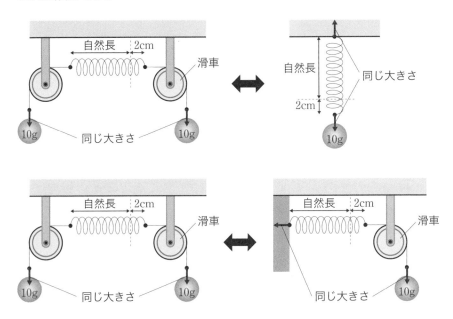

　ばね全体に注目してみましょう。

　ばねを両端から同じ力で引っ張るという意味では、天井からつるした場
合と同じです。つまり、**ばねを横にして一方の端を壁につけたときとも同
じ**ですね。

　よって、ばねの自然長からの伸びは 2cm です。

複数のばねにかかる力（前編）

1 同じばねを 2 本直列につないだ場合

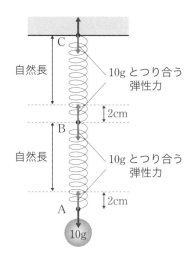

10g のおもりをつるすと 2cm 伸びるばねを、上の図のようにたてに（直列に）2 つつなげた場合を考えます。

まず A 点に注目して、力のつり合いを式にしてみましょう。

$$\begin{pmatrix} 10\text{g のおもりが} \\ \text{下に引っ張る力} \end{pmatrix} = \begin{pmatrix} \text{下のばねの} \\ \text{上向きの弾性力} \end{pmatrix} \quad \cdots ①$$

ですね。次に B 点に注目すると、

$$\begin{pmatrix} \text{下のばねの} \\ \text{下向きの弾性力} \end{pmatrix} = \begin{pmatrix} \text{上のばねの} \\ \text{上向きの弾性力} \end{pmatrix} \quad \cdots ②$$

となります。さらに C 点では、

$$\begin{pmatrix} \text{上のばねの} \\ \text{下向きの弾性力} \end{pmatrix} = \begin{pmatrix} \text{天井がばねを} \\ \text{引っ張る力} \end{pmatrix} \quad \cdots ③$$

です。

同じばねの両端の弾性力の大きさはいつも等しい(197頁)ので、

$$\begin{pmatrix} 下のばねの \\ 上向きの弾性力 \end{pmatrix} = \begin{pmatrix} 下のばねの \\ 下向きの弾性力 \end{pmatrix} \quad \cdots ④$$

$$\begin{pmatrix} 上のばねの \\ 上向きの弾性力 \end{pmatrix} = \begin{pmatrix} 上のばねの \\ 下向きの弾性力 \end{pmatrix} \quad \cdots ⑤$$

が成り立つことも考えれば、①〜⑤より、上のばねの弾性力も下のばねの弾性力も 10g とつり合う大きさだということになりますね。

今回の 2 つのばねはどちらも、10g のおもりをつるしたときに 2cm 伸びるので、2 本のばねの合計としては 2cm ＋ 2cm ＝ **4cm** 伸びます。

2 ばねとおもりのセットを 2 セット直列につないだ場合

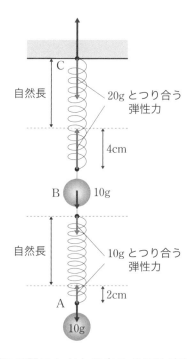

今度は、ばねとばねの間にもおもりを入れてみましょう。
その上でまず、A 点に注目してつり合いの式を立てると、

$$\begin{pmatrix} 10\text{g のおもりが} \\ \text{下に引っ張る力} \end{pmatrix} = \begin{pmatrix} \text{下のばねの} \\ \text{上向きの弾性力} \end{pmatrix} \quad \cdots ①$$

です。

次は、**B** にあるおもりに注目して式を立てます。すると

$$\begin{pmatrix} \text{下のばねの} \\ \text{下向きの弾性力} \end{pmatrix} + \begin{pmatrix} 10\text{g のおもりに} \\ \text{かかる重力} \end{pmatrix}$$

$$= \begin{pmatrix} \text{上のばねの} \\ \text{上向きの弾性力} \end{pmatrix} \quad \cdots ②$$

となります。

今回は B のおもりに注目しているので、接触力としては上のばねの弾性力と下のばねの弾性力があり、さらに**非接触力として、B のおもりにかかる重力も**あることに注意してください。

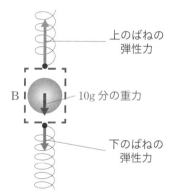

そして C 点では、

$$\begin{pmatrix} \text{上のばねの} \\ \text{下向きの弾性力} \end{pmatrix} = \begin{pmatrix} \text{天井がばねを} \\ \text{引っ張る力} \end{pmatrix} \quad \cdots ③$$

です。

また、今回も「同じばねの両端の弾性力の大きさは等しい」ことを使う
と

$$\begin{pmatrix} 下のばねの \\ 上向きの弾性力 \end{pmatrix} = \begin{pmatrix} 下のばねの \\ 下向きの弾性力 \end{pmatrix} \quad \cdots ④$$

$$\begin{pmatrix} 上のばねの \\ 上向きの弾性力 \end{pmatrix} = \begin{pmatrix} 上のばねの \\ 下向きの弾性力 \end{pmatrix} \quad \cdots ⑤$$

が成り立ちます。

①と②と④から

上のばねの弾性力は、20g とつり合う大きさであることがわかります。
このばねは 10g のおもりをつるすと自然長より 2cm 伸びるので、「フック
の法則」から 20g のおもりに対しては 4cm 伸びます（193 〜 194 頁）。

よって、下のばねは 2cm、上のばねは 4cm 伸びることになり、2 本の
ばねの合計としては、2cm ＋ 4cm ＝ 6cm 伸びます。

❸ 別種のばねを 2 本直列につないだ場合

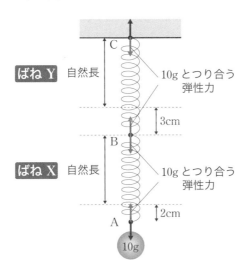

心に折り合いをつけて
うまいことやる習慣

著者：中村恒子　（聞き書き：奥田弘美）

「しんどいな」と感じたとき、本書を開いてみてください。
生涯現役を貫くおばあちゃんドクターのしなやかさと強さ、
慈愛に満ちた言葉が、心を元気にしてくれます。

定価1430円（税込）／ ISBN 978-4-7991-0721-8

不安と折り合いをつけて
うまいこと老いる生き方

著者：中村恒子／奥田弘美

92歳と54歳の精神科医コンビが、シニア世代が抱える
悩みに寄り添い、老いとの上手な向き合い方を教えてく
れます。あれこれを手放し、「今」を楽しむヒントが満載！

定価1320円（税込）／ ISBN 978-4-7991-0991-5

何歳からでも丸まった背中が2ヵ月で伸びる！

著者：安保雅博／ 中山恭秀

ズボラ筋トレで背中の筋肉がよみがえる！
リハビリテーション医療の第一線で活躍する医師と理学療
法士による「慈恵医大リハ式メソッド」を大公開。

定価1320円（税込）／ ISBN 978-4-7991-0838-3

70歳からは超シンプル調理で「栄養がとれる」食事に変える！

著者：塩野崎淳子／ 監修：若林秀隆

高齢者の「低栄養」が隠れた問題に。「たんぱく源＋野菜
＋主食」の黄金方程式で超簡単に栄養バランスがとれる！
在宅医療の最前線発、「本当に使える」健康食バイブル。

定価1430円（税込）／ ISBN 978-4-7991-1004-1

キャラ絵で学ぶ！
図鑑シリーズ

プレゼントにも喜ばれています

仏教図鑑
監 山折哲雄／絵 いとうみつる／文 小松事務所
定価1760円（税込） ISBN 978-4-7991-0839-0

都道府県図鑑
監 伊藤賀一／絵 いとうみつる／文 小松事務所
定価1760円（税込） ISBN 978-4-7991-0971-7

神道図鑑
監 山折哲雄／絵 いとうみつる／文 小松事務所
定価1760円（税込） ISBN 978-4-7991-0899-4

世界の国図鑑
監 伊藤賀一／絵 いとうみつる／文 小松事務所
定価1760円（税込） ISBN 978-4-7991-0999-1

地獄図鑑
監 山折哲雄／絵 いとうみつる／文 千羽ひとみ
定価1760円（税込） ISBN 978-4-7991-0926-7

織田信長図鑑
監 伊藤賀一／絵 いとうみつる／文 千羽ひとみ
定価1760円（税込） ISBN 978-4-7991-1003-4

キリスト教図鑑
監 山折哲雄／絵 いとうみつる／文 小松事務所
定価1760円（税込） ISBN 978-4-7991-0938-0

豊臣秀吉図鑑
監 伊藤賀一／絵 いとうみつる／文 千羽ひとみ
定価1760円（税込） ISBN 978-4-7991-1011-9

★シリーズ続々刊行予定！

読むだけで イライラ が 消える話題の本!!

キミは「怒る」以外の方法を知らないだけなんだ

4コマ漫画付き

怒るのやめたら、「いいこと」増えた！ イライラ卒業

仕事、人間関係、恋愛、子育て等の「怒り」が吹き飛び、元気になれる35の方法

仕事　恋愛　人間関係　お金　幸せ　すばる舎

「イライラ生活」から抜け出して気分よく過ごせるコツが満載

1章　毎日、イライラしてたらもったいない！
2章　カンタンに「怒らない体質」になれる！
3章　「すぐ怒る」はやめられる！
4章　心ない相手から、キミを守ろう！
5章　ピンチを脱する「6つの習慣」
6章　怒りは「感謝」に変えられる！

キミは、「怒る」以外の方法を知らないだけなんだ

著　森瀬繁智（モゲ）

● 定価1320円（本体1200円＋税10%）
　ISBN 978-4-7991-1016-4

● 判型　四六判・160ページ　　©りゃんよ

最近イライラしてすぐ怒っちゃう人いますか？

はーい

オススメしたいのは「怒らないスイッチ」

どーーん

怒らない

これをポチっと押すとサッと平常心になれてうまいこといく方法に気づけるワン

これからこのボクがポチっとスイッチを押す方法を説明しますワン！

つまんないけど知りたい…

ポン

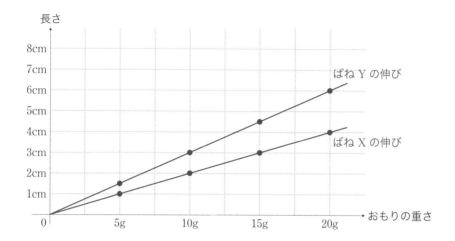

今度は、種類の違うばねXとばねYを直列につないでみましょう。

上のグラフのように、ばねXは10gのおもりをつるすと2cm伸びるばね、ばねYは10gのおもりをつるすと3cm伸びるばねです。

考え方は、同じばねを2本直列につないだ場合（203頁）と変わりません。A点、B点、C点でのつり合いの式はそれぞれ次のとおり。なお、以下では、同じばねの両端の弾性力が等しいことは、あらかじめ確認できていることとします[11]。

《A点》

$$\left(\begin{array}{c}\text{10g のおもりが}\\\text{下に引っ張る力}\end{array}\right) = \left(\begin{array}{c}\text{ばね X の}\\\text{弾性力}\end{array}\right) \quad \cdots ①$$

《B点》

$$\left(\begin{array}{c}\text{ばね X の}\\\text{弾性力}\end{array}\right) = \left(\begin{array}{c}\text{ばね Y の}\\\text{弾性力}\end{array}\right) \quad \cdots ②$$

11）これまでのように「上向きの弾性力」、「下向きの弾性力」と区別することはせず、同じばねの中では両者が等しいことは確認済みとして、単に「弾性力」と書くことにします。

《C 点》

$$\begin{pmatrix} \text{ばね Y の} \\ \text{弾性力} \end{pmatrix} = \begin{pmatrix} \text{天井がばね Y を} \\ \text{引っ張る力} \end{pmatrix} \quad\quad \cdots ③$$

　①式を見れば、ばね X の弾性力は 10g のおもりとつり合うことがわかります。このとき、ばね X は 2cm 伸びます。

　次に②式を見てみましょう。ばね X とばね Y の弾性力は等しいですね。つまり、ばね Y の弾性力も 10g とつり合います。このときばね Y は 3cm 伸びます。

　結局、2 本のばねの合計としては 2cm ＋ 3cm ＝ 5cm 伸びます。

　ここまでは、ばねを直列につないだ場合を見てきました。「じゃあ、ばねを並列につないだらどうなるんだろう？」と思いますよね！　その疑問には今すぐお答えしたいところなのですが、ばねを並列につないだケースを正しく理解するためには、「てこの原理」とともに、物体を回転させる能力である「力のモーメント」というものを学ぶ必要があります。

　そこで、ここまでを「複数のばねにかかる力」の前編ということにさせていただき、「力のモーメント」や「てこ」についてお話しした後、「複数のばねにかかる力」の後編(228 頁)の中で、あらためて、ばねを並列につないだケースの詳細を書きたいと思います。

てこの3点 ～支点・力点・作用点～

♻アルキメデスのビッグマウス

かつて古代ギリシャの**アルキメデス**は、
(紀元前 287-212 頃)

「私に支点と足場を与えよ。

**　　そうすれば地球をも動かしてみせよう。」**

と言いました。

　アルキメデスと言えば、浮力に関する「アルキメデスの原理[12]」を発見したり、円周率の近似値[13]を求めたりしたことでも有名ですが、いわゆる**「てこの原理」**の発見者としても知られています。

　「てこ」[14]というのは、公園のシーソーのように、硬い棒のある一点を支えにして、ものを持ち上げたり動かしたりする装置のことです。

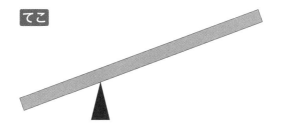

てこ

---

12) 「液体の中に沈んだ物体は、物体が押しのけた液体の重さの分だけ軽くなる(押しのけた液体に作用する重力と等しい浮力を受ける)」というもの。

13) 円に内接する正九十六角形と円に外接する正九十六角形を使って、円周率が 3.1408 よりは大きく、3.1429 よりは小さいことを突き止めました。

14) 漢字では「梃子」や「梃」。ちなみに「てこずる」というのは、「てこ」を使って重い荷物を動かそうとしても、「てこ」がずれてしまってうまくいかないことから生まれた言葉で、江戸時代に流行語になったそうです(諸説あり)。また「てこ」の英語は「leverage」と言います。投資では(借入金などの他人資本を利用して)手持ちの小さな資金で大きな金額を動かすことを「レバレッジ」と言いますが、これは「てこの原理」から転じて使われるようになった用語です。

てこを支えて動かない点を**支点**、てこに力を加える点を**力点**、物体に力を与える点を作用点と言い、これらをまとめて**てこの3点**と言います。

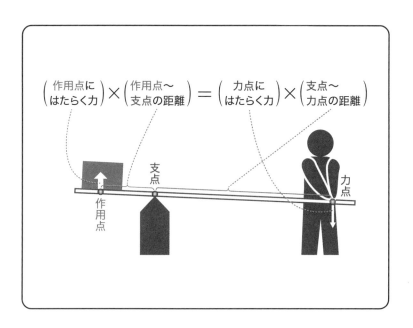

　アルキメデスが発見した**「てこの原理」**とは**「小さな力を支点から遠い力点に加えると、支点に近い作用点で大きな力が得られる」**というものです。

　別の表現では「てこの支点の両側に重さの違うおもりを乗せたとき、おもりの重さに支点からの距離をかけたものが等しければ、てこがつり合う」と言うこともあります。

　てこの原理の後者の表現を式で表せば

> **作用点にある物体の質量 ×（作用点〜支点の距離）**
> **＝ 力点にある物体の質量 ×（支点〜力点の距離）**

です。

　アルキメデスは「てこの原理」に絶対の自信を持っていたため前述のように「地球でも動かせる」と豪語したわけですが、これを聞いた時の王、

ヒエロン2世[15]は「何か大きくて重いものを動かしてみよ」と命じました。するとアルキメデスは砂浜の上に置かれた船に大量の荷物を積み込み、てこを使って楽々と海まで運んだそうです。

　ところで、本当に地球を動かすとしたら、支点から力点までの距離はどれくらい必要でしょうか？

　地球の重さは約6秄[16]kgです[17]。仮に地球から1cm（＝0.01m）のところに支点を置いて、力点には60kgの人間が乗るとすると…

$$6 \times 1024 \ [\text{kg}] \times 0.01 \ [\text{m}] = 60 \ [\text{kg}] \times x \ [\text{m}]$$
$$\Rightarrow \quad x = 1 \times 1021 \ [\text{m}] = 1 \times 10^{18} \ [\text{km}]$$

地球を動かすためには支点から 100 京 km（1×10^{18}km）の距離が必要というわけです。

　1光年[18]が約10兆km（1×10^{13}km）なので、100京kmは10万光年に相当します。光の速度で行っても10万年かかる距離まで離れないと地球を動かすことはできません。

　ちなみに、10万光年というのは、だいたい銀河系の直径くらいです。

アルキメデスが地球と同じくらいの
巨人ならば、これくらいの距離感で
地球を動かせたでしょう。

第5章　ばねとてこの原理──てこの3点　〜支点・力点・作用点〜

15）当時のシラクサ（シチリア島）の王で、アルキメデスの親族でもありました。浮力についての「アルキメデスの原理」が発見されたのも、ヒエロン2世が「王冠が純金であるかどうかを調べよ」と命じたからでした。

16）1秄（1×10^{24}）は1の後に0が24個続く数。1億（1×10^{8}）の1億倍のさらに1億倍です。

17）もう少し正確に書くと約 5.972×10^{24}kg。

18）光が1年間に進む距離。

♻力のモーメント [19] 〜ぐいっと回転させる能力〜

ドアを開け閉めするとき、蝶番の近くを押すと大きな力が要りますが、蝶番の遠くを押せば簡単に動かすことができますね。この現象も「てこの原理」で説明できます。

たとえば、蝶番から30cmの場所を押すのと90cmの場所を押すのとでは、90cmの場所を押したときのほうが**支点から力点までの距離が長くなるの**で小さい力でドアを動かすことができるというわけです。

上から見た図

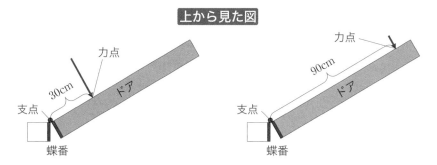

では、蝶番からの距離は同じにして、ドアを押す方向だけを変えたらどうでしょうか？

上から見た図

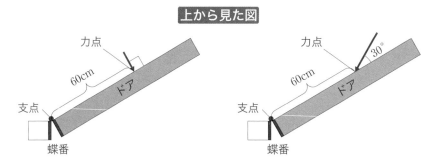

たとえば、蝶番から60cmのところを上の左の図のようにドアに対して垂直の方向に押すのと、右の図のようにドアに対して30°の角度をつけて押すのとでは、ドアに対して垂直に押したほうが楽にドアを閉めることができます（よかったら是非試してみてください）。

19）本来、「力のモーメント」は高校で習うものですが、中学受験の塾や参考書では登場することもあります。

支点から力点までの距離だけでなく、力を加える角度によっても物体の回転のしやすさは異なるのです。

物理では、**物体を回転させる能力**のことを「**力のモーメント**」[20]と言います。

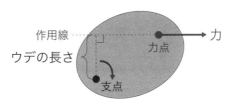

力のモーメント＝力×ウデの長さ
〈物体を回転させる能力〉

力のモーメントは「力×ウデの長さ」で定義されますが、「ウデの長さ」というのは、支点（回転の中心）から作用線までの距離[21]なので注意してください。なお、作用線というのは**力の方向を表す矢印をまっすぐ伸ばした直線**のことです。

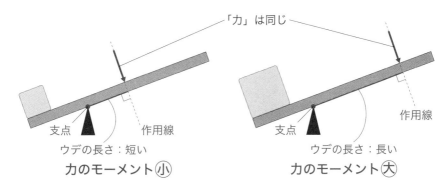

20）英語の moment（モーメント）は「瞬間」という意味で使われることも多いですが、もともと「mo－」には「動かす」という原義があります。そこから、何かがサッと動く短い時間、つまり「瞬間」も "moment" と言うようになったのでしょう。
　力のモーメントの「moment」のほうが原義に近く「運動のきっかけになるもの」といったニュアンスから「物体を回転させる能力」を「力のモーメント」と呼ぶようになりました。

21）数学や物理で「点と直線の距離」と言うときは、点から直線までの最も短い距離を指します。つまり、注目している点から直線に下ろした垂線（垂直な線）の長さになります。

てこを使って荷物を持ち上げるとき、同じ力でも支点から遠い点に力を加えたほうが、重い荷物を持ち上げることができるのは、「ウデの長さ」が長ければ、力のモーメントが大きくなるからです。

　ドアを開け閉めするとき、蝶番から遠いところを押したほうが楽に動かせるのも、そうしたほうが「ウデの長さ」が長くなって、力のモーメントが大きくなるからですね。

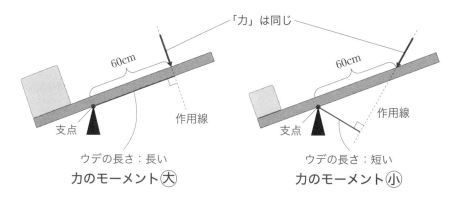

「力」は同じ

60cm

作用線

支点

ウデの長さ：長い
力のモーメント大

60cm

作用線

支点

ウデの長さ：短い
力のモーメント小

　では、てこの同じ場所を同じ力で押すとき、力の方向だけを変えたらどうなるでしょうか？　上の図のように、てこに対して垂直に押したほうが、支点から作用線までの「ウデの長さ」が長くなるので力のモーメントは大きくなります。

　ドアを開け閉めするとき、押す方向がドアに対して垂直のときのほうが楽に動かせるのも、そのほうが「力のモーメント」が大きくなるからですね。

♻ 3種類のてこ　〜何が中央にくるかで分類〜

てこは、支点と力点と作用点の位置関係によって3種類に分けることができます。

《第1種てこ》　〜支点が中央〜

「てこ」と聞いてほとんどの方は、**支点が中央**にあるタイプのてこを想像されるのではないでしょうか？　これを「第1種てこ」と言います。

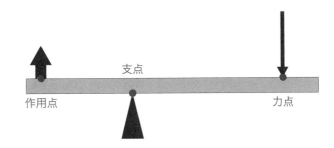

このタイプのてこでは普通、力点よりも作用点寄りに支点を置いて、（力点に）**加える力よりも**（作用点で）**大きな力を得る**ようにします。

たとえば、ペンチやくぎ抜きは、第1種てこのしくみを使った道具です。

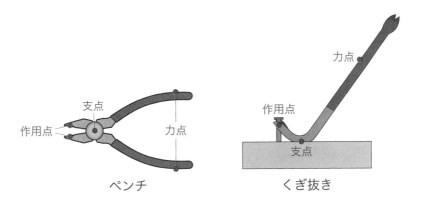

ペンチ　　　　　　くぎ抜き

《第 2 種てこ》 ～作用点が中央～

　支点が端にあって、**作用点が中央にある**てこを「第 2 種てこ」と言います。このタイプのてこも支点と力点の距離が長くなるので、**作用点では大きな力が生まれます**。

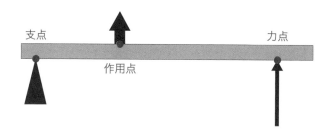

　たとえば、せん抜きやペーパーカッター《裁断機》は「第2種てこ」になっています。

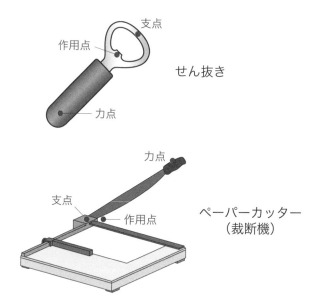

せん抜き

ペーパーカッター
（裁断機）

《第3種てこ》 〜力点が中央〜

　「第3種てこ」は、支点が端にあって、**力点が中央にある**てこです。このタイプのてこは支点と力点の距離が短くなるので、作用点にはたらく力は小さくなってしまいます。その代わり、**力点での小さな動きが作用点では大きな動きになる**という特徴があります。

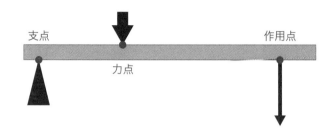

　「第3種てこ」は、ピンセットのように大きな力ではなく、繊細な動きが必要な道具に応用されています。また、人間の腕も肘（ひじ）を支点、前腕の筋肉を力点、指先を作用点と見なせば「第3種てこ」であると言えます。

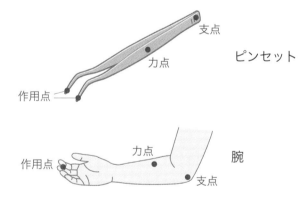

てこが静止する条件

♻クルマのハンドルを両手でまわすときを考えると

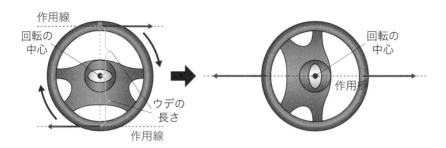

　上の図のように、車のハンドルの上部と下部を左右に同じ力で引っ張ると、ハンドルは回転します。どちらの力の作用線[22]も回転の中心から距離（ウデの長さ[23]）があり、**時計回り（右回り）にまわる力のモーメント**[24]**が生じる**からです。しかし、ハンドルが90°回転して左右の力の作用線が一直線になると、回転の中心が作用線上にくるため、「ウデの長さ」が0となり、力のモーメントは0になります。ハンドルはもう回転しません。
　一般に、回転する物体が静止するためには次の2つの条件が必要です。

【回転する物体が静止する条件】
　①　力がつり合っている
　②　力のモーメントが0

なお、②の「力のモーメントが0」は

$$時計回りの力のモーメント = 反時計回りの力のモーメント$$

である場合も含みます。**時計回りにまわそうとする能力と反時計回りにまわそうとする能力が同じであるときは、「力のモーメントは0」と考える**わけです。

---

22) 作用線：力の方向を表す矢印をまっすぐ伸ばした直線（213頁）
23) ウデの長さ：回転の中心から作用線に下ろした垂線の長さ（213頁）
24) 力のモーメント ＝ 力 × ウデの長さ：物体を回転させる能力（212〜213頁）

てこが静止する条件もこれをもとに考えていきます。

なお本書では今後、てこの棒自身の重さは無視できることにします[25]。

⟳左右の「ウデの長さ×おもりの重さ」がつり合うので…

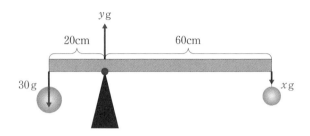

　たとえば、上の図のようにてこが静止しているとき、右側のおもりの重さ(x [g])と支点が棒を支える力の大きさ(y [g])を求めてみましょう。

　もし、左側の 30g のおもりしかないとすると、てこの棒は反時計回りに回転しますね。つまり、左側の 30g のおもりは「反時計回りの力のモーメント」を持っていて、その大きさは「力×ウデの長さ」を使って、30 [g] × 20 [cm] と計算できます[26]。

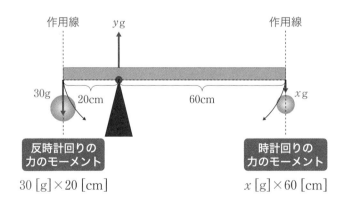

25) 棒自身の重さが無視できない場合は、棒の重心(太さが均一の棒であれば棒の中央)に棒の質量分の重力がはたらきます。

26) 正確には、「30g のおもりが引っ張る力 × 20 [cm]」と書くべきところですが、ここでは(この後も)省略して「30 [g] × 20 [cm]」と書かせてください。

同様に、右側のおもりは、「時計回りの力のモーメント」を持っていて、その大きさは、x [g] × 60 [cm] です。てこが静止しているとき、「反時計回りの力のモーメント ＝ 時計回りの力のモーメント」となるので、

$$30 \text{ [g]} \times 20 \text{ [cm]} = x \text{ [g]} \times 60 \text{ [cm]}$$

という式が成り立ちます。よって、$x = 10$ [g] です。

　また、てこが静止しているとき、てこの棒にはたらく力はつり合います。

　棒にはたらく上向きの力は、支点が支える力だけです。この大きさを y [g] と書くことにしましょう [27]。一方、棒にはたらく下向きの力は、左側のおもりが下に引っ張る力（30 [g] [28]）と右側のおもりが下に引っ張る力（x [g]）があります。よって、棒にはたらく力のつり合いは

$$y \text{ [g]} = 30 \text{ [g]} + x \text{ [g]} = 30 \text{ [g]} + 10 \text{ [g]}$$

となり、$y = 40$ [g] です。

　物体が静止するためには、「力がつり合っている」と「力のモーメント 0」という 2 つの条件が必要なので、今回のように未知数（わからない数）が 2 つあっても、両方の値を求めることができます。

　ここからは、おもりの数、支点の位置、支点の有無等によって、てこのはたらきがどのように変わっていくかを見ていきます。中学受験でもよく出題されるテーマですので、頭の体操としてぜひじっくり考えながら読んでみてください。

27）支点が棒を支える力の大きさを「y [g]」の物体に作用する重力に相当する力の大きさ」として考えましょう、という意味です。

28）ここも本来は「30 [g] のおもりにはたらく重力に相当する力」と書くべきですが、煩雑になるので簡略化して書かせてもらっています。今後も同様に書かせていただきます。

《いろいろなてこ①》　〜おもりが３つあるてこ〜

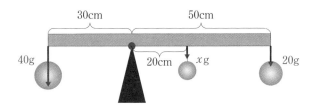

　次は、上の図のようにおもりが３つあるてこについて考えてみましょう。てこが静止しているとき、真ん中のおもりの重さ(x [g])は何 g になるでしょうか？

　このケースは、「力のモーメントが 0 [29]」を考えれば解決します。

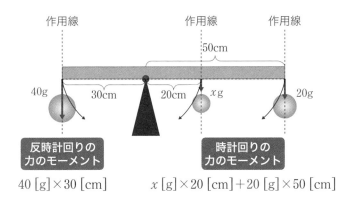

反時計回りの 力のモーメント	時計回りの 力のモーメント
$40 \, [\text{g}] \times 30 \, [\text{cm}]$	$x \, [\text{g}] \times 20 \, [\text{cm}] + 20 \, [\text{g}] \times 50 \, [\text{cm}]$

　もし、一番左の 40g のおもりしかないとすると、てこの棒は反時計回りに回転するので、40g のおもりは「反時計回りの力のモーメント」を持っていることになります。その大きさは 40 [g] × 30 [cm] です。

　同じように考えれば、真ん中と一番右のおもりは、それぞれ「時計回りの力のモーメント」を持っていることになり、その大きさの合計は、x [g] × 20 [cm] + 20 [g] × 50 [cm] です。てこが静止しているとき、「反時計回りの力のモーメント ＝ 時計回りの力のモーメント」となるので、

---

29)「反時計回りの力のモーメント ＝ 時計回りの力のモーメント」が成り立つという意味です。

$$40 \,[\text{g}] \times 30 \,[\text{cm}] = x \,[\text{g}] \times 20 \,[\text{cm}] + 20 \,[\text{g}] \times 50 \,[\text{cm}]$$

という式が成り立ちます。よって、$x = 10 \,[\text{g}]$ です。

《いろいろなてこ②》 ～支点が端にあるてこ (ばねばかり登場)～

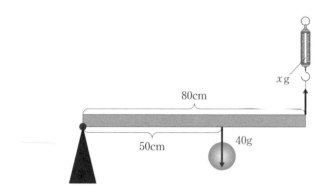

　今度は支点が端にあるてこを考えてみましょう。上の図のようにおもりとばねばかりを付けて、てこが静止したとすると、ばねばかりの目盛りは何 g を指すでしょうか?

　今回も「力のモーメントが 0」を考えるだけで解決します。

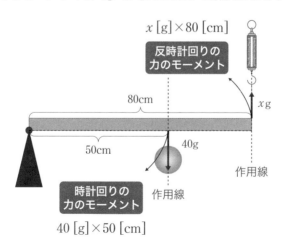

　もし、40g のおもりしかないとすると、てこの棒は時計回りに回転する

ので、40g のおもりは「時計回りの力のモーメント」を持っていることに
なります。その大きさは 40 [g] × 50 [cm] です。

　一方、ばねばかりが棒の右端を持ち上げる力は、棒を反時計回りに回転
させる能力を持っているので「反時計回りの力のモーメント」を持ちます。
ばねばかりが引き上げる力を x [g] とする [30] と、ばねばかりの「反時計
回りのモーメント」は、x [g] × 80 [cm] です。

　「時計回りの力のモーメント = 反時計回りの力のモーメント」から、

$$40 \text{ [g]} \times 50 \text{ [cm]} = x \text{ [g]} \times 80 \text{ [cm]}$$

という式が成り立ちます。よって、$x = 25$ [g] です。

《いろいろなてこ③》　〜支点がないてこ（ばねばかり 2 つ登場）〜

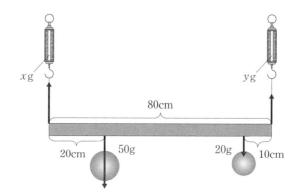

　次は上のような装置を考えます。これを「支点がないてこ」と呼びま
しょう。このとき、左端と右端のばねばかりの目盛りはそれぞれ何 g を指
すでしょうか？

　今回は未知数（わからない数）が 2 つあるので、「力がつり合っている」
と「力のモーメントが 0」の両方を使っていきましょう。

---

30) ここも正確には、x [g] の物体に作用する重力に相当する力、と書くべきですが、簡
　　略化させていただいております。

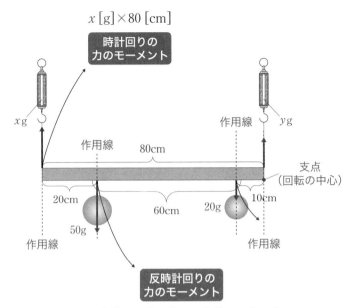

$x\,[\text{g}]\times 80\,[\text{cm}]$

時計回りの
力のモーメント

作用線

$x\text{g}$

作用線

80cm

20cm

50g

60cm

作用線

20g

10cm

$y\text{g}$

作用線

支点
(回転の中心)

反時計回りの
力のモーメント

$50\,[\text{g}]\times 60\,[\text{cm}]+20\,[\text{g}]\times 10\,[\text{cm}]$

　ただし「力のモーメント」を考えようとすると、問題が生じます。支点
(回転の中心)から作用線までの長さである「ウデの長さ」が必要なのに、
今回の設定には支点がないのです。

　でも、安心してください。物体が静止しているときは、**好きな場所を支
点(回転の中心)にすることができます**。なぜなら、そもそも物体は回転し
ていないのですから、「支点(回転の中心)」がどこにあったとしても、力
のモーメントは必ず 0 になるからです。

　では、今回の問題ではどこを支点にするのがよいでしょうか？　オスス
メは、左右のどちらかのばねばかりの力の作用線上です。

　たとえば上の図のように、右のばねばかりの力の作用線上に「支点(回
転の中心)」を設定してみましょう。そうすると、右のばねばかりが引っ
張る力の作用線と支点との距離(ウデの長さ)が 0 になり、**右のばねばかり
の力のモーメントが 0 になります**。その結果、左のばねばかりの力のモー
メントだけを考えればよくなりますから、計算が楽です。

では実際にやってみましょう。

左のばねばかりが引き上げる力を x [g] とすると、左のばねばかりが持つ力のモーメントは、「時計回りの力のモーメント」でありその大きさは x [g] × 80 [cm] です。

一方、50g のおもりと 20g のおもりは両方とも「反時計回り力のモーメント」を持ち、その大きさはそれぞれ 50 [g] × 60 [cm] と 20 [g] × 10 [cm] ですね。以上より、「反時計回りの力のモーメント = 時計回りの力のモーメント」は次のようになります。

$$50 \text{ [g]} \times 60 \text{ [cm]} + 20 \text{ [g]} \times 10 \text{ [cm]} = x \text{ [g]} \times 80 \text{ [cm]}$$

これより、**$x = 40$ [g]** です。

右のばねばかりが引き上げる力(y [g])は、左のばねばかりの力の作用線上に支点(回転の中心)を設定し直して、上と同じように計算しても求めることができます[31]が、すでに右のばねばかりが引き上げる力は求まったので、「力のつり合い」で計算したほうが楽でしょう。

棒にはたらく上向きの力は、x [g] $+y$ [g] であり、下向きの力は 50 [g] $+20$g なので、棒にはたらく力のつり合いの式は

$$x \text{ [g]} + y \text{ [g]} = 50 \text{ [g]} + 20 \text{ [g]}$$
$$\Rightarrow \quad 40 \text{ [g]} + y \text{ [g]} = 50 \text{ [g]} + 20 \text{ [g]}$$

よって、**$y = 30$ [g]** です。

---

31) 左のばねばかりの力の作用線上に支点を設定した場合の「力のモーメントが 0」の式は次のとおり。

$$y \text{ [g]} \times 80 \text{ [cm]} = 50 \text{ [g]} \times 20 \text{ [cm]} + 20 \text{ [g]} \times 70 \text{ [cm]}$$

これを計算すると、$y = 30$ [g]

《いろいろなてこ④》　〜棒が逆への字型に曲がったてこ〜

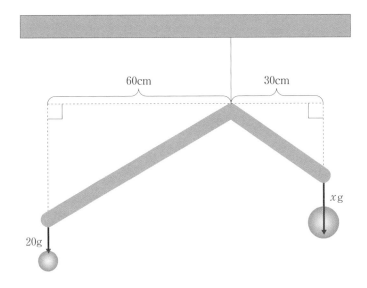

　「いろいろなてこ」の最後に考えるのは上のような装置です。これを「棒が曲がったてこ」と呼ぶことにしましょう。この「棒が曲がったてこ」が静止しているとき、右のおもりの重さ（x〔g〕）は何gでしょうか。

　一瞬、ギョッとする装置かもしれませんが、ここでも物体が静止しているときは「力のモーメントが0」を使えば比較的簡単に答えが出ます。

　今回も物体は静止しているので、支点（回転の中心）はどこに取っても構いませんが、ここでは天井からつるした糸と曲がった棒との結び目を支点（回転の中心）にしてみましょう。

　これまでは棒がまっすぐだったので「ウデの長さ」は棒に沿って測った長さでしたが、今回はしっかり支点（回転の中心）から作用線に下ろした垂線の長さを測る必要がありますので注意してください。

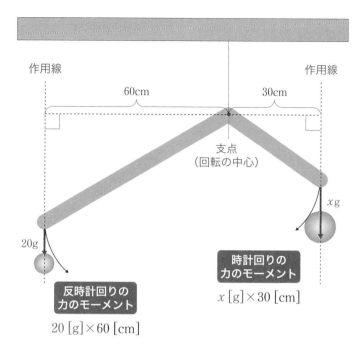

作用線

60cm

30cm

作用線

支点
（回転の中心）

xg

20g

時計回りの
力のモーメント

x [g]×30 [cm]

反時計回りの
力のモーメント

20 [g]×60 [cm]

　左の 20g のおもりは「反時計回りの力のモーメント」を持ち、大きさは 20 [g] × 60 [cm] です。

同じように、右の x [g] のおもりは「時計回りの力のモーメント」を持ち、大きさは x [g] × 30 [cm] です。

　これまでと同じく、てこが静止しているとき「反時計回りの力のモーメント ＝ 時計回りの力のモーメント」なので

$$20 \text{ [g]} \times 60 \text{ [cm]} = x \text{ [g]} \times 30 \text{ [cm]}$$

が成り立ちます。よって、$y = 40$ [g] です。

複数のばねにかかる力（後編）

お待たせしました！ これで準備ができましたので、ばねを並列につないだ場合についてみていきたいと思います。

なお、ここでもばねをつなぐ棒の重さは無視できることにさせてください。

4 同じばねを 2 本並列につないだ場合（おもりが中央にある）

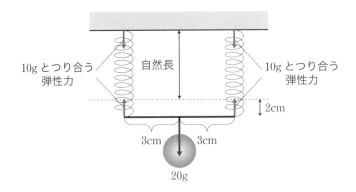

最初は単純に、10g のおもりをつるすと 2cm 伸びるばねを 2 本並列につないで、20g のおもりをつるしてみましょう。

つり合いの式は

上向きの弾性力 × 2 ＝ 20g のおもりが下に引っ張る力

です。

このつり合いの式から、ばねの 1 つあたりの弾性力は 10g とつり合う大きさであることがわかります。よって、ばねの伸びはそれぞれ **2cm** です。

5 同じばねを 2 本並列につないだ場合（おもりが中央にない）

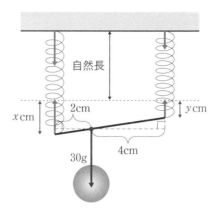

今度は、10g のおもりをつるすと 2cm 伸びるばねを 2 本並列につないで、上の図のように、30g のおもりを棒の中央より左に偏ったところにつるしてみます。このとき左右のばねの伸びはそれぞれ何 cm になるでしょうか？

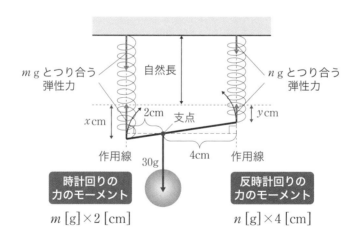

ばねをつないでいる棒をてこに見立てて、「てこが静止する条件」を考えます。

上の図のように、左のばねは m〔g〕のおもりとつり合う弾性力を持ち、右のばねは n〔g〕のおもりとつり合う弾性力を持つものとします。また支点は、おもりをつるした場所に取ることにしましょう。

左のばねは「時計回りの力のモーメント」を持ち、大きさは m [g] $\times 2$ [cm] です。

同じように、右のばねは「反時計回りの力のモーメント」を持ち、大きさは n [g] $\times 4$ [cm] です。

これまでと同じく、てこ（＝ばねをつなぐ棒）が静止しているとき「時計回りの力のモーメント ＝ 反時計回りの力のモーメント」なので

$$m \text{ [g]} \times 2 \text{ [cm]} = n \text{ [g]} \times 4 \text{ [cm]} \Rightarrow m = n \times 2 \quad \cdots ①$$

つまり、左のばねの弾性力の大きさは、右のばねの2倍というわけです。

次に、棒について「力のつり合い」を考えると、上向きにかかる力は、左右のばねの弾性力を合わせて m [g] ＋ n [g]、下向きにかかる力は、おもりが引っ張る力の 30 [g] です。これらがつり合うので、

$$m \text{ [g]} + n \text{ [g]} = 30 \text{ [g]} \Rightarrow m + n = 30 \quad \cdots ②$$

①と②から、$m = 20$ [g]、$n = 10$ [g] とわかります。

左右のばねはどちらも、10gのおもりをつるすと2cm伸びるばねなので、左のばねの伸びは、$x = 4$ [cm]、右のばねの伸びは $y = 2$ [cm] です。

6 別種のばねを 2 本並列につないだ場合

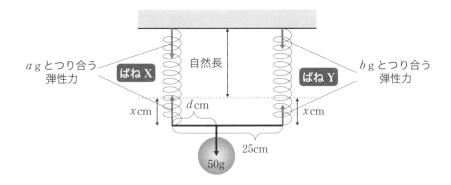

206頁の**3**でも使った種類の違うばねXとばねYを並列につないだケースも考えてみましょう。今回は、2つのばねの伸びが同じになるように

50g のおもりをつるしたいと思います。

　今回は、ばねの伸び（$x$cm：ばね X とばね Y で共通）に加えて、おもりをつるす場所（左から $d$cm）も考えてみてください。

　ここで、ばね X とばね Y のグラフをもう一度見てみます。

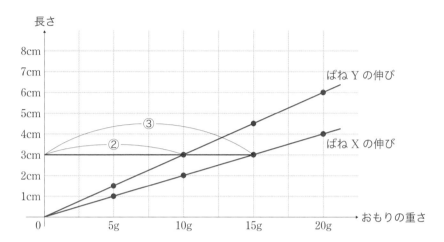

長さ

8cm
7cm
6cm ── ばね Y の伸び
5cm
4cm ── ばね X の伸び
3cm
2cm
1cm

③
②

0　　5g　　10g　　15g　　20g　　おもりの重さ

　ばねの伸びが 3cm のところに注目してください。ばね X の弾性力は 15g のおもりとつり合い、ばね Y の弾性力は 10g のおもりとつり合っていますね。つまり、ばねの伸びが同じとき、ばね X とばね Y の弾性力の比は 3：2 です[32]。

　よって、50g のおもりに対して、ばね X とばね Y が同じだけ伸びたとすると、ばね X の弾性力は 50g の $\dfrac{3}{5}$ とつり合い、ばね Y の弾性力は 50g の $\dfrac{2}{5}$ とつり合います。

32）15g：10g ＝ 3：2 です。

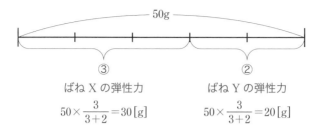

③
ばね X の弾性力

$$50 \times \frac{3}{3+2} = 30 \, [\mathrm{g}]$$

②
ばね Y の弾性力

$$50 \times \frac{3}{3+2} = 20 \, [\mathrm{g}]$$

ばね X の弾性力は 30g のおもりとつり合う大きさですし、ばね Y の弾性力は 20g のおもりとつり合う大きさです。

フックの法則より、弾性力の大きさとばねの伸びは比例するので、どちらもばねの伸びは $x = 6 \, [\mathrm{cm}]$ となります（下のグラフ参照）。

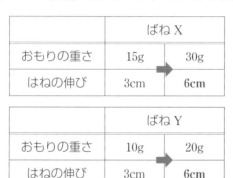

	ばね X	
おもりの重さ	15g	30g
はねの伸び	3cm	**6cm**

	ばね Y	
おもりの重さ	10g	20g
はねの伸び	3cm	**6cm**

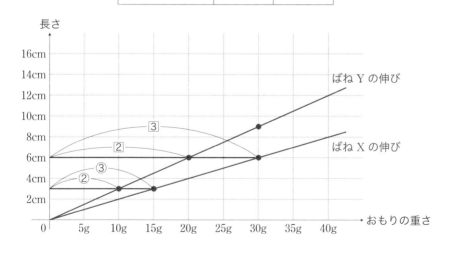

ばね X の弾性力は 30g、ばね Y の弾性力は 20g とわかったので、おもりをつるす場所は「時計回りの力のモーメント = 反時計回りの力のモーメント（力のモーメントが 0）」を使って考えます。

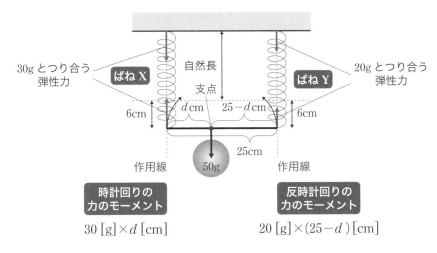

30g とつり合う弾性力　　　自然長　　　20g とつり合う弾性力

ばね X　　　支点　　　ばね Y

6cm　　d cm　$25-d$ cm　　6cm

作用線　　50g　　25cm　　作用線

時計回りの力のモーメント	反時計回りの力のモーメント
$30\,[\mathrm{g}] \times d\,[\mathrm{cm}]$	$20\,[\mathrm{g}] \times (25-d)\,[\mathrm{cm}]$

5のときと同じく、おもりをつるしたところに支点を設定します。

ばね X は「時計回りの力のモーメント」を持ち、大きさは $30\,[\mathrm{g}] \times d$ [cm] です。

同じように、ばね Y は「反時計回りの力のモーメント」を持ち、大きさは $20\,[\mathrm{g}] \times (25-d)$ [cm] です。

これまでと同じく、てこ（= ばねをつなぐ棒）が静止しているとき「時計回りの力のモーメント = 反時計回りの力のモーメント」なので

$$30\,[\mathrm{g}] \times d\,[\mathrm{cm}] = 20\,[\mathrm{g}] \times (25-d)\,[\mathrm{cm}]$$

これを計算すると **$d = 10$ [cm]** となります[33]。

---

33) 中学 1 年生で習う「1 次方程式」として解けば
　　$30d = 20(25-d) \Rightarrow 30d = 500 - 20d \Rightarrow 50d = 500 \Rightarrow d = 10$
　となります。

Column 5

近接作用か、遠隔作用か、世紀をまたいだ論争

●高校物理をこえて　～大学レベルの物理をちょっとだけ～

　この本ではこれまで、「物体にはたらく力は、接触力と非接触力の2つに分けられる」と書いてきました（146頁）。しかし、接触力、非接触力というふうに力を分類するのは高校までです。

　この先の話は、大学レベル以上の話になりますが「力」というものについて、少し掘り下げてみたいと思います。

●万有引力の発見で起こった論争　～重力はどう伝わるか～

　前に、非接触力には重力（万有引力）、電気の力、磁石の力の3種類しかないと書きました（146頁）が、このうち歴史上最初に登場した「非接触力」は重力（万有引力）です。

　アイザック・ニュートンは、1687年に出された『**自然哲学の数学的諸**
（1642−1727）
原理』の中で、地球と月、あるいは太陽と地球といった天体どうしは互いに「万有引力」と呼ばれる引力を及ぼし合っているのだと主張しました。しかし、当時の科学者たちの多くは「何もない真空中を（しかも瞬間的に）力が伝わるなんてあり得ない」「こんなのはオカルトだ」と、ニュートンの考えを非難しました。なぜなら当時の人々にとって、物体に作用する力はすべて物体に隣接する何か（他の物体や空間）を伝わっていくものだというのが「常識」だったからです。

　一般に、どれだけ距離が離れていても、空間を隔てて瞬時に伝わる力のことを**遠隔作用**と言います。一方、直接触れているものを介して伝わる力のことを**近接作用**と言います。

　万有引力は遠隔作用であるとする考え方には、最初は反発のほうが多かったものの、『自然哲学の数学的諸原理』はやがて世間から熱狂的に支

持されるようになりました。今日^{こんにち}では「ニュートン力学」と呼ばれる同著の理論に基づけば、さまざまな物体や天体の運動を、数値を用いて詳しく分析できますし、またそれらを正確に予測することもできたからです。

●クーロン力の発見 ～万有引力と瓜二^{うりふた}つ～

高校までの分類で言うところの「非接触力」の３つの力のうち、電気の力を初めて定式化したのは、フランスの**シャルル・ド・クーロン**でした。
(1736−1806)

クーロンは、1785年頃、電荷を持つ粒子の間にはたらくいわゆる**「クーロンの法則」**を発見しました。クーロンの法則とは「荷電粒子の間にはたらく力はそれぞれの電荷の積に比例し、距離の２乗に反比例する」というものですが、これはニュートンの万有引力とそっくりです（下図参照）。

なお、磁石の力についても同様の関係が成立する[1]ことがわかっていて、そちらは**「磁気に関するクーロンの法則」**と呼ばれています。

万有引力

$$F = G\frac{Mm}{r^2} \quad [G は比例定数]$$

クーロン力（電気の力）

$$F = k\frac{Qq}{r^2} \quad [k は比例定数]$$

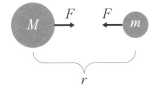

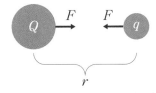

注）Qとqが異符号なら引力、同符号なら斥力^{せきりょく}

ニュートンの『自然哲学の数学的諸原理』が発表されてからおよそ100年後の当時は、万有引力が「遠隔作用」であることはもはや「常識」になっていたので、多くの科学者は、電気の力（クーロン力）や磁石の力も遠隔作用であると信じて疑いませんでした。

---

1) r［m］離れたN極とS極の磁気量がm_1［Wb］とm_2［Wb］であるとき、2つの磁極の間にはたらく力の大きさFは$F = k_m\frac{m_1 m_2}{r^2}$となります（$k_m$は比例定数）。

●「百年の常識」に異を唱えたファラデー

これに異を唱えたのが、**マイケル・ファラデー**です。
(1791−1867)

ファラデーは、磁石の力を考える際、磁石が存在する空間(磁場あるいは磁界)そのものが物理現象を引き起こす性質を持っていると考え、「磁力線」を考案したことはすでに紹介しました(148頁)。

実は、ファラデーは、電気の力もまた、電荷が存在する空間(電場あるいは電界と言います)によって生まれると考えて、「電気力線」というものも発明しています。どちらも「クーロンの法則」の発見から約60年後の1846年のことでした。

磁力線はN極から出てS極に入り、磁力線における接線の方向はその場所における磁力の方向を表すのでしたね(149頁)。同じように、電気力線は正の電荷から出て負の電荷に入り、電気力線における接線の方向はその場所における電気の力(クーロン力)の方向を表します。

電気力線も磁力線も、電荷や磁石がなければ存在しません。電荷や磁石が、まわりの空間をそれがなかったときとは異なる状態にしてしまうわけです。このことを「電荷が電場(あるいは電界)を生み出した」「磁石が磁場(あるいは磁界)を生み出した」と表現します。

電気の力や磁石の力は直接空間を隔てて作用するのではなく、電荷や磁石が空間に存在していることの影響が、まずまわりの空間に影響を及ぼし、その影響が他の電荷や磁石に伝えられるというアイディアから生まれたのが「〜場(あるいは〜界)」という概念です。

つまりファラデーは、**電気の力(クーロン力)も磁石の力も近接作用である**と考えたのです。

●受け継がれた世紀の答え合わせ　〜波が伝える近接作用で決着〜

実際のところ、電磁力[2]は遠隔作用なのでしょうか、それとも近接作用なのでしょうか?

---

2) 電気の力と磁石の力をまとめた言い方です(196頁脚注)。

その答えが出たのは、1888年のことです。

ドイツのハインリヒ・ヘルツが変動する電場と磁場が交互に作用しながら波として伝わる**電磁波**(44頁)の存在を確かめました。もし電磁力が遠隔作用なら、電磁波が空間の中をある時間をかけて伝わっていくことの説明がつきません。電磁波の発見により、電気の力と磁石の力は近接作用であることがはっきりしました。

では、万有引力だけが遠隔作用なのでしょうか？

そんなはずはない、と考えたのが、かの**アルベルト・アインシュタイン**です。アインシュタインは、「一般相対性理論」の中で、質量もまわりの空間を歪ませて「重力場」を作ると考え、質量のあるものが動けば空間の歪みが「重力波」となって伝わっていくのだという考えを披露しました。万有引力もまた近接作用であると考えたのです。ただし、アインシュタイン自身は「重力波による効果はあまりにも小さく、私たち人類は重力波を検出できないだろう」と考えていました。しかし、2015年以降、複数回にわたって重力波は実際に観測されています(149頁脚注)。

万有引力も近接作用であるとした相対性理論は、いかなるものも空間を隔てて一瞬で伝わることはなく、**光の速さを超えることはできない**と結論づけました。

● **「小手先 VS. てこ先」のパラドックス　〜たわまない棒があれば⁉〜**

これについては有名なパラドックスがあります。

それは**「長さ100万kmほどの長い棒を使って『てこ』のようなものを作り、手元の近くに支点を置いてこれを動かせば、反対側の棒の先端は光速を超えるのではないか？」**というものです。

確かに、棒が完全剛体(まったくたわまない物体)であれば、どんなに長い棒でも手元の動きに連動して、反対側の棒の先端は瞬時に動きます。手元から支点までの距離が1mで、支点から反対側の棒の先端までの距離が100万kmだとすると[3]、手元を1秒間で1m動かせば、反対側の棒の先端は同じ1秒間で100万km動くというわけです(次頁の図参照)。光の速

度は秒速 30 万 km ですから、たしかに棒の先端は光速を超えます。

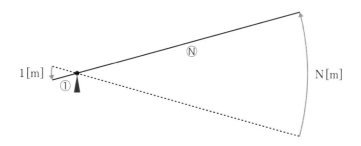

しかし、このようなことは現実には起こりません。

手元の棒を動かすと、その動きは「近接作用」として隣り合う原子や分子に順々に伝わり、棒をたわませながら 100 万 km 離れた反対側の先端に（それなりの時間をかけて）伝わるからです。

結局、高校までの「物理」の授業では非接触力に分類される 3 つの力もすべて「近接作用」であることがはっきりしました。

実際、力が伝わるまでの「時間」を考慮しなくてはいけないほど遠くに離れた天体どうしの運動を、遠隔作用論を採用しているニュートン力学を使って計算すると、誤った結論が導かれてしまいます。

しかし、「力が届くのにかかる時間」が無視できるくらいの距離（我々の日常生活の範囲内）では、ニュートン力学が導く結論と近接作用論から導かれる結論は一致します。そのため、ニュートン力学に基づく分析や予測は現在も広く行われています。

---

3) 手元から支点までの長さと支点から反対側の棒の先端までの長さの比が「1：1,000,000,000」であれば、という意味です。

第6章

滑車と輪軸の物理学

昔から身近な "機械" だった滑車と輪軸

「機械」を意味する英語の machine の語源になっているギリシャ語のメカネ(μηχανή)には「物を動かす道具」というニュアンスがあります。そういう意味では前節で学んだ「てこ」は最も原始的な機械、と言えるでしょう。古代ギリシャの**アレクサンドリアのヘロン**という人は、物を動かすために力を増幅したり、力のはたらく方向を変えたりする基礎的な装置として、「ねじ・くさび・てこ・滑車・輪軸」の 5 つを**単純機械**(simple machine)と呼びました。その後、ルネッサンスの科学者たちによって「斜面」も単純機械に加えられました。

(紀元後 10−75?)

6 種類の「単純機械」

①ねじ　③てこ　⑤輪軸

②くさび　④滑車　⑥斜面

　この節ではこれらの「単純機械」の中から、滑車と輪軸について詳しくお話ししていきます。

　滑車と輪軸は単純機械として、どちらも私たちの日常のさまざまなシーンに溶け込んでいるだけでなく、理科の分野の中でも勘違いしてしまう生徒がとても多いテーマです[1]。そのため中学入試にもよく出題されます(本節の最後に、実際の中学入試の問題をご紹介します)。

---

1) ある教育大学で行なわれた学生を対象にしたアンケートによると、定滑車の「ひもを引っ張る方向を変えても荷物を支えるのに必要な力は変わらない」という性質(後述：243 頁)を正しく答えられた学生は全体のわずか 24 % しかいなかったそうです。また、動滑車について「引く力は半分ですむが、引く距離は 2 倍になる」という仕事の原理(後述：250 頁)を正しく答えられた学生は全体の 25 % だったようです。

滑車

⌂便利な滑車たち　～滑車の定義と滑車の種類～

滑車[2]とは、軸を中心に回転するようになっている円板のことで、周囲には、ひもやチェーン等をかける溝があります。

滑車

軸

溝

滑車には、中心軸を固定した**定滑車**、固定しない**動滑車**、これらを組み合わせた**組み合わせ滑車**などがあります。

以下、ひとつずつ見ていきましょう。

⌂定滑車　～滑車自体は動かない～

回転軸（中心軸）を固定した滑車のことを**定滑車**と言います。

定滑車は、回転軸が天井などに固定されているため、ひもを引いても滑車自身が動くことはありません。

定滑車は、198 頁の「横にしたばね」でもすでに登場しています。そこでも書いたとおり、定滑車の一番の役割は「**力の向きを変えること**」です。

次頁のイラストは、昔ながらの井戸です。

井戸自体いまはあまり見かけなくなりましたし、残っているところもポンプ式のものが多いので、つるべ（釣瓶）と言っても通じないかもしれませんが、「秋の日はつるべ落とし」という言い回しは聞いたことがあるかもしれません。

---

2) 英語では "pulley" と言います。日本語では「滑（すべ）る車」と書きますが、英語では、"pull（引っ張る）" に名詞を表す接尾辞 "-ey" を付けて表しますので「引っ張りに関連するもの」といった意味ですね。

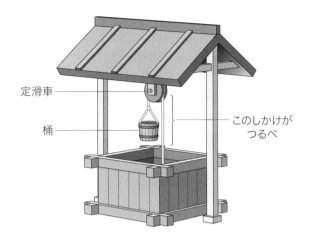

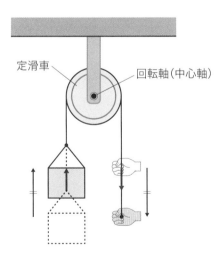

定滑車

桶

このしかけが
つるべ

このつるべ（桶）で井戸の水を汲み上げるために定滑車のしくみが使われています。

定滑車は力の向きを変えるだけなので、井戸のひも（綱）を下に引っ張る力と水を汲む桶を引き上げる力は同じです。

また、たとえばひも（綱）を1m引き下げると、桶も同じ1mだけ引き上げられます。

定滑車

回転軸（中心軸）

《定滑車の特徴》
①　力の向きを変えることができる
②　力の大きさは同じ
③　ひもを引く距離 ＝ 物体の移動距離

　たとえば、1kg の荷物を落ちないように支える場合、荷物を支えるひも
の張力も当然 1kg [3] です。1 本のひも(あるいは糸)の中ではたらく張力は
すべて等しい(201 頁)ので、手を引くひもの張力も同じ 1kg になります。
このことはひもを引っ張る方向にはよらないので、下の図のように、**ひも
を引っ張る手の方向がどちらの方向になっても、1kg の荷物を落ちないよ
うに支えるために必要な手の力は 1kg です。**

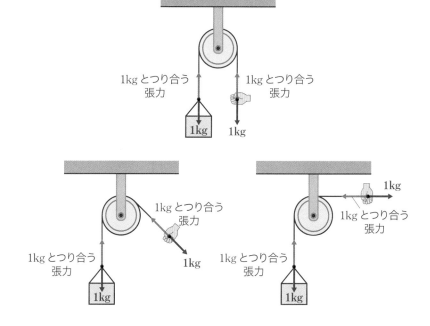

---

3)「張力が 1kg」とは、正確には「張力は、1kg の物体にかかる重力と同じ力」という意
　味です。「ばねとてこ」のセクションと同じく、本書ではこのあと力の大きさを「○○
　g」あるいは「○○ kg」と書きますが、すべて同質量にかかる重力と同じ大きさであ
　ることを意味すると思ってください。

定滑車の応用例をひとつご紹介しましょう。

エレベータの駆動方式には大きく分けて「油圧式」と「ロープ式」の2つがあるのですが、「ロープ式」と呼ばれるタイプには定滑車が使われています。

「ロープ式」では、人や荷物が乗る「カゴ」を片方につるし、もう片方にはカゴと同じくらいの重さの「つり合いおもり」をつるします。そうすれば、カゴとおもりはつり合いに近い状態になるので小さな力を加える[4]だけで、カゴを動かすことができます。

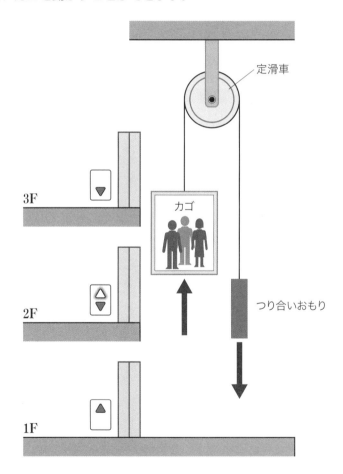

4）通常は定滑車に「巻き上げ機」と呼ばれるモーターを付けてカゴを動かします。

⚠️動滑車　～荷物といっしょに自分も動く～

回転軸(中心軸)が固定されていない滑車を**動滑車**と言います。

ひもを引くと、動滑車は物体とともに動きます。

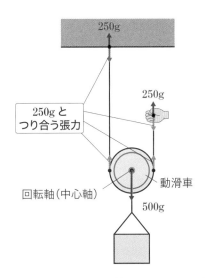

動滑車を使って荷物を支えることを考えてみましょう。動滑車にかけるひも[5]の一端は天井に固定してあり、もう一方の端を手で持つことにします。

動滑車と荷物が合わせて500gのとき、これを落ちないように支えるためには、手の力は最低どれくらい必要でしょうか？

「もちろん500g必要だよ」と思われるでしょうか？

実はそうではありません。

ここでも手で持つ方のひもの端点に注目してみましょう。この端点は静止しているので、**「力のつり合い」が成立する**はずです。つまり、端点について

$$手の力 = 糸の張力$$

となります。

---

5) このひもの重さも無視できることにします。

仮に、250g に相当する力[6]でひもを持てば、ひもの張力も 250g です。同じひも（あるいは糸）の中では張力は等しい（201 頁）ので、天井におけるひもの張力も 250g であり、前頁の図にあるように、結局動滑車（とおもり）には 250g×2＝500g の上向きの力が加わることになります。**500g の重さを支えるために必要な手の力は 250g だというわけです**[7]。

このように、動滑車を使い、かけるひもの端を天井等に固定すれば、**物体を支えるのに必要な力は（動滑車を含めた）総重量の半分に相当する力ですみます**。

♻力は半分だが、動かす距離は 2 倍

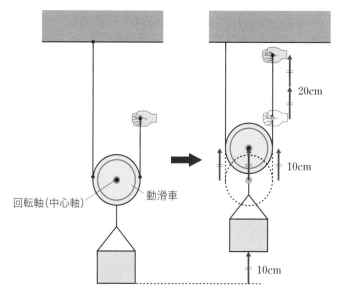

次に動滑車を使って、荷物を 10cm 持ち上げました。

このとき、手は何 cm 動いたでしょうか？

「そりゃ、10cm だよ」と思われたでしょうか？　実はこれもよくある勘違いです。上の図にあるように物体を 10cm 上に動かすと、動滑車の回転軸（中心軸）も 10cm 上に動きますが、このとき動滑車にかけられたひもは

6）250g の物体にかかる重力と同じ大きさの力。
7）残りの半分は天井が支えてくれます。

動滑車の両側で 10cm ずつ短くなることに注意してください。結果、10cm × 2 ＝ 20cmのひもが余るので、この分の糸を上に引く必要があります。荷物を 10cm 移動させるためには、手は 20cm 動かさなくてはなりません。

このように、**動滑車を使って物体を移動するときは、手はその 2 倍の距離を動かす必要がある**のです。

動滑車の特徴をまとめておきましょう。

《動滑車の特徴》

① 物体を支えるのに必要な力 ＝ 物体の重さ × $\dfrac{1}{2}$

② ひもを引く距離 ＝ 物体の移動距離 × 2

動滑車を使って物体を持ち上げたいとき、ひもを引く力は重量の半分くらい[8]ですむものの、ひもを引く距離は持ち上げたい高さの 2 倍になるというのはなんとなく辻褄が合っているような気がしませんか？

次はこの「辻褄」についてお話ししたいと思います。

♻エネルギーと仕事(量)

私は

「物理における最も大切な法則はなんですか？」

と聞かれたら、迷うことなく

「それはエネルギー保存則です」

と答えます。

エネルギー保存則というのは、「**外部からの影響を受けない孤立系[9]においては、その内部でどのような物理的あるいは化学的変化が起こっても**

---

8) ひもを引く力が重量のちょうど半分のときは、(先ほどの説明のように)力がつり合って物体は静止したままになります。物体を動かすためには、重量の半分よりは大きな力が必要です。
9) 自然科学で言う「系」とは、互いに作用したり関連を持ったりする物体の集合体(まとまり)のことを指します。英語では system(システム)です。「孤立系」というのは周囲の環境から切り離して考えることのできる「系」のことです。

全体としてのエネルギーは不変である」という法則のことを言います。

　エネルギー保存の法則は、今日までに知られている自然現象のすべてにあてはまります。**ひとつの例外もありません。**「エネルギー保存則が成り立たなければ物理ではない」と言ってもいいくらいです。実際、現代物理学では新しい理論を導入しようとするとき、エネルギー保存則が壊れないことを最初に確認します。それだけ重要な量でありながら、物理における「エネルギー」が意味するところを完全に理解している人はそう多くないかもしれません。

　たとえば「今度の仕事には根気とエネルギーが必要だ」といった言い方をするときの「エネルギー」は「物事をなしとげる気力や活力」という意味ですが、これは物理におけるエネルギーの定義としては不正確です。

　教科書的なエネルギーの定義は後ほど紹介するとして、ここでは、20世紀を代表する物理学者の一人である**リチャード・フィリップス・ファインマン**のユニークな喩えを紹介したいと思います。
(1918－1988)

♻ファインマン流の「エネルギー」の解釈

　ファインマンはエネルギーを「わんぱく少年が持つ（絶対に壊れない）丈夫な積み木のようなものだ」と言いました。

　仮に積み木の総数が 28 個だとすると、少年がどのように積み木で遊んだとしても、その総数が 28 個から変わることはありません。少年はわんぱくなので積み木を部屋の外に投げてしまうこともあります。そうすると一見、積み木の数は減ってしまったように思われますが、部屋の外にある積み木も合わせればやはり総数は 28 個です。

　また少年は積み木を入浴剤で濁ったお風呂の底に沈めてしまうこともあります。そうなると、積み木の総数を直接目で確認することはできません。でも積み木 1 個を沈めたときに、お風呂の水かさがどれだけ増えるかを確認しておけば、水かさの増加分を計測することで、間接的に積み木の数を数えることができて、その数と他の積み木の数を合わせればやはり総数は28 個です。

　さらに少年は、積み木を木箱の中に入れ、ふたをしてくぎで打ち付けて

しまうこともあります。この場合も積み木の総数を直接カウントすることはできません。でも、積み木一つの重さをあらかじめ調べておけば、木箱の重量がどれだけ増えたかを調べることで、やはり間接的に積み木の総数が 28 個になることは確認できるでしょう。

　ファインマンはこの喩え話の中で、一番大切なのは「見えるところには積み木がひとつもない場合だ」と言っています。言わばすべての積み木がお風呂の中や木箱の中に入ってしまったときです。そんなときは積み木そのもの(エネルギーそのもの)を見ることはできないわけですが、それでもお風呂の水かさや木箱の重量を計算することで、その総数が変わらないことは確認できます。これこそがエネルギー保存則の本質だと言うのです。

　ファインマンはこの喩え話の後に、「エネルギーが何であるかは現代の物理学では何も言えない」とも書いています。エネルギーには、重力による位置エネルギー、運動エネルギー、熱エネルギー、電気エネルギー、化学エネルギー、核エネルギー、質量エネルギーなどさまざまな形があり、それぞれに計算式があります。でもどんなに姿を変えようとも(お風呂の水かさや木箱の重量になったとしても)それらを全部足し合わせるといつも同じ数(28 個)になることが保証されています。エネルギーとはそういう実に抽象的なものであるというのがファインマン流の「エネルギー」の解釈です。

[参考：岩波書店『ファインマン物理学 I　力学』]

🔔 仕事とは？　〜物理学における定義〜

　ファインマンはエネルギーそのものを言葉で定義することは難しいと言っていますが、一般の教科書では、**仕事(work)をする能力**のことを**エネルギー(energy)**と定めています [10]。ただし、ここで言う「仕事」は日常語と比べるとかなり限定的です。物理学では、**力を加えて物体をその力の向きに動かすこと**だけを「仕事」と言います。

---

10) エネルギー(energy)の語源であるギリシャ語の "energos" は、前置詞の "en" と「仕事」を意味する "ergon" を組み合わせた言葉です。「物体内部に蓄えられた仕事をする能力」という意味を持ちます。

第 6 章　滑車と輪軸の物理学──滑車

249

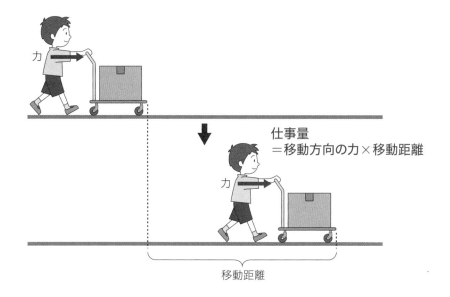

仕事量
＝移動方向の力×移動距離

移動距離

仕事の大きさは、移動方向の力と移動距離との積で計算します。すなわち、

仕事＝移動方向の力×移動距離

です。

　滑車を使って物体を動かすとき、動滑車を使えば、定滑車を使うより力の大きさは半分ですむものの、手を動かす距離は2倍必要になるので、結局「力 × 移動距離」で計算される仕事量は、定滑車を使っても動滑車を使っても同じです。先ほど「辻褄が合っている」と書いたのは、どちらの場合も手のする仕事量は同じであるという意味でした。

　一般に、物体を動かすとき、道具をどのように使っても、あるいは道具を使わなくても、**移動方向の力 × 移動距離 ＝ 仕事量**は変わりません。これを**仕事の原理**と言います。言わば、**力で得すると距離で損する**わけです。

⌂定滑車とてこ＆力のつり合い

滑車は、**中心軸(回転軸)を支点とする「てこ」**として捉えることもできます。

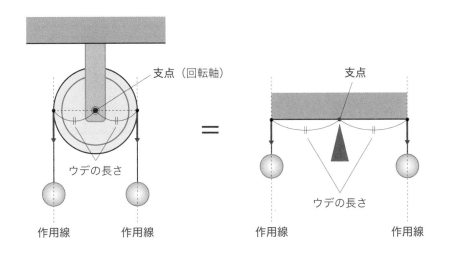

支点（回転軸）

支点

ウデの長さ

作用線　　　作用線

ウデの長さ

作用線　　　作用線

上の図のように定滑車にひもをかけ、ひもの両端におもりをつけてつり合わせる(静止させる)とき、それぞれのおもりの重さはどうすればよいでしょうか？

「そんなの両方に同じ重さのおもりをつるせばいいに決まってるよ」と思われますよね？

もちろんそのとおりです。

ただしこのことは、**力のモーメント**[11]**の和が 0** になるための条件を考えてもわかります。

定滑車では左右どちらのおもりにとっても、**ウデの長さ(支点から作用線までの距離)は定滑車の半径**です。

---

11)「力のモーメント」とは物体を回転させる能力のことで、定義は「力のモーメント＝力×ウデの長さ」でしたね(213頁)。

よって

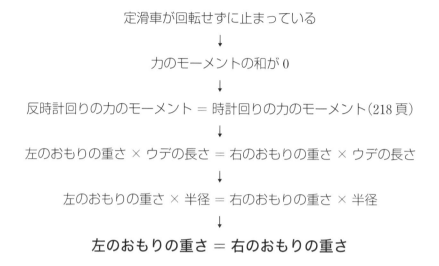

定滑車が回転せずに止まっている
↓
力のモーメントの和が 0
↓
反時計回りの力のモーメント ＝ 時計回りの力のモーメント（218 頁）
↓
左のおもりの重さ × ウデの長さ ＝ 右のおもりの重さ × ウデの長さ
↓
左のおもりの重さ × 半径 ＝ 右のおもりの重さ × 半径
↓
左のおもりの重さ ＝ 右のおもりの重さ

となり、定滑車が回転しない（左右のおもりがつり合う）なら、左右のおもりの重さは等しいことがわかります。

　そんなの当たり前だと思われるかもしれませんが、このように**滑車をてこの応用として考える**ことは、動滑車やその後に登場する「組み合わせ滑車」の力のつり合いを考えるのにも役立ちます。

△動滑車とてこ&力のつり合い

動滑車も「てこ」で考えてみましょう。

動滑車の場合、中心軸（回転軸）ではなく、滑車の端を支点にしたほうが情報量が多くなります [12]。

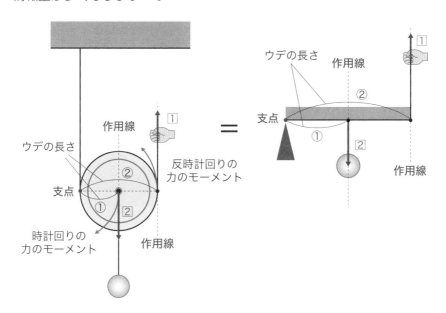

前述のとおり、動滑車にかけたひもの端を持って、おもりと動滑車を支える（静止させる）ために必要な手の力は（おもりと動滑車の）総重量の半分です（246 頁）。

このことも、「力のモーメントの和が0」になる条件から考えてみましょう。

おもりと動滑車の総重量（にかかる重力）についてのウデの長さは半径ですが、これを支えるためにひもを引っ張る手の力についてのウデの長さは直径です。

---

12) 中心軸を支点にすると、手の力と天井からの糸の張力が等しいという条件しか出ません。次頁の「手の力 ＝ おもりと動滑車の重さ ÷ 2」という関係を導くには、さらに動滑車にかかる力のつり合いが必要になります。

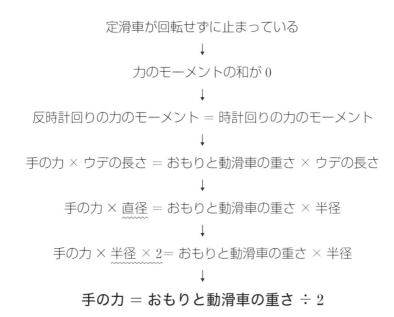

定滑車が回転せずに止まっている
↓
力のモーメントの和が 0
↓
反時計回りの力のモーメント ＝ 時計回りの力のモーメント
↓
手の力 × ウデの長さ ＝ おもりと動滑車の重さ × ウデの長さ
↓
手の力 × 直径 ＝ おもりと動滑車の重さ × 半径
↓
手の力 × 半径 × 2＝ おもりと動滑車の重さ × 半径
↓
手の力 ＝ おもりと動滑車の重さ ÷ 2

となり、動滑車が回転しない（おもりと動滑車が静止する）ときの手の力は、おもりと動滑車の重さの半分であることがわかります。

組み合わせ滑車（複合滑車）

定滑車と動滑車を組み合わせたものを、**組み合わせ滑車**（あるいは**複合滑車**）と言います。

組み合わせ滑車では、動滑車をつり下げているひもが 1 本でつながっているかどうかで、考え方が違うので注意してください。

♻複数の動滑車が1本のひもでつながっている場合

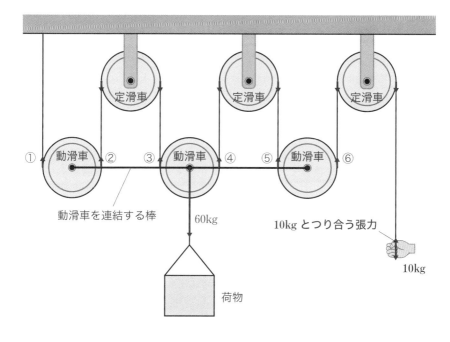

動滑車を連結する棒

60kg

10kg とつり合う張力

10kg

荷物

上の図のように3つの定滑車と3つの動滑車を使った「組み合わせ滑車」を考えます[13]。3つの動滑車は棒で連結されていて、荷物と棒と3つの動滑車の総重量は60kgです。

この荷物を静止させるとき、右端のひもを引く手の力は何kgでしょうか？

棒によって連結されている3つの動滑車と荷物を1個の物体として考えてください[14]。下向きの力は総重量の60kg。上向きの力は、①〜⑥の6個の張力です。ここで、1本のひも(糸)の中ではたらく張力はすべて等しい(201頁)ことを思い出すと、荷物が静止するとき「力のつり合い」から

---

13) 上の図は「動滑車を連結する棒」が真横(水平)になっていますが、もしこれが傾いていたとしても以下の結果は同じになります。棒が傾くかどうかは最初の状態がどうであるかによります。なぜなら①〜⑥にかかる力は「一本のひもの中の張力」でありすべて同じなので、棒は最初の状態を保つからです。

14) 3つの動滑車&動滑車を連結する棒&荷物をまとめて、1個の「注目する物体」(197〜198頁)として考えましょう、という意味です。

①～⑥の張力はそれぞれが 10kg であることがわかります [15]。

　この張力は右端の手が引く力ともつり合っているので、結局、**60kg の荷物を静止させるために必要な手の力は 10kg** です。

　60kg を支えるのに必要な力がわずか 10kg ですむなんて、効率が良いですよね。もし 10 個の動滑車と定滑車を用意して、上と同じような装置（すべての動滑車が 1 本のひもでつながっている組み合わせ滑車）を作れば、60kg の物体を支えるのに必要な力はわずか 3kg です [16]。

　一般に、**n 個の動滑車を 1 本のひもでつないで組み合わせ滑車をつくると、$m$kg の総重量を支えるのに必要な力は、$\dfrac{m}{n \times 2}$ kg ですみます** [17]。

　n 個の動滑車を使えば、ひもを引く力の $n \times 2$ 倍 [18] の力を生み出すことができるというわけです。

　私は初めてこのことを知ったとき、とても驚きました。と同時に、たくさんの動滑車を用意すればどんなに重い物でも簡単に持ち上げられてしまうなんて「なんだか話がウマすぎるような気がするなあ」とも思ったものです [19]。

　でも、やっぱりそんな美味しい話はありませんでした。

　確かに、荷物を静止させるためだけなら、動滑車があればあるほどひもを引っ張る力は小さくてすみます。

　でも、荷物を引っ張り上げたい場合、動滑車の数が増えれば増えるほど、手で引くひもの長さは長くなってしまうのです。

---

15) 張力 × 6 = 60kg ⇒ 張力 = 10kg
16) 動滑車を 1 つ増やすと上向きの張力は 2 つ増えるので、10 個の動滑車があれば、張力 × 20 = 60kg ⇒ 張力 = 3kg となります。
17) 中学で習う文字式のルール（かけ算の × の記号は省いて、数字を先に書く）に従って書くと「$\dfrac{m}{2n}$ kg」です。
18) 文字式のルールに従って書けば「$2n$ 倍」です。
19) もちろん、動滑車を増やせばその分だけ総重量は増えますが、軽い動滑車を用意することは難しくないように思えました。

246〜247頁で見たように、**1 つの動滑車を使って物体を移動するときは、手はその 2 倍の距離を動かす必要があります。**

255 頁の装置の場合は動滑車が 3 つあるので、荷物を 1m 引き上げようとすると、1 つの動滑車につき動滑車の両側で 1m ずつひもを短くする必要があり、手は計 6m もひもを引っ張る必要があるのです。

一般に、n 個の動滑車を 1 本のひもでつないで組み合わせ滑車をつくると、荷物を a [m] 移動させるために必要なひもを引っ張る長さは $a \times n \times 2$ [m] [20) です。逆を言えば、ひもを引く長さの $\dfrac{1}{n \times 2}$ 倍しか荷物は移動しません。

n 個の動滑車を使った場合、定滑車だけを使って引っ張るときと比べて、**力の大きさは $\dfrac{1}{n \times 2}$ 倍になる**一方で、**ひもを引く長さが $n \times 2$ 倍になる**ことは、「仕事の原理 [21)」を考えても納得がいくと思います。

ただし、ひもを引く長さが増えることを厭わないのであれば、動滑車を多めに用意して作る「組み合わせ滑車」は重い荷物を移動する際に大変役立ちます。

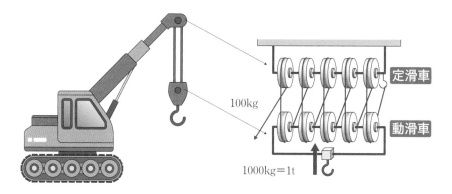

100kg

定滑車

動滑車

1000kg＝1t

実際、重い荷物を持ち上げるクレーンの先端部分には、上の図のような組み合わせ滑車のしくみがコンパクトに収められています。ここにもし 5

20）文字式のルールに従って書けば「$2an$ [m]」。
21）物体を動かすとき、道具をどのように使っても、あるいは道具を使わなくても、移動方向の力 × 移動距離 = 仕事量は変わらない（250 頁）。

個の動滑車が使われていれば、100kg の力でひも（ロープ）を引くとき、フックの先端にはその 10 倍の 1000kg（1t）の力が伝わります [22]。ただし、ロープを 50m 巻き込んでも、フックの先の荷物はその $\frac{1}{10}$ の 5m しか持ち上げることができません [23]。

♻複数の動滑車が 1 本のひもでつながっていない場合

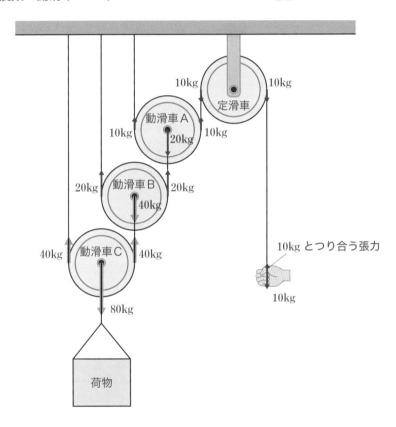

22）5 個の動滑車を使えば、5 × 2 = 10 倍の力を生み出すことができます。

23）5 個の動滑車を使うと、荷物を動かせる距離はひもを引く長さの $\frac{1}{5 \times 2} = \frac{1}{10}$ 倍です。

今度は、「動滑車が 1 本のひもでつながっていない場合」の例として前頁の図のような組み合わせ滑車を考えてみたいと思います。

　最初は、話を簡単にするために、**動滑車の重さは無視させてください**（あとで動滑車の重さを考慮したケースも紹介します）。

　荷物は 80kg とします。

　動滑車 C にかかる下向きの力は 80kg、上向きの力は動滑車 C の右側と左側の 2 つの張力です。 1 本のひもの中ではたらく張力は等しいことと「力のつり合い」を考えれば、動滑車 C にかかるひもの張力は 40kg とわかります [24]。この 40kg は動滑車 B にかかる下向きの力になる [25] ので、同じように考えれば、動滑車 B にかかるひもの張力は 20kg ですね。動滑車 A についても同様に考えれば、動滑車 A（と定滑車）にかかるひもの張力は 10kg であることもわかります。

　結局、前頁の図のような組み合わせ滑車の場合、**80kg の荷物を支えるために必要な手の力はわずか 10kg です。**

　動滑車が 1 本のひもでつながっていない場合は、いろいろと複雑な装置も考えられるので、荷物を静止させるために必要な力の大きさを公式のようにまとめることはできませんが、どんな場合でも

　　　　● 力のつり合い

　　　　● 1 本のひもの中ではたらく張力はすべて等しい

という 2 つの基本をもとに考えていけば、解決します。

♻そのうえ、動滑車の重さも考える場合

　次に動滑車の重さが無視できないケースを考えてみましょう。1 つの動滑車の重さは 2kg だということにします。荷物は先ほどと同じ 80kg にさせてください。

　動滑車 C についてのつり合いを考えると、動滑車 C にかかるひもの張力は

24）張力 × 2 = 80kg ⇒ 張力 = 40kg。
25）「1 本のひもの中ではたらく張力はすべて等しい」からですね。

$$張力 \times 2 = 80\text{kg} + 2\text{kg} \quad \Rightarrow \quad 張力 41\text{kg}$$

です[26]。

同じように考えていくと、動滑車 B にかかるひもの張力は 21.5kg、動滑車 A（と定滑車）にかかるひもの張力は 11.75kg とわかります[27]。

よって、上の図のような装置を作ると 80kg の荷物と 2kg の動滑車 3 つの計 86kg を支えるのに必要な力は 11.75kg です。

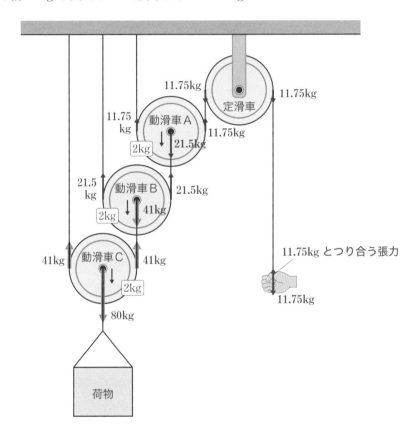

26）「1 本のひもの中ではたらく張力はすべて等しい」ことに注意します。
27）動滑車 B についてのつり合いの式は
　　　張力 × 2 ＝ 41kg + 2kg ⇒ 張力＝21.5kg
　　動滑車 A についてのつり合いの式は
　　　張力 × 2 ＝ 21.5kg + 2kg ⇒ 張力＝11.75kg

輪軸

🔄 輪軸の利点

　大きさのちがういくつかの輪を軸に固定し、いっしょに回転するようにしたものを輪軸（りんじく）と言います。半径の小さな輪に、半径の大きな輪を組み合わせることで、**小さな力で大きな力を生み出せる**という利点があります。

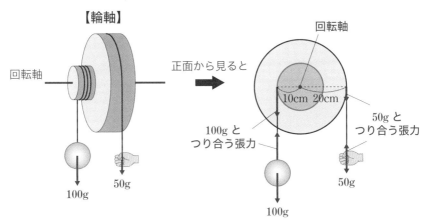

　たとえば、上の図のように大きな輪の半径が 20cm、小さな輪の半径が 10cm のとき、大きな輪にかけたひもを 50g の力で引っ張れば、小さな輪にかけられたひもにかかる 100g のおもりを支えることができます。なぜならば、「反時計回りの力のモーメント＝時計回りの力のモーメント」が成立して、**力のモーメントの和が 0** になるからです。

　輪軸は、回転軸を支点に見立てて「てこ」と同じように考えることができます。

　なお、輪軸の大小の輪の半径は、力のモーメントにおける「ウデの長さ[28]」になります。

---

28)「ウデの長さ」：支点(回転の中心)から作用線(力の方向に伸ばした直線)までの距離
　　(213 頁)。

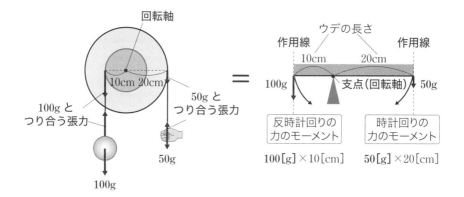

　小さな輪にかけたひもに 100g のおもりをつるし、大きな輪にかけたひもを引く力が 50g のとき、100g の力についてウデの長さは 10cm、50g の力についてウデの長さは 20cm なので、

$$\left(\begin{array}{c}\text{反時計回りの}\\\text{力のモーメント}\end{array}\right) = 100\,[\text{g}] \times 10\,[\text{cm}] = 1000\,[\text{g·cm}]$$

$$\left(\begin{array}{c}\text{時計回りの}\\\text{力のモーメント}\end{array}\right) = \ \ 50\,[\text{g}] \times 20\,[\text{cm}] = 1000\,[\text{g·cm}]$$

です。確かに

反時計回りの力のモーメント ＝ 時計回りの力のモーメント

が成立していますね。

　一般に、2 つの輪の半径が $a$cm と $b$cm でそれぞれの輪にかかる力の大きさが Ag と Bg のとき、**輪軸が回転しない条件**は次のように書くことができます。

$$\mathbf{A}\,[\mathbf{g}] \times a\,[\text{cm}] = \mathbf{B}\,[\mathbf{g}] \times b\,[\text{cm}]$$

反時計回りの 力のモーメント	時計回りの 力のモーメント

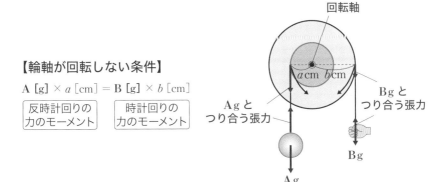

【輪軸が回転しない条件】

A [g] $\times$ a [cm] $=$ B [g] $\times$ b [cm]

| 反時計回りの
力のモーメント | 時計回りの
力のモーメント |

次は、輪軸を回転させてみます。ひもを引いて、輪軸全体を回転させたとき、半径 $a$cm の輪にかけたひものおもりが動く距離と半径 $b$cm の輪にかけたひもを引く手の移動距離の比は

おもりの移動距離：手の移動距離 $=$ a：b

となります。

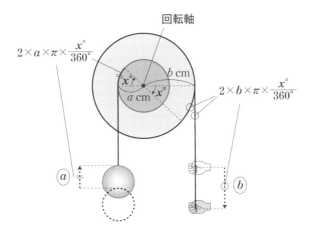

$$扇型の弧の長さ = 2 \times 半径 \times 円周率 \times \frac{中心角}{360°}$$

このことは次のように証明することができます。

[証明]

　ひもを引くことで、$x°$ だけ半径 b の輪が回転したとすると、ひもを引く手の移動距離は円周率を π として、

$$2 \times b \times \pi \times \frac{x°}{360°}$$

　このとき、半径 a の輪も同じ角度だけ回転するので、おもりの移動距離は、

$$2 \times a \times \pi \times \frac{x°}{360°}$$

⇒おもりの移動距離：手の移動距離

$$= 2 \times a \times \pi \times \frac{x°}{360°} : 2 \times b \times \pi \times \frac{x°}{360°}$$

$$= a : b$$

（証明終）

　たとえば、半径 10cm の輪にかけたひもにはおもりをつるし、半径 30cm の輪にかけたひもは手で引くとき、おもりの移動距離が 12cm なら、手を引く距離は 36cm です [29]。

おもりの移動距離：手の移動距離 ＝ 小さな輪の半径：大きな輪の半径

12cm	:	36cm	=	10cm	:	30cm
①		③		1		3

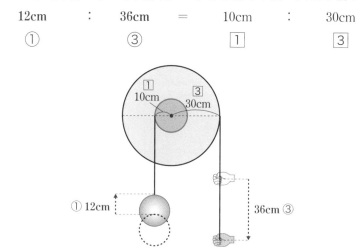

29) $12 : 36 = 10 : 30 = 1 : 3$　ですね。

小さな輪にかけたひもにおもりをつるし、大きな輪にかけたひもを手で引くとき、大きな輪の半径が大きければ大きいほど、軽い力でおもりを持ち上げることができます。なぜなら、大きな輪の力のモーメント（力 × ウデの長さ ＝ 力×ウデの長さ）が大きくなるからです。ただし、そうなると、手で引く距離に比べて、おもりの移動距離は小さくなります。

　輪軸でものを持ち上げるときは、**小さな力で持ち上げることができるかわりに、ひもを引く距離は長くなってしまう**というわけです。このことも、力で得すると距離で損するという「仕事の原理」[30] から納得していただけるのではないでしょうか。

♨身近な輪軸の例　～開け閉め、調節など～

　輪軸は、ドライバー、車のハンドル、オーディオ機器のボリュームのつまみ、水道の蛇口（じゃぐち）（のハンドル）など、私たちの身の回りでいろいろと応用されています。これらはすべて、手で回す大きな半径の輪と、回転する軸（小さな半径の輪）からできていて、手で回す力が小さくても、大きな力のモーメント（回転させる能力）を生み出す工夫がされています。

ハンドル

　手で回す部分は「輪」の代わりに棒のようなものを使うこともあります。棒を使っても「力×ウデの長さ」のウデを長くできるので、大きな力のモーメントを生み出すことができます。手動の鉛筆削りや、自転車のクランク（次頁イラスト参照）などはこの例です。

30）物体を動かすとき、道具をどのように使っても、あるいは道具を使わなくても「使う力 × 移動距離 ＝ 仕事量」は変わらない、という原理です（250 頁）。

クランク

　私たちの身の回りにある輪軸の多くは、人間が力を加える部分の輪の半径は大きくして**「力で得する代わりに距離で損する」**ようになっていますが、「力で損する代わりに距離で得する」ように作られた輪軸もあります。

　古い自転車の画像などで、前輪が極端に大きな自転車を見たことはないでしょうか？　いわゆるペニー・ファージング型自転車ですが、あれが「力で損する代わりに距離で得する」ように作られた輪軸です。

　この自転車を「ペニー・ファージング」と呼ぶのは、直径の大きく異なる前輪と後輪をそれぞれ、イギリスの 1 ペニー硬貨とファージング硬貨[31]に見立てたからだそうです。少し長い脱線になりますが、ここで少しだけ

31）1 ペニーは、1 ポンドの $\frac{1}{100}$ です。1 ファージングは 1 ペニーの $\frac{1}{4}$ です。ファージングのほうは 1961 年に廃止されました。

自転車の歴史を紐解いてみましょう。

♲ここからしばらく脱線します　～自転車の歴史～

自転車が発明されたのは 1817 年のことでした。ドイツ人発明家の**カール・ドライス**が、馬車に代わる乗り物として考案した「ドライジーネ」が
(1785−1851)
最初です。ドライジーネは、今の自転車と同じ 2 輪でしたが、ペダルやチェーンはなく、足で直接地面を蹴って進めるものでした（下のイラスト参照）[32]。それでも当時の郵便用の馬車よりは速かったそうです。

その後、1861 年にフランスの**ピエール・ミショー**が、前輪に直接クラ
(1813−1883)
ンクとペダルと取り付けた自転車を発売しました。これは工業製品として初めて大量生産された自転車でした。ミショーの自転車に乗る人が増えてくると、貴族階級を中心にパリで自転車レースが開かれるようになり、より速い自転車の需要が高まりました。

そうして生まれたのが**「力で損する代わりに距離で得する」**ペニー・ファージング型自転車です。当時、産業革命で「世界の工場」と呼ばれたイギリスで技術開発が進み、車輪や車体が鉄製になったり、車輪にはゴム

---

32) 現代のちびっ子に人気のランニングバイク（商品名：ストライダー）のような乗り方ですね。

タイヤが使われるようになったりしました。

　車輪の半径が大きくなればなるほど、ペダルをひとこぎしたときに進む距離は伸びます（その代わり、ひとこぎするのが大変にはなります）。とにかく「速さ」を求めたペニー・ファージング自転車の中には、前輪の半径が 1.5m を超えるものもあったようですが、そうなるとバランスが不安定になりますし、サドルが大きな前輪のほぼ真上にあるため、転倒すれば高所から落下することになりとても危険でした。

　そこで、1879 年にイギリスの**ヘンリー・ジョン・ローソン**_(1852−1925)は、サドルの位置を前輪と後輪の真ん中あたりに移動して、後輪をチェーンで駆動する、現在の自転車に近いものを開発し「ビシクレット」と名付けました。ビシクレット（Bicyclette）は「2 つの小輪」という意味を持ち、バイシクル（Bicycle：自転車）の語源になりました。

　ビシクレットの登場によって、安全性への関心が高まる中、1885 年にはやはりイギリスの**ジョン・ケンプ・スターレー**_(1854−1901)が「ローバー安全型自転車 (Rover Safety Bicycle)[33]」という自転車を発明します。

　ローソンのビシクレットは、サドルの位置が低く乗りやすくはありましたが、全体的なフォルムは後輪よりも前輪のほうが大きいペニー・ファージング型自転車を彷彿させるものでした。一方、ローバー安全型自転車は、前輪と後輪の大きさがほぼ同じで、現代の自転車の直接の元祖と言えます。ちなみに、スターレーは、20 世紀のイギリスを代表する自動車メーカー・ブランドであった「ローバー」の創始者でもあります。

　チェーンを使って後輪を駆動させるしくみは、クランク側と後輪側のギアの比率で、ペダル 1 回転で進む距離を決めることができるという利点を持っています。これについては中学入試に出題されることのあるトピックスなので詳しく見ていきましょう。

33）Rover とは「放浪する人」という意味です。スターレーは自分の開発した安全な自転車で、世界中の人が自由に好きな場所に行けるようになることを願ってこの名を付けたのだと言われています。

自転車のギアの物理学

　自転車をこぎ出そうとするとき、どれくらいの力が必要になるかは、地面との摩擦力によって決まります。摩擦力の詳細は、高校レベル以上の物理になってしまうのですが、以下の話を完全に理解していただくには必要になるので、少し説明させてください。

⚙摩擦力について考える　～動きはじめがいちばん重い～

　引っ越しのとき、ダンボールに本を目いっぱいに詰めてしまい30kgぐらいの重さになったとしましょう。これを持ち上げて動かすのは大変なので、床の上を引きずって移動させることにします。でも簡単には動きません。それはダンボールが置かれた床とダンボールとの間に、運動をさまたげようとする力がはたらくからです。この力を**摩擦力**と言います。

　徐々に力を強めていけば、やがてダンボールは動き始めます。その際、動き始める直前よりも動き始めてしまってからのほうが楽になることはご存じのとおりです。

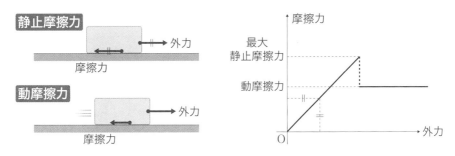

　物体が動かないときにはたらく摩擦力のことを**静止摩擦力**と言います。物体が「動かない」のは、物体にはたらく力がつり合っているからです。すなわち、静止摩擦力は動かそうとする外力と大きさが等しく反対向きの力です。静止摩擦力の大きさは常に外力と等しいので、外力の大きさが変われば、静止摩擦力の大きさも変わります。

　ただし、静止摩擦力の大きさには限界があり、外力の大きさがこれを超えると力のつり合いが破れ、物体は動き始めます。この動き始める直前の

静止摩擦力のことを特に**最大静止摩擦力**と言います。

　一方、物体が動いているときにはたらく摩擦力のことを**動摩擦力**と言います。実験により、動摩擦力は外力の大きさに関わらず常に一定であることがわっています。また私たちの経験どおり、動摩擦力は最大静止摩擦力より小さいです。

　話を自転車に戻しましょう。

　以下、クランクギアの半径は変わらないものとして、後輪のギア半径が大きい場合（半径 20cm）と小さい場合（半径 5cm）とを比べてみます[34]。

♲後輪のギアが大きいとき（半径 20cm）

　今、自転車の後輪と地面との間の最大静止摩擦力は 10kg だとしましょう。

　そして、以下では後輪のタイヤと地面との摩擦力が最大静止摩擦力に達する瞬間の「ペダルを踏み込む力」を考えることにします。

《後輪のギアが大きいとき》

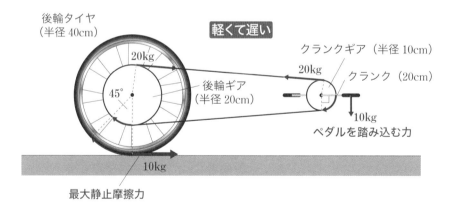

　上の図のように、クランクの長さ、クランクギア[35]、後輪ギア、後輪

---

34) なお、以下のイラストでは後輪ギアの半径が実際の自転車より大きめに設定されていますが、図解のわかりやすさを優先させていただいた結果です。ご承知おきください。

タイヤの大きさを定めます。

　まず後輪タイヤに注目してください。

　後輪タイヤと後輪ギアは輪軸になっています。

　地面からの最大静止摩擦力は「反時計回りの力のモーメント」になり、後輪ギアにかかるチェーンの張力は「時計回りの力のモーメント」になります。自転車が動き出す直前は、タイヤは回転していないので力のモーメントの和は 0 です。すなわち「反時計回りの力のモーメント＝時計回りの力のモーメント」が成り立ちます。

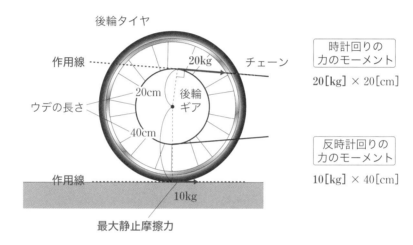

後輪タイヤ

作用線 ・・・・・・・

20kg　チェーン

20cm　後輪ギア

ウデの長さ

40cm

作用線 ・・・・・・・

10kg

最大静止摩擦力

時計回りの力のモーメント

$20[kg] \times 20[cm]$

反時計回りの力のモーメント

$10[kg] \times 40[cm]$

　今、地面と後輪タイヤの間の最大静止摩擦力は 10kg なので、後輪タイヤにかかるチェーンの張力は **20kg** であることがわかります。そうであれば

　反時計回りの力のモーメント ＝ 10 [kg] × 40 [cm] ＝ 400 [kg・cm]
　時計回りの力のモーメント ＝ 20 [kg] × 20 [cm] ＝ 400 [kg・cm]

となり、「反時計回りの力のモーメント＝時計回りの力のモーメント」が成立するからです。

　次にクランクのほうに注目してみましょう。

35）クランクのほうのギアは「チェーンリング」と言うこともあります。

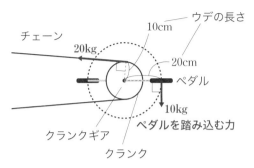

チェーン
ウデの長さ
10cm
20kg
20cm
ペダル
クランクギア
10kg
ペダルを踏み込む力
クランク

反時計回りの
力のモーメント

$20\,[\mathrm{kg}] \times 10\,[\mathrm{cm}]$

時計回りの
力のモーメント

$10\,[\mathrm{kg}] \times 20\,[\mathrm{cm}]$

　ここで、チェーンもひもの一種と考えられるので、「1本のひも（あるいは糸）の中ではたらく張力はすべて等しい」（201頁）ことが使えることに注意してください。つまり、クランクギアにかかるチェーンの張力も（後輪タイヤにかかるチェーンの張力と同じ）**20kg** です。

　前にも書いた（265頁）とおり、このような棒（クランク）と小さな輪（クランクギア）から成るものも輪軸であると考えられます。ここでもやはり「反時計回りの力のモーメント＝時計回りの力のモーメント」を考えれば、自転車が動き出す直前のペダルを踏み込む力は **10kg** であることがわかります。そうであれば

　反時計回りの力のモーメント $= 20\,[\mathrm{kg}] \times 10\,[\mathrm{cm}] = 200\,[\mathrm{kg} \cdot \mathrm{cm}]$

　時計回りの力のモーメント $= 10\,[\mathrm{kg}] \times 20\,[\mathrm{cm}] = 200\,[\mathrm{kg} \cdot \mathrm{cm}]$

となり、「反時計回りの力のモーメント＝時計回りの力のモーメント」が成立するからです。

　次に自転車が動いた後、クランクを 90° 回転させたとき、自転車はどれくらい進むかを計算してみましょう。

　クランクギアと後輪ギアは同じチェーンでつながっているので、クランクギアのほうで送り出されるチェーンの長さと後輪ギアで巻き込まれるチェーンの長さは同じです。今、クランクギアの半径は 10cm、後輪ギアの半径は 20cm と仮定しているので、クランクギアが 90° 回転したのなら、後輪ギアは 45° 回転します[36]。もちろん**後輪タイヤも同じ 45° だけ回転**します。このとき自転車の進む距離は、タイヤの半径が 40cm なので、

$2 \times 40 \times \pi \times \dfrac{45°}{360°} = \mathbf{10\pi}\ \mathbf{[cm]}$ です（π は円周率）。

♻後輪ギアが小さいとき（半径5cm）

今度は後輪のギアが小さいときを考えてみましょう。

上とまったく同じように考えていくことができます。

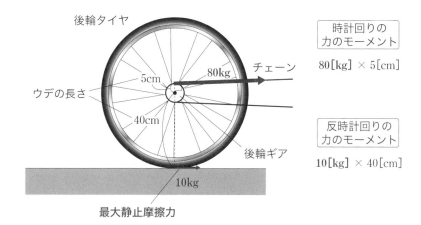

後輪タイヤ

ウデの長さ

5cm

80kg

チェーン

40cm

後輪ギア

10kg

最大静止摩擦力

時計回りの
力のモーメント

$80[\text{kg}] \times 5[\text{cm}]$

反時計回りの
力のモーメント

$10[\text{kg}] \times 40[\text{cm}]$

ここでも地面と後輪タイヤの間の最大静止摩擦力は10kgなので、後輪タイヤにかかるチェーンの張力は**80kg**であれば、力のモーメントの和が0になることがわかります[37]。

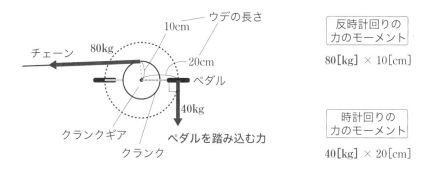

ウデの長さ

10cm

チェーン

80kg

20cm

ペダル

40kg

クランクギア

クランク

ペダルを踏み込む力

反時計回りの
力のモーメント

$80[\text{kg}] \times 10[\text{cm}]$

時計回りの
力のモーメント

$40[\text{kg}] \times 20[\text{cm}]$

---

36) クランクギアで送ったチェーンの長さは $2 \times 10 \times \pi \times \dfrac{90°}{360°} = 5\pi \ [\text{cm}]$

後輪ギアで巻き込んだチェーンの長さは $2 \times 20 \times \pi \times \dfrac{45°}{360°} = 5\pi \ [\text{cm}]$

37) 反時計回りの力のモーメント $= 10 \ [\text{kg}] \times 40 \ [\text{cm}] = 400 \ [\text{kg・cm}]$
　　時計回りの力のモーメント $= 80 \ [\text{kg}] \times 5 \ [\text{cm}] = 400 \ [\text{kg・cm}]$

クランクのほうはチェーンの張力が 80kg であることに注意すれば、自転車が動き出す直前のペダルを踏み込む力は **40kg** であることがわかります[38]。

　クランクを 90°回転させたとき、自転車の進む距離についても計算してみましょう。

　ここでも、クランクギアのほうで送り出されるチェーンの長さ＝後輪ギアで巻き込まれるチェーンの長さであることに注意します。今度はクランクギアの半径は 10cm、後輪ギアの半径は 5cm と仮定しているので、クランクギアが 90°回転したのなら、後輪ギアは 180°回転します[39]。同時に**後輪タイヤも同じ 180°だけ回転**します。このとき自転車の進む距離は、タイヤの半径が 40cm なので、$2 \times 40 \times \pi \times \dfrac{180°}{360°} = \boldsymbol{40\pi}$ [cm]です。

　ここまでをまとめておきましょう。

後輪ギアの半径	ペダルを踏み込む力	移動距離	
20cm ◀4倍	10kg	10πcm	軽くて遅い
5cm	40kg ◀4倍	40πcm ◀4倍	重くて速い

　一般に、後輪ギアの半径と「動き出す直前のペダルを踏み込む力」＆「動いたあとの移動距離」は反比例[40]します。つまり、ギアの半径が大きいときは**「軽くて遅い」**乗り心地、ギアの半径が小さいときは**「重くて速い」**乗り心地になるというわけです。

---

38) 反時計回りの力のモーメント ＝ 80 [kg] × 10 [cm] ＝ 800 [kg・cm]
　　時計回りの力のモーメント ＝ 40 [kg] × 20 [cm] ＝ 800 [kg・cm]

39) クランクギアで送ったチェーンの長さは $2 \times 10 \times \pi \times \dfrac{90°}{360°} = 5\pi$ [cm]

　　後輪ギアで巻き込んだチェーンの長さは $2 \times 5 \times \pi \times \dfrac{180°}{360°} = 5\pi$ [cm]

40) 後輪ギアの半径が 2 倍、3 倍、4 倍…になると「動き出す直前のペダルを踏み込む力」＆「動いたあとの移動距離」は $\dfrac{1}{2}$ 倍、$\dfrac{1}{3}$ 倍、$\dfrac{1}{4}$ 倍…になるという意味です。

最後に、滑車と輪軸に関する中学入試の問題をご紹介します。

【問題1 恵泉女学園中学】

⑴ 右の図は定滑車と動滑車を組み合わせた装置です。装置は外側から中身が見えないようになっています。台に乗った43kgの人がP点のひもを12kgの力で引くと、台と自分が持ち上がりつり合いました。このとき、装置の中の滑車の組み合わせとして正しいものを**ア～エ**から1つ選び、記号で答えなさい。ただし、台の重さを5kgとし、台と人以外の重さは無視できるものとします。

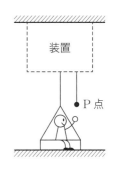

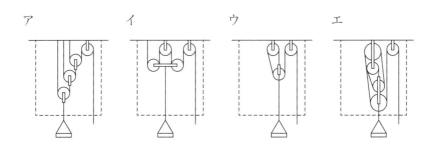

⑵ ⑴の**ア～エ**のうち、最も小さい力で、台と人を持ち上げられる滑車の組み合わせはどれですか。**ア～エ**から1つ選び、記号で答えなさい。

　先に、**ア〜エ**のそれぞれの装置において台をつるしているひもの張力が、P 点での張力の何倍になるかを見ていきましょう。なお、滑車の大きさは図解をよりわかりやすくするため変化させています。

　アの「装置」は、258 頁でご紹介したもの(動滑車の重さを無視するケース)とまったく同じですね。台をつるすひもの張力は P 点の張力の 8 倍です[41]。

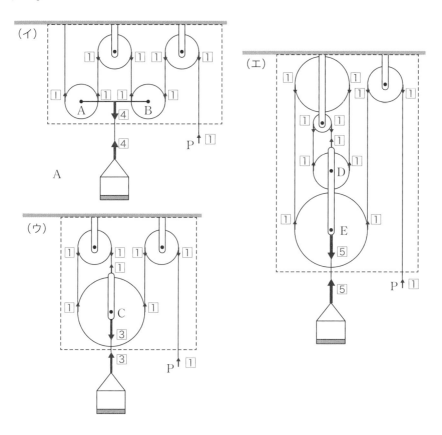

（イ）〜（エ）に関しては前頁の図のように考えます。1 などの囲み数字は、P点での張力に対して各部の張力が何倍になっているかを表しています。

　ここでも最大のポイントは「1本のひも（あるいは糸）の中ではたらく張力はすべて等しい」（201頁）ことに注意することです。そのうえで（イ）については、AとBの滑車およびこれらをつなぐ棒を**「注目する物体[42]」**として、（ウ）についてはCの滑車について、（エ）についてはDとEの滑車を「注目する物体」として、それぞれの力のつり合いを考えます。

　結局、P点での張力に対して、台をつるしているひもの張力は

（ア）　8倍　　（イ）　4倍　　（ウ）　3倍　　（エ）　5倍

です。

(1)　台と人を合わせた重さは48kgです。

　　人がP点でひもを12kg力で引っ張るということとは、**P点におけるひもの張力が12kg**ということです。よって、人と台が空中で静止するためには、台をつるしているほうのひもの張力は

$$48 - 12 = 36 \ [\text{kg}]$$

であればよいことがわかります[43]。

P点での張力（12kg）が3倍になる装置を選べばよいので、**答えは（ウ）**ですね。

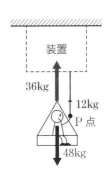

(2)　P点での張力と比べて、台をつるすひもの張力が最も大きくなるものを選べばよいので、**答えは（ア）**です。

---

[42] 張力は接触力なので「注目する物体」をひとつの物体として考えて、その境界面にはたらく力を考えます（195頁）。

[43] 台と人を合わせて「注目する物体」とします。上向きの力はP点での張力と台をつるすひもの張力、下向きの力は台と人にかかる重力ですね。静止するための条件として、これらのつり合いを考えます。

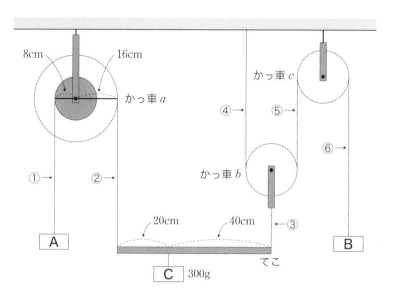

滑車 a 〜 c (a は「輪軸」、b は「動滑車」、c は「定滑車」)に、てことおもり A 〜 C が上の図のようにつるされています。てこの長さは 60cm ですが、左から 20cm のところに、おもり C(300g)がつるされ、全体のバランスがとれています。滑車の摩擦やてこや滑車、ひもの重さなどは考えないものとして、次の問いに答えなさい。

(1)　ひも②および③にはそれぞれ何 g の力がかかりますか。

(2)　ひも④、⑤、⑥にかかる力の大きさについて、次のア〜エからただしいものを 1 つ選び、記号で答えなさい。

　　ア　④がもっとも大きい　　イ　⑤がもっとも大きい

　　ウ　⑥がもっとも大きい　　エ　④、⑤、⑥は同じ

(3)　おもり A、B はそれぞれ何 g ですか。

［解答］

⑴　てこは静止しているので「**力のつり合い**」と「**力のモーメントの和が0**」が使えます。

　　まず「力のモーメントの和＝0」より、Cのおもりがつるされている点を支点として「時計回りの力のモーメント＝反時計回りの力のモーメント」を考えると

　　　②の張力 × 20cm ＝ ③の張力 × 40cm

　　⇒　②の張力 ＝ ③の張力 × 2

　　⇒　②の張力：③の張力 ＝ 2：1

ですね。

　　次に「力のつり合い」から

　　　②の張力 ＋ ③の張力 ＝ 300g

なので、上でわかった「②の張力：③の張力 ＝ 2：1」より、

答えは②の張力 ＝ 200g、③の張力 ＝ 100g　です。

⑵　「**1本のひも（あるいは糸）の中ではたらく張力はすべて等しい**」（201頁）ので、**答えは(エ)**ですね。

⑶　滑車 b について「力のつり合い」を考えます。

　　④の張力 ＋ ⑤の張力 ＝ ③の張力 [44] ＝ 100g

　　⑵より④の張力と⑤の張力は等しいので、

　　④の張力 ＝ ⑤の張力 ＝ 50g

さらに、同じく⑵から⑥の張力もこれに等しいので、⑥の張力も 50g です。よって B の重さは 50g。

次は、左の輪軸 a について、「力のモーメントの和」を考えましょう。「反時計回りの力のモーメント＝時計回りの力のモーメント」より

　　①の張力 × 8cm ＝ ②の張力 × 16

　　⇒①の張力 ＝ ②の張力 × 2 ＝ 200g × 2 ＝ 400g

です。よって A の重さは 400g。

以上より、**答えは A：400g、B：50g** となります。

───────────────

44)　⑴より③の張力は 100g ですね。

Column 6

力の単位について

　本書ではここまで、力の大きさを表すとき、「○○g」や「○○kg」のように質量を使わせてもらいました。わかりやすさを優先させていただいたからですが、力の大きさは本来「N」という単位を使って表す必要があります。この単位の由来になったのは、もちろんかのアイザック・ニュートンですが、ニュートン自身が自分の名前を力の単位に採用したわけではありません。「N」が力の単位として使われるようになったのは、彼の死後ずいぶん経ってからのことです。

●運動の三法則

　ニュートンは、234頁でも紹介した『自然哲学の数学的諸原理』(1687年刊)冒頭で次の「運動の三法則」について書いています。

> 運動の第一法則：慣性の法則
> 運動の第二法則：運動方程式
> 運動の第三法則：作用・反作用の法則

　第一法則の「慣性の法則」とは「力が加わらなければ物体は自身の運動状態を維持する」というものであり、第三法則の「作用反作用の法則」とは「ある物体Aが別の物体Bに力を加えるとき、BはAに対し同じ大きさの力を正反対の向きに加える」というものです[1]。

　力の単位に関係するのは、第二法則。第二法則の内容を現代風に訳せば**「物体に加わる力は、物体の加速度[2]と質量の積に等しい」**となります。質量をm、加速度をa、力をFとして、運動の第二法則を式で表すとこうです[3]。

$$ma = F$$

　実にシンプルな式ですね。これを**運動方程式**と言います。

　高校以降の物理では、運動方程式を使って、力の大きさを計算するシーンがよくありますが、ニュートンの時代はまだ具体的な数値計算に基づい

---

1) 本当は第一法則も第二法則も詳しく書くべき内容がたくさんあるのですが、少し難しくなってしまうのでここでは割愛させていただきます。
2) 加速度(acceleration)とは、単位時間(ふつう1秒)あたりの速度の変化分のことです。
3) 数学の文字式のルールに則って書いています。算数的な表記では「$m \times a = F$」となります。

て力の大きさを議論するほど、科学は発達していませんでした。当時、運動方程式は、数値を計算するためのものというより、力を定義するためのものだったのです。

実際、万有引力の比例定数(G)の値が、実験によって定まったのは1798年ですから、『自然哲学の数学的諸原理』の出版からは100年以上後です。

●力の単位「N（ニュートン）」

1904年に、イギリスのデビッド・ロバートソンという人が力の単位に「N（ニュートン）」を使うことを提唱しました。当初はなかなか浸透しませんでしたが、(1875–1941) 1948年の第9回国際度量衡総会 4) で正式に認められてからは、広く使われるようになりました。

運動方程式から、1［N（ニュートン）］は、1［kg］の物体が1［m/s²］の加速度を持つ力の大きさとして定められています。

$$m \ \times \ a \ = \ F$$
$$1\,[\text{kg}] \times 1\,[\text{m/s}^2] = 1\,[\text{N}]$$

ここで「あれ？ でも、質量の単位を［g］にしたり、加速度の単位を［cm/s²］にしたりしたら、1［N（ニュートン）］の大きさが変わってしまうんじゃない？ 勝手に1［kg］と1［m/s²］を使って決めちゃっていいの？」と思った方は相当鋭い方です。

実は、長さや質量や時間に使う単位はこれを使うことにしましょうということが、国際的に決まっています。これを**国際単位系(略称：SI 5))**と言います。

●国際単位系(SI)

現在世界中で使われている国際単位系(SI)は、1960年の国際度量衡総会で採決されました。日本でも1972年にこれを導入することが決まり、一定の猶予期間を経て1999年には、すべての単位を国際単位系に切り替える作業が終了しています。

国際単位系は7つの「基本単位」とそれらを組み合わせた「組立単位」6)によって構成されています。

---

4) 当時は6年に一度、現代では4年に一度パリで開催されます。
5) フランス語の Système International d'unités の略です。
6) 過去には誘導単位とも言われていました。

《基本単位》　長　　　さ……メートル［m］
　　　　　　　質　　　量……キログラム［kg］
　　　　　　　時　　　間……秒［s］
　　　　　　　電　　　流……アンペア［A］
　　　　　　　温　　　度……ケルビン［K］
　　　　　　　物　質　量……モル［mol］
　　　　　　　光　　　度……カンデラ［cd］

《組立単位》　面　　　積……平方メートル［m^2］
　　　　　　　体　　　積……立方メートル［m^3］
　　　　　　　速　　　度……メートル毎秒［m/s］
　　　　　　　加　速　度……メートル毎秒毎秒［m/s^2］
　　　　　　　　　力　　……ニュートン［$N=kg \cdot m/s^2$］
　　　　　　　エネルギー……ジュール［$J=m^2 \cdot kg/s^2$］
　　　　　　　電　　　荷……クーロン［$C=s \cdot A$］
　　　　　　　電　位　差……ボルト［$V=m^2 \cdot kg/(s^3 \cdot A)$］
　　　　　　　仕事率(電力)……ワット［$W=m^2 \cdot kg/s^3$］　　　　　　　など

　組立単位には、面積や加速度のように基本単位の組み合わせで表すもの
と、力や電荷のように固有の名称を持つものとがあります。

　以上の理由により、1［N］は1［kg］×1［m/s^2］で定義されているの
です。

　なお、国際単位系への統一のため、以前は中学校の理科の教科書等にも
記載のあった「○○g重」や「○○kg重」といった表記[7]は、2002年以
降の教科書では姿を消し、すべて「N（ニュートン）」が使われています。

●重力加速度

　地球上で1kgの物体が重力により落下する際の加速度は約9.8［m/s^2］[8]
なので、これを**重力加速度**と言います。質量に9.8をかけると、その物体
にはたらく重力の大きさを「N（ニュートン）」で表すことができます。

　コンビニのおにぎりは、だいたい110［g］＝0.11［kg］ほどの質量なの
でコンビニのおにぎりを手にのせたときに感じる重さが約1［N］[9]です。

7）これは、「○○g」や「○○kg」にはたらく重力相当の力の大きさを表すために
　考え出された単位で「重力単位」と呼ばれることもあります。
8）正確には、9.80665…［m/s^2］。地球の重力の正体は万有引力ですが、地球は完
　全な球体ではないことや、標高の違いもあるため、厳密には重力加速度の値は
　場所によって違います。
9）0.11［kg］× 9.8［m/s^2］＝ 1.078［N］

密度・圧力・浮力
の物理学

象の重さを測る、かしこい子供の話

　その昔、ある国の国王のもとに、遠く離れた南の国から象が贈られました。その象の大きさに驚いた国王は、いったいどれくらいの重さなのかが知りたくなり、家臣たちに象の重さを測る方法を考えるように命じます。しかし、その方法を考えつく者は一人もいませんでした。

　そこで、国王はおふれを出しました。

> このたび我が国に贈られた象の体重を測る方法がわかる者がいれば申し出よ。

　すると一人の少年が、役所にやってきました。

　「僕なら、象の重さを測ることができるよ。まず象を船にのせるんだ。そのときに船が水につかったところに印をつけておいて。象を船から下ろし、今度は石をたくさん用意して船に積んでいく。それで、さっき印をつけたところまで船が沈んだら、船に積んだ石ころの重さを何回かに分けて測ればいいんだよ」（次頁囲み参照）

　このアイディアを聞いた国王はたいそう感心して、この少年にたくさんのほうびを取らせませした。

　このエピソード、どこかで聞いたことあるなあ、と思われたかもしれません。実は、このお話は「かしこい子供」や「象の重さを測る」といったタイトルで、戦前から小学校の教科書にたびたび登場しています。絵本や子供用の読み物で読んだという方も多いでしょう。

　もともとは中国、三国時代の歴史を記した『三国志』の中で、魏の国を興した英雄曹操の息子の一人である曹沖の逸話として同様の話が伝えられていて、広く知られるようになりました[1]。

1）ただし（曹沖は実際にとても聡明な少年だったようですが）、このエピソードは、インドに古くから伝わる民話をもとにした作り話だろうと言われています。なお、この曹沖少年、わずか13歳で早世してしまいました。

ここでは改めて「かしこい子供」の方法で象の体重が測れる理由を考えてみましょう。

　そもそも、なぜ船は水に浮かぶことができるのでしょうか？

　それは、船は水からの浮力（ふりょく）を受けるからです。

　浮力を理解するためには、密度や水圧、それにパスカルの原理などについても理解が必要になるので、まずはこれらについて学んでいきましょう。

象の重さの測り方

① 象がのっても大丈夫な船を用意します（それとは別に、石もたくさん用意します）。

② 水に浮かべた船に象をのせると、重みで船が沈みます。

③ 水につかった一番上の箇所（＝喫水線（きっすいせん））に印をつけます。

④ 船から象を下ろします。

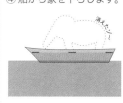

⑤ 石を船にのせていきます。その重みで船が少しずつ沈んでいきます。

⑥ 喫水線ちょうどにきたら石をのせるのをやめ、船上の石を何回かに分けて測ります。

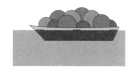

第**7**章　密度・圧力・浮力の物理学

密度

♻鉄と綿、どちらが重い？

鉄と綿はどちらのほうが重いですか？　と聞かれたら直観的に「そりゃ、鉄だよ」と答える人は少なくないと思いますが、それはあくまで「同じくらいの体積」で比べた場合です。実際、鉄と綿をどちらも 1kg 用意すれば、両者の重さは同じになり、違いはありません [2]。言うまでもなく、1kg の鉄と 2kg の綿を用意すれば、2kg の綿のほうが重いです。

他にも水は重いとか、アルミニウムは軽い、といった物質に対する重さの印象は、無意識のうちに同じ体積で比べた結果であることが多いはずです。

このように、物質の特徴としての重さを比べたいときには、**単位体積あたりの質量** [3]である**密度**を使います。小学校、中学校の理科では、1cm³ あたりの g 数で表すことが多いので、その場合密度の単位は [g/cm³] を使います [4]。

たとえば物質 A が 2cm³ で 30g なら、A の密度（1cm³ あたりの g 数）は

$$\frac{30\,[\mathrm{g}]}{2\,[\mathrm{cm}^3]} = 15\,[\mathrm{g/cm}^3]$$

---

2) これに関しては、有名な理科クイズがあります。「あなたは自分の部屋で鉄 1kg を右手に、綿 1kg を左手に持っています。どちらの手のほうが重く感じるでしょうか？」というものです。この問題に「ひっかけだな。鉄のほうが重そうな印象があるけれど、同じ 1kg なのだから感じる重さは同じだ！」と答えてしまった人は残念ながら不正解です。正解は「鉄を持った右手のほうが重く感じる」です。
部屋の中には空気があるので、物体はその体積に比例する浮力を受けます（316 頁以降で詳しく解説します）。同じ質量（1kg）であれば、より体積が大きい綿のほうが、受ける浮力も大きくなります。よって質量は同じでも、鉄のほうが「重く」感じるというわけです。ただし、綿をギュッとつぶして鉄と同じ体積にすれば、浮力の大きさは同じになり、綿の 1kg と鉄の 1kg は同じ重さに感じます。
3) 小学校や中学校の理科では、あまり意識する必要はありませんが、厳密に言うと、重さと質量は違います。重さはその物体にかかる重力の大きさを指します。たとえば、月の重力は地球の約 6 分の 1 なので、ある物体の重さは、地球と月では異なる値になります。一方、質量というのは「物体の動きにくさの度合い」のことであり、物体に固有の量です。宇宙のどこであってもある物体の質量が変わることはありません。
4) 高校の物理では、長さには m、質量には kg を使うのが普通なので、密度は 1m³ あたりの kg 数で表すことが多く、その場合の単位は [kg/m³] です。

ですし、物質 B が 0.5cm³ で 20g なら、B の密度は

$$\frac{20\,[\mathrm{g}]}{0.5\,[\mathrm{cm}^3]} = \frac{200}{5} = 40\,[\mathrm{g/cm}^3]$$

となります。**物質の質量を、物質の体積で割れば密度が求まる**わけですね。よって物質の密度を求めるための**計算公式**は次のようになります。

$$\text{物質の密度}\,[\mathrm{g/cm}^3] = \frac{\text{物質の質量}\,[\mathrm{g}]}{\text{物質の体積}\,[\mathrm{cm}^3]}$$

♻いろいろな物質の密度と浮き沈みの関係

　参考までに、いろいろな物質の密度を紹介しておきましょう。単位はすべて〔g/cm³〕です。なお、一般に物質は温度を高くすると膨張するので、厳密には、密度は温度によって異なります。そこで、下の表には「より正確な密度」を測定した際の温度を記してあります[5]。

物質	密度〔g/cm³〕	より正確な密度〔g/cm³〕	測定温度	
木	約 0.4 ～ 0.8			水に浮く
氷	0.91	0.9168	0℃	
水	1.0	0.9982	20℃	
卵	約 1.1			
アルミニウム	2.7	2.6989	20℃	水に沈む
ダイヤモンド	3.5	3.513	20℃	
鉄	7.8	7.874	20℃	
銅	9.0	8.96	20℃	
銀	11	10.50	20℃	
金	19	19.32	20℃	
白金（プラチナ）	22	21.45	20℃	

---

5)　「より正確な密度」と「測定温度」は『化学便覧改訂 5 版』より引用しました。

よく知られた金属で最も密度が大きい金属（最も「重い」金属）は、白金（プラチナ）です[6]。

　液体に物質が浮くかどうかは、お互いの密度によって以下のように決まります[7]。

・物質の密度 < 液体の密度　⇒　浮く
・物質の密度 ＝ 液体の密度　⇒　液体中で止まる
・物質の密度 > 液体の密度　⇒　沈む

　水の密度は $1.0\,[\mathrm{g/cm^3}]$ なので、木や氷のように密度が $1.0\,[\mathrm{g/cm^3}]$ より小さい物質は水に浮き、鉄や金のように密度が $1.0\,[\mathrm{g/cm^3}]$ より大きい物質は水に沈みます。

　ちなみに、水銀は常温で液体の金属であり、密度は $13.5\,[\mathrm{g/cm^3}]$[8] なので鉄や銀も水銀には浮くことになります。表の中では、金と白金だけが水銀の密度を超えてしまうので、これらは水銀にも浮きません。

　なお、卵の密度は $1.1\,[\mathrm{g/cm^3}]$ と水にとても近いので、水の密度を少し大きくする工夫をすれば浮くようになります。これについては後ほど（321頁）解説します。

⚠水の密度と質量の基準の変遷

　水の密度が $1.0\,[\mathrm{g/cm^3}]$ という区切りのよい数字になっているのは偶然ではありません。

　「近代科学の父」とも呼ばれるフランスの**アントワーヌ・ラボアジェ**は
(1743−1794)
1792年に、1辺の長さが 10cm の立方体と等しい体積を持つ水の重さを 1kg にすると定義しました。1辺の長さが 10cm の立方体の体積は 1 L [9]
ですから、ラボアジェの定義は

$$1\mathrm{kg} ＝ 水\, 1\,\mathrm{L}\ の重さ$$

6）単体の金属として最も密度が大きいのは、オスミウム（元素記号 Os、原子番号 76）という金属で、密度は $22.59\,[\mathrm{g/cm^3}]$ です。

7）こうなる詳しい理由は、321 〜 322 頁をご覧ください。

8）より正確には、20℃ で $13.546\,[\mathrm{g/cm^3}]$。

9）10cm × 10cm × 10cm ＝ $1000\mathrm{cm^3}$ ＝ 1000mL ＝ 1L。

です。1kg ＝ 1000g、1L ＝ 1000cm³ ですから、287 頁で紹介した密度の計算公式に、ラボアジェの定義をあてはめると

$$水の密度\,[\mathrm{g/cm^3}] = \frac{水の質量\,[\mathrm{g}]}{水の体積\,[\mathrm{cm^3}]} = \frac{1000\,[\mathrm{g}]}{1000\,[\mathrm{cm^3}]}$$
$$= 1.0\,[\mathrm{g/cm^3}]$$

となります。

$$物質の密度\,[\mathrm{g/cm^3}] = \frac{物質の質量\,[\mathrm{g}]}{物質の体積\,[\mathrm{cm^3}]}$$

　ラボアジェの定義をもとにして、1795 年には 1g [10] の基準は「1 気圧で最大密度の温度（約 4℃）における蒸留水 1mL の質量」と定められました。

　「でも、それなら 287 頁の表の水の密度の『より正確な値』は 1.0000 [g/cm³] になるはずでは？」と思われるかもしれません。

　後ほど 291 頁で詳しく書きますが、**水は約 4℃（3.98℃）のとき密度が最大になる**ことがわかっています。しかし、先ほどの表の水の「より正確な密度」は 20℃ における測定値なので、1.0000 [g/cm³] より小さくなっているのです。

　じゃあ、3.98℃ のときの水の密度は正確には 1.0000 [g/cm³] になるのかと言えば、実はこれもそうではありません。2020 年の理科年表によると、3.98℃ における水の密度は 0.99997 [g/cm³] です。

　どうしてでしょうか？

　それは、当時と現代では 1kg の基準が違うからです。

　1889 年の第 1 回国際度量衡総会で、「1kg は**国際キログラム原器の質量**に等しい質量とする」ことが決まりました。国際キログラム原器というのは、当時最高の技術で作られた白金 90% とイリジウム 10% の合金です。オリジナルはパリに保管され、各国にコピーが配られました。日本に届いたものは、現在も茨城県つくば市の産業技術総合研究所に保管されています。

　その後、このキログラム原器の質量を用いて 1 気圧、最大密度の温度（3.98℃）における蒸留水 1L の質量を正確に測定した結果、ぴったり 1kg ではなく、1.028kg であることがわかりました。しかし、原器の修正は行

10）g（グラム）の語源は「小さなおもり」を意味するラテン語のグラマ (grámma) です。

われませんでした。1960年の第11回国際度量衡総会で、水の質量とは関係なく、原器の質量をもって1kgを定めることが正式に決まっています。

　国際キログラム原器の登場から130年後の2019年の5月20日に、1kgの定義はさらに新しいものに変わりました。これは計測技術の進歩によって、nm[11]レベルの計測技術が発展してきたことから、人工物による定義ではない別の質量の基準を模索した結果です。なお、ここは本書のレベルを大きく超えてしまうので、読み流していただいても結構です。専門的になりますが、結晶構造の乱れが少ないシリコン単結晶に含まれる原子の数（具体的にはアボガドロ数）を高精度に測定し、その数値から算出できる普遍的な物理定数（具体的にはプランク定数）の値で1kgが再定義されました。

　この最新の基準とこれまで使われていた国際キログラム原器の誤差は、1kgにつきおよそ1億分の1g程度です。誤差はごくごく微量ですので、質量の定義が変わったと言っても、我々の日常生活に支障をきたすことはまずないでしょう。

　いずれにしても（0℃〜100℃のどの温度で測定しても）、小数第2位を四捨五入すれば水の密度は1.0 [g/cm³] です[12]。

🜄 水の状態変化と密度

　氷が液体の水に浮くのは、**氷の密度が液体の水よりも小さい**からです。氷水を作ると氷が浮くのも、冬の湖の表面が氷で覆われていても、その下ではワカサギが自由に泳げるのも、当たり前のように思えるかもしれませんが、同じ体積で比べたとき、固体（氷）のほうが液体（水）よりも「軽い」のは大変珍しい現象です。それもあってこのような性質を持つ物質は**異常液体（abnormal liquid）**と呼ばれています。水以外では、ケイ素、ゲルマニウム、ガリウム、ビスマスも異常液体です。

　水の「異常さ」は、氷の結晶[13]に理由があります。

　この先もやはり中学のレベルを超えてしまいますが、氷の結晶構造はと

11）nm（ナノメートル）= 10億分の1m。
12）99℃の0.95906 [g/cm³] 〜 3.98℃の0.99997 [g/cm³]（2020年度理科年表より）
13）原子が規則正しく周期的に配列してつくられている固体を「結晶」と言います。

ても興味深いので、ポイントだけ簡単に紹介させてください。

　水は、水素原子2つと酸素原子1つから成る分子（分子式は H_2O です [14]）
です。氷の状態になると、下の図のように4つの水分子が「水素結合」と
呼ばれる結合を用いて、四面体の構造になります。

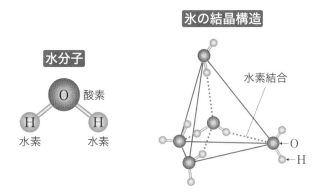

氷の結晶構造

水分子

　そのため、氷の結晶はすき間が多くなっているわけですが、氷が溶けて
液体の水になるとこの四面体構造が壊れて、すき間に別の水分子が入り込
んできます。氷のときはお互いに距離を保っていた分子どうしが、液体の
水になるとより「密」な状態となり、密度が大きくなる（＝同じ体積あた
りの質量が増える）というわけです。

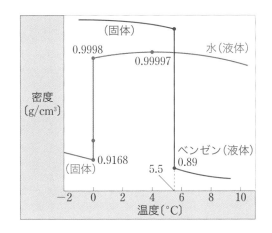

第7章　密度・圧力・浮力の物理学——密度

♻せめぎ合いの結果で、たまたま 4℃

　水の密度は約 4℃(正確には 3.98℃)で最大になりますが、これにも氷の結晶構造が関係しています。

　0℃で氷が溶けたとしても、すべての四面体構造が一気になくなるわけではありません。氷が液体の水になった直後は、四面体構造がいくらかは残っていてこれらが壊れるとやはりすき間に水分子が入ってきます。よって氷が溶けた後も、温度上昇とともに(四面体構造がすべて壊れるまでは)密度は大きくなり続けます。

　一方、温度が上がると「熱運動」と呼ばれる分子の運動が激しくなり、分子どうしの距離が徐々に広がります。そうなると今度は密度が小さくなります。

　こうした熱運動が激しくなることによる密度の減少と四面体構造の崩壊による密度の増加という相反する効果のせめぎ合いの結果、たまたま約 4℃で密度が最大になるのです。

　なお、前頁のグラフにあるベンゼンのような、「異常液体」ではないふつうの物質の場合は、液体状態のほうが固体状態よりも分子どうしの距離が遠くなるため、固体から液体になった途端に密度はぐっと小さくなります。また固体においても液体においても、温度が上がれば熱運動が激しくなるため、それぞれの状態において温度が上がれば、密度は小さくなります。つまり、全体的に温度が上がれば密度は小さくなるという傾向があります。

♻物質の三態　〜固体・液体・気体〜

　あらゆる物質は**固体**か**液体**か**気体**かのいずれかの状態をとります。このような 3 つの状態をまとめて**「物質の三態」**と言います。

　ここで、物質が固体のとき、液体のとき、気体のとき、分子や原子がそれぞれどのような状態になっているかのイメージをお伝えしておきましょう。

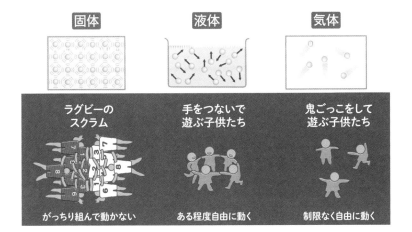

固体　　　　　　液体　　　　　　気体

ラグビーの スクラム	手をつないで 遊ぶ子供たち	鬼ごっこをして 遊ぶ子供たち
がっちり組んで動かない	ある程度自由に動く	制限なく自由に動く

　物体が固体の状態にあるとき、物体の分子や原子は整然と規則正しく並んでいます。固体状態の分子や原子の様子はラグビーにおけるスクラムに近いイメージです。

　物体が液体の状態にあるときは分子や原子はある制限の中で自由に動きまわります。言わば、お互いに手をつなぎながら、お遊戯をしている子供たちのような感じです。

　そして、物体が気体の状態にあるときは分子や原子は空間の中で一つ一つが自由に飛び交っています。何の制限もなく走り回っている子供たちのような状態です。

　一般に物質は気体になると、分子間の距離が（固体や液体のときと比べて）桁違いに遠くなるため密度は一気に小さくなります。液体→気体におけるこの傾向については水に特異性はありません。他の物質と同じです。

　たとえば 1.0g の液体の水は 1cm³ です [15] が、1.0g の**水蒸気** [16] の体積は 1700cm³ にもなります。体積が 1700 倍になれば、密度は $\frac{1}{1700}$ 倍になるので、水蒸気の密度は約 0.00059〔g/cm³〕です。

---

15) 前述のように、厳密には温度によって水の密度は異なりますが、小数第 2 位を四捨五入すれば、どの温度でも 1.0〔g/cm³〕なのでこの後、本書では水の密度は 1.0〔g/cm³〕（1cm³ あたりの水の質量は 1.0g）とします。
16) 水蒸気は気体状態の水のことです。

⚠️気体の体積は条件しだい

ところで、「気体の体積ってなに？」という疑問を持つ方は少なくありません。それもそのはずで、液体や固体と違って、気体はとらえどころなく、また圧力や温度によって簡単に膨張したり縮んだりしてしまうからです[17]。

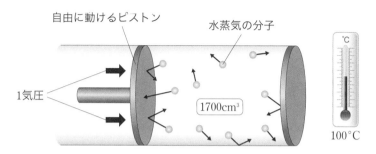

自由に動けるピストン　　水蒸気の分子

1気圧

1700cm³

100℃

よって「気体の体積」について言及するときは、必ず圧力と温度をセットにしなくてはいけません。

ちなみに先ほど「1.0gの水蒸気の体積は1700cm³」と書きましたが、これは100℃、1気圧[18]の空間に、上のイラストのような自由に動けるピストンが付いた容器を用意したとき、容器の中に1.0gの水蒸気を入れると**容器の体積が1700cm³になる**、という意味です。

水についてこれまでにわかったことを図にまとめておきましょう。

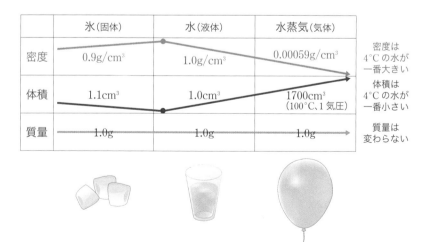

	氷（固体）	水（液体）	水蒸気（気体）	
密度	0.9g/cm³	1.0g/cm³	0.00059g/cm³	密度は4℃の水が一番大きい
体積	1.1cm³	1.0cm³	1700cm³（100℃、1気圧）	体積は4℃の水が一番小さい
質量	1.0g	1.0g	1.0g	質量は変わらない

最後に、密度の違いとものの浮き沈みについて、家でも簡単にできる実験を紹介します。

　コップと水と氷と食用油（菜種油）を用意してください。

　コップに水を入れ、次に油を入れるとどうなるでしょうか？　これは感覚的にも予想のつく方が多いと思いますが、油のほうが上になります。

　では次にそのコップに氷も入れてみてください。そうすると、氷は油の中を沈んでいきますが、下の図のように水と油の境界線のあたりで止まります。

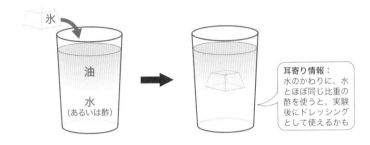

耳寄り情報：
水のかわりに、水とほぼ同じ比重の酢を使うと、実験後にドレッシングとして使えるかも

　これは、油と水と氷の密度が

油の密度＜氷の密度＜水の密度

の関係にあるからです [19]。

　氷が油の中を沈んでいく様子や、水との境界線のあたりで止まる様子は不思議な現象に感じるかもしれません。ぜひ、やってみてください。

17）液体や固体も膨張したり縮んだりしますが、気体と比べるとその変化の幅はごくわずかです。

18）「1 気圧」とはいわゆる「標準大気圧」のことです。国際基準で 1013.25hPa（ヘクトパスカル）と決まっています。大気圧は、上方の空気の重さによって決まるため、高所に行くほど低くなります。実際、富士山の山頂の大気圧は、海面に比べて 7 割程度しかありません。標準大気圧は海面における大気圧をもとに決められました（圧力、気圧、水圧などについてはこの後詳しく説明します）。

19）ただし、0 ℃の氷の密度は 0.9168〔g/cm³〕ですが、菜種油の密度は製品によって異なり 20 ℃で約 0.91 〜 0.92〔g/cm³〕なので、ものによっては氷が油に浮いてしまうケースもありそうです。また実験に使う氷はできるだけ気泡が入っていないものを選んでください。水道水には空気やミネラルなどが含まれるため、そのまま凍らせると気泡や不純物が入って白っぽい氷になります。ちなみにコンビニやスーパーで売っている透明な「氷」は、比較的純度が高いので、この実験には向いています。

圧力

△画びょう、鍵のかかったドア、大気圧

　木製の板に画びょうを押し付けると、画びょうは板の中に入っていきますが、同じ力で指を板に押し付けても指が板の中にめり込んでしまうということはふつうありません。

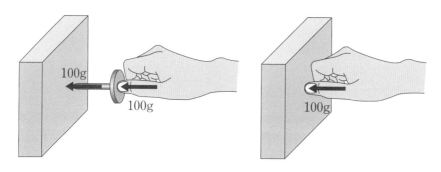

　そんなの当たり前だ、と言われてしまいそうですが、同じ力で押しているのに、なぜ画びょうは板を破壊する（穴を空ける）ことができるのでしょうか？

　閂（かんぬき）のかかった門扉を1人で打ち破るのは大変ですが、10人がかりで太い丸太で勢いをつけて打ち破るのは、時代劇のワンシーンでもおなじみではないでしょうか。このように狭い面積に多くの力を集めることができれば、相手に与えるダメージは大きくなります。

閂（かんぬき）のかかった城門をめぐる攻防

このような丸太を使った門扉などを打ち破る道具を
「破城槌（はじょうつい）」「攻城槌（こうじょうつい）」あるいは「衝角（しょうかく）」という。

　画びょうを使えば板に穴を空けることができるのも同じしくみです。指

先から伝える力が画びょうの針の先のごく小さな面積に集中するので、板に穴が空くのです。

　物体に力を与えるとき、どれくらいの面積に対してその力を加えるのかを考えるべきシーンは少なくありません。そんなときに使うのが、**圧力**です。

　圧力は、**単位面積(1m² や 1cm²)あたりにはたらく力の大きさ**を表します。圧力の単位は **Pa** です。

　「人間は考える葦である」の名言でも有名なフランスの**ブレーズ・パスカル**に由来します。パスカルは空気には質量があることに気づいたり、後
(1623−1662)
述する「パスカルの原理」という圧力に関する法則を発見したりしたことから、圧力の単位に彼の名前が使われるようになりました。1Pa の定義は

$$1m^2 \text{ あたりに } 1\,N\ ^{20)} \text{ の力が垂直にはたらくときの圧力} = 1Pa$$

です。

　よって、圧力の大きさを計算する**公式**は次のようになります。

$$\text{圧力 [Pa]} = \frac{\text{面を垂直に押す力 [N]}}{\text{面積 [m}^2\text{]}}$$

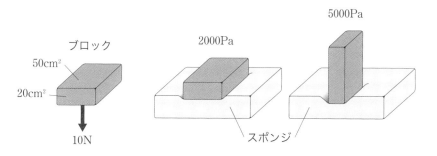

　上の図のように、10N の重力がかかるブロック[21]をスポンジに乗せます。

20）「N(ニュートン)」は力の単位です(280 頁)。
21）質量に重力加速度の 9.8 [m/s²] をかけると、その物体にかかる重力の大きさがわかります(282 頁)。重力が 10N ということは、このブロックの質量はだいたい 1.02kg です($m \times 9.8 = 10 \Rightarrow m = 10 \div 9.8 = 1.0204\cdots$)。

このブロックを 50cm² の面を下にして置くと、スポンジにかかる圧力は

$$\frac{10\,[\mathrm{N}]}{\frac{50}{10000}\,[\mathrm{m}^2]} = 10 \div \frac{50}{10000} = 10 \times \frac{10000}{50} = 2000\,[\mathrm{Pa}]$$

です [22]。

> $1\mathrm{cm}^2 = 1\mathrm{cm} \times 1\mathrm{cm} = \dfrac{1}{100}\mathrm{m} \times \dfrac{1}{100}\mathrm{m} = \dfrac{1}{10000}\mathrm{m}^2$
>
> $\Rightarrow\ 50\mathrm{cm}^2 = \dfrac{50}{10000}\mathrm{m}^2,\ 20\mathrm{cm}^2 = \dfrac{20}{10000}\mathrm{m}^2$

一方、20cm² の面を下にして置いたときの圧力は

$$\frac{10\,[\mathrm{N}]}{\frac{20}{10000}\,[\mathrm{m}^2]} = 10 \div \frac{20}{10000} = 10 \times \frac{10000}{20} = 5000\,[\mathrm{Pa}]$$

となります。

天気予報でよく聞く「hPa」の「h」は 100 倍を意味する接頭辞です。標高 0m の海面での気圧をもとにして決められた 1 気圧(標準大気圧)[23] は 1013.25hPa なので、これは

$$1013.25\,[\mathrm{hPa}] = 1013.25 \times 100\,[\mathrm{Pa}] = 101325\,[\mathrm{Pa}]$$

に相当します。**約 10 万 Pa** ですね。

大気圧は、その場所の上空にある空気の総質量によって決まります。約 10 万 Pa ということは 1m² あたり約 10 万 N の重力がかかっていることになりますので、私たちの上空にある空気の質量は、1m² あたりおよそ **10t** もあることがわかります [24]。

なお、なぜ 10t もの重さがかかっているのに、私たちがそれを感じないのかと言いますと、**上からだけでなく、下からも横からも斜めからも同じ 1m² あたり 10t の力で押されている**からです。これについては、次にお話しする「パスカルの原理」で詳しく解説します。

---

22) 圧力の単位が [Pa] のときは、定義から面積の単位は [m²] を使う必要があることに注意してください。

23) 295 頁の脚注参照。

24) 空気の質量を m [kg] とすると…m × 9.8 = 101325 ⇒ m = 101325 ÷ 9.8 = 10339.2 … [kg] = 10.3392… [t]。(1000kg = 1t)

♻パスカルの原理と流体

　物質の三態(292頁)の固体、液体、気体のうち、自由に形を変えることができる液体と気体をまとめて流体と言います。

　これからご紹介するパスカルの原理は、水槽の中の水のように止まっている(静止している)流体についてのみあてはまります[25]。川の水や風のように動いている流体では成立しません。

　パスカルの原理とは「重力を無視すれば、密封された静止流体の各部分の圧力は考える面の選び方によらず一定である」という法則のことです。

　このパスカルの原理により「重力を無視すれば、密封された静止流体のある1点の圧力が外力などによって増えた場合は、他の部分の圧力も同じだけ増える」こともわかります。そうでないと「静止流体の各部分の圧力が一定」になりません。

　なお、圧力に注目するのは、流体には「決まった形」がないからです。水槽の中の水には「形」があるじゃないか、と思われるかもしれませんが、それは水槽の形であって、水に固有の形ではありません。実際、容器を変えれば、水はすぐに別の「形」になってしまいます。

　決まった形がないため、流体にはたらく力を考える際は、単位面積あた

---

25)「流れる体」と書くのに、止まっているとはこれいかに？　と思われるかもしれませんが、動く流体も含めた流体全体の物理は「流体力学」と呼ばれ、微分方程式などの高度な数学が必要になります。パスカルが活躍したのは17世紀ですが、流体力学の基礎が確立されたのは19世紀のことでした。

りの力である圧力を使うほうが便利なのです。

　なお、パスカルの原理では**重力の影響は考えない**前提になっている点に
ご注意ください [26]。

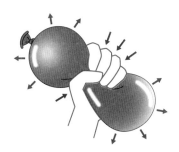

　パスカルの原理を体感するには、よく伸びる風船に空気を入れて握りつ
ぶしてみるとよいでしょう（破裂する恐れはありますが…）。そうすると風
船内の空気にはすべての方向に等しく圧力が伝わり、風船は上のイラスト
のような形になります。

　また、歯磨き粉を出したいとき、歯磨き粉のチューブのどこを握っても
ペーストはチューブの口からまっすぐ出てきますね。これもパスカルの原
理による現象です。

　ところで、パスカルの原理はなぜ成立するのでしょうか？

　簡単に言ってしまうと、それは**流体が「静止」している**からです。流体
である気体や液体は自由に動くことができます。もし伝わる圧力に違いが
あるのなら（右からの圧力のほうが左からの圧力よりも大きいというよう
なことが起きているなら）、その圧力差が解消されるまで流体は動き続け
るでしょう。**流体が「静止」している以上は、どこにもかしこにも等しい
圧力が伝わっているはずなのです。**

26）重力を考慮するとどうなるかは後述します。

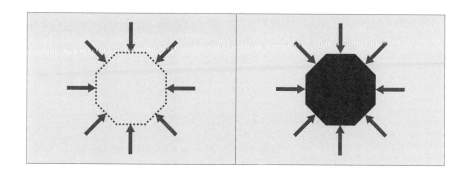

　たとえば、**静止している水の中のある部分は、四方八方から同じ大きさ
の圧力を受けます**。これは「ある部分」が水であっても、異物であっても
同じことです。物体が静止している以上、その物体にはたらく力はつり
合っています。

　ただし、**四方八方からの圧力が同じ大きさになるのは重力を無視した場
合**です。重力を考慮した場合にどうなるかは後でお話しします（308 頁）。

　なお、この後の補足(1)〜(3)は、本来は大学レベル以上の物理で詳しく出
てくる話題なので、先を急ぐ方は 308 頁まで飛ばしていただいてもかまい
ません。

補足(1) パスカルの原理が成立する数学的な証明

　上の直感的な説明では納得できない方のために、数学的な証明を書いて
おきたいと思います。なお、以下の説明では中学で学ぶ文字式と図形の相
似については既習ということにさせてください。

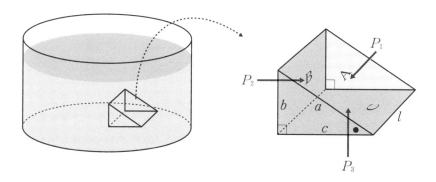

静止している流体の中から前頁の図のような「ドアストッパー」に似た小さな(倒れた)三角柱を拾い出します[27]。

　A、B、Cは各面の面積、小文字のa、b、c、lは各辺の長さを表します。つまり

$$\mathrm{A} = al、\mathrm{B} = bl、\mathrm{C} = cl$$

です。また、P_1、P_2、P_3は各面にはたらく圧力を表しています。

　直感的にCの面には水圧はかからないのではないかと思われる方もいらっしゃるかもしれませんが、今から、斜面の傾斜角(図中の●印のところ)にかかわらず、斜面であれ、側面であれ、底面であれ、それぞれにかかる圧力P_1、P_2、P_3が互いに等しいことを示します。そうすれば、**静止している流体にはたらく圧力はどちらの方向からであってもすべて等しい**と言えるからです。

　まず、圧力と力の関係を明らかにしておきましょう。圧力は「単位面積あたりにはたらく力の大きさ」(297頁)なので、ある面にはたらく圧力がP、面の面積がS、面にはたらく力の大きさをFとすると

$$P = \frac{F}{S} \quad \Rightarrow \quad F = PS$$

です。ここで、面積がAの面にはたらく力をF_1とすると、

$$F_1 = P_1\mathrm{A} = P_1 al$$

　同様に、面積がBと面積がCの面にはたらく力をそれぞれF_2、F_3とすると

$$F_2 = P_2\mathrm{B} = P_2 bl$$
$$F_3 = P_3\mathrm{C} = P_3 cl$$

　この後は「ドアストッパー型三角柱」を真横から見た図で考えます。

---

27) 流体が水だとすると、水の中の「ドアストッパー」型の三角柱に注目する、という意味です。なお、「小さな」と断っているのは、重力の影響を無視して議論を進めるためです。重力を考慮するとどうなるかは、次の「水圧」のセクションで説明します。

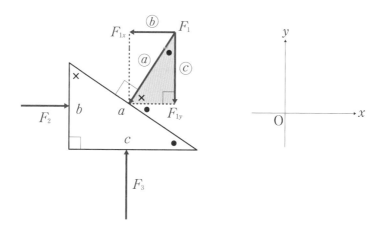

　ここで、**圧力はそれぞれの面に垂直にはたらく**ので、それぞれの面にはたらく力も面に対して垂直です[28]。

　すると、上の図の ● の角度と × の角度を足すと $90°$ であることから、3辺の長さが a、b、c の三角柱の直角三角形と F_1 を斜辺に持つピンクの色を付けた直角三角形は相似です。

　F_1 を x 方向と y 方向に分けたとき、x 方向の大きさを F_{1x}、y 方向の力を F_{1y} と書くことにします。すると上記の図形の相似から

$$a : b : c = F_1 : F_{1x} : F_{1y}$$
$$\Rightarrow \quad a : b = F_1 : F_{1x}, \quad a : c = F_1 : F_{1y}$$
$$\Rightarrow \quad F_{1x}a = F_1 b, \qquad F_{1y}a = F_1 c$$
$$\Rightarrow \quad F_{1x} = F_1 \frac{b}{a}, \qquad F_{1y} = F_1 \frac{c}{a}$$

> $x : y = p : q$
> $\Rightarrow \quad qx = py$
> （外項の積＝内項の積）

　この三角柱は静止しているので、x 方向にはたらく力も y 方向にはたらく力もつり合っています。

---

28) 力は、圧力に面積をかけただけなので、圧力がはたらく方向と力がはたらく方向は同じです。

《x 方向のつり合い》

$$F_{1x} = F_2 \quad \Rightarrow \quad F_1 \frac{b}{a} = F_2$$

> 力 = 圧力 × 面積　より
> $F_1 = P_1 \mathrm{A}、\ F_2 = P_2 \mathrm{B}$

$$\Rightarrow \quad P_1 \mathrm{A} \frac{b}{a} = P_2 \mathrm{B}$$

> $\mathrm{A} = al、\mathrm{B} = bl$　（302 頁）

$$\Rightarrow \quad P_1 al \frac{b}{a} = P_2 bl \quad \Rightarrow \quad P_1 = P_2 \quad \cdots ①$$

《y 方向のつり合い》←重力の影響は無視します。

$$F_{1y} = F_3 \quad \Rightarrow \quad F_1 \frac{c}{a} = F_3$$

> 力 = 圧力 × 面積　より
> $F_1 = P_1 \mathrm{A}、\ F_3 = P_3 \mathrm{C}$

$$\Rightarrow \quad P_1 \mathrm{A} \frac{b}{a} = P_3 \mathrm{C}$$

> $\mathrm{A} = al、\mathrm{C} = cl$　（302 頁）

$$\Rightarrow \quad P_1 al \frac{c}{a} = P_3 cl \quad \Rightarrow \quad P_1 = P_3 \quad \cdots ②$$

①、②より、

$$P_1 = P_2 = P_3$$

　この結果は、「ドアストッパー」型三角柱の傾斜角の大きさの影響を受けません。よって、静止する流体の中の小さな三角柱にはたらく圧力は、どれもすべて等しいことがわかります[29]。

（証明終）

---

[29] この証明は、高校（数 I）で学ぶ「三角比」を使えばもう少しスマートに示すことができます。

補足 (2) 大学の物理で学ぶ「応力」という考え方

　実は、上の証明には重大な(大胆な)仮定が入り込んでいます。それは「圧力はそれぞれの面に垂直にはたらく」というものです。もしこの仮定が崩れてしまうと、パスカルの原理は成立しないことになってしまいます。

なぜ、圧力は面に対して垂直にはたらくと言えるのでしょうか?

　これには「流体」の定義が関わっています。

　流体の最も重要な特徴は「自由に形を変えることができる」ことですが、たとえば砂糖や塩も容器を変えれば、その容器の形になりますね。でも、砂糖や塩は流体ではなく、細かい固体(粒子)の集まりです。

　では、細かい粒子の集まりと流体の違いはなんでしょうか? それは、「形を変えようとして、ゆっくり[30]力を加えたときに抵抗があるか/ないか」です。実際、指で盛り塩を崩すときには抵抗を感じますが、手ですくった水の形を変えるときには抵抗を感じません。ただし、流体であっても、押しつぶそうとすると(圧縮しようとすると)抵抗があります。

　一般に、固体であれ、液体であれ、気体であれ、いかなる物体[31]も外から力を受けると、**もとの形や大きさを保とうとする抵抗力**が生まれます。この**抵抗力を単位面積あたりの力に換算したもの**を物理では**応力(stress)**[32]と言います。応力は単位面積あたりの力なので、単位は $[N/m^2]$ もしくは圧力と同じ $[Pa]$ です。

　「応力」という用語は高校までの物理では登場しませんが、流体の正しい定義にはどうしても必要になるので紹介させてください。

---

30) ここで「ゆっくり」と断っているのは、流体であっても急激に形を変えようとすると抵抗があるからです。お風呂の水をかき混ぜようとすると手に抵抗を感じますね。でも、ほぼ動いているか動いていないかわからないくらいのゆっくりとしたスピードで手を動かせば、手に抵抗を感じることはありません。

31) 「物体」という用語は固体を指すものだという印象をお持ちの方もいらっしゃいますが、物理で言う「物体」には気体・液体・固体のすべてを含みます。

32) 応力は英語では「stress」と言います。日常的に「ストレスがたまる」のように使うときの「ストレス」も、環境や人間関係等のさまざまな外部刺激を負担に感じたとき、これに抵抗しようとして生まれます。

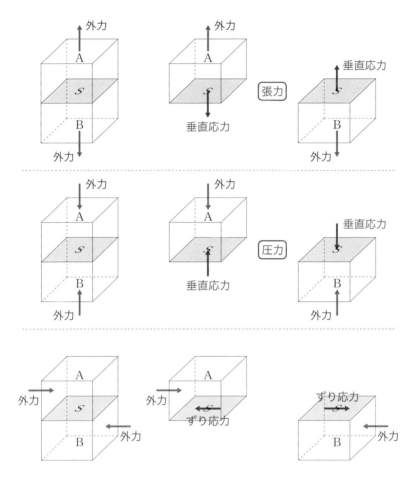

　今、物体の内部に仮想的な平面 S を考え、この平面 S で物体を A と B
に分けます。平面 S に垂直で、物体を外側に引っ張る外力がはたらくとき、
物体が壊れる（引きちぎられる）ことがないのは、A は B に、また B は A
にそれぞれ外力とは反対の方向に引っ張られているからです。外力に抵抗
して物体内部に生じるこの「壊れまいとする力」が応力です。

　同様に、平面 S に垂直で物体を押しつぶそうとする外力がはたらくと
きは、A は B に、また B は A にそれぞれ外力とは反対方向の力で支えら
れています。外力に抵抗して物体内部に生じるこの「支える力」もやはり
応力です。

平面Ｓに対して垂直方向の応力を**垂直応力**（または**法線応力**）と言います。

垂直応力のうち、平面Ｓをはさんで互いに引っ張り合うような方向のものは**張力**、互いに向き合う方向のものは**圧力**と呼ばれます。「張力」も「圧力」も用語としてはすでに登場していますが、どちらも垂直応力の一種として捉えるのが正確です[33]。

一方、平面Ｓに対して平行な外力がはたらくとき、ＡとＢが互いにずれてしまう（剪断される）ことがないのは、ＡはＢから、またＢはＡからそれぞれ外力とは反対の方向に摩擦のような力を受けているからです。外力に抵抗して物体内部に生じるこの「滑らないようにする力」も応力です。

平面Ｓに対して平行な方向の応力を**ずり応力**（または**接線応力**または**剪断応力**）と言います。

補足(3) 流体の正確な定義

応力の説明が長くなってしまいましたが、これでやっと「流体」を正確に定義することができます。

流体とはずばり**「静止状態では、法線応力は圧力のみで、ずり応力はゼロであるような物体」**です。

流体の内部に張力（法線応力のうち、平面を境に互いに引っ張り合うような力）があれば、流体は引きちぎられてしまいますし、ずり応力があれば、流体は平面を境にしてずれていきます。いずれの場合も流体は「静止」していることができません。

結局、流体が静止状態にあるとき、外力によって生じる応力（単位面積あたりの抵抗力）は、法線応力である圧力しかありません。よって流体が静止しているとき、「圧力は必ず面に対して必ず垂直方向にはたらく」と言えるのです[34]。先の証明のように、パスカルの原理はこの前提から直

---

33) 特に「張力」に関しては、これまで単に糸や綱が引っ張る力と考えてきました。実際、高校までの物理では「張力」はこのように捉えるのが普通です。ただし物理学における「張力」の正確な定義では、垂直応力の一種であり、単位面積あたりの力です。

34) 本書では、小中の理科の教科書に準拠する形で応力より先に「圧力」を導入しましたが、本来はある面に対して互いに向き合う垂直応力を「圧力」と言うので「圧力は面に対して必ず垂直である」と言うのは、「正三角形は３辺の長さが等しい」と同じようなちょっと気持ちの悪い言い回しになってしまっています。

ちに導くことができるので、**パスカルの原理とは静止流体の定義の言い換えにすぎない**、と言うこともできます。

水圧

♻ここからは重力を考慮します

さて、ここまで「パスカルの原理」では重力の影響を無視していましたが、重力を考慮するとどのように変わるのでしょうか？

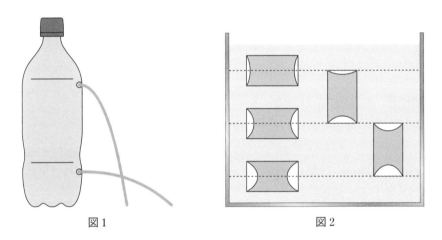

図1   図2

　上のイラストはどちらも水圧を体感してもらう実験として有名なものです。図1のイラストは水のペットボトルに上のほうと下のほうにそれぞれ小さな穴を空けると、下のほうが勢いよく水が出てくる様子を表しています。

　図2のイラストは、うすいゴムの膜を張った透明なパイプ(次頁のイラスト参照)を水に沈めて、深さによってゴム膜の様子がどう変わるかを観察したものです。ゴム膜は深ければ深いほど大きな力を受けていて、また上下左右いずれの方向からも力を受けていることがわかります。

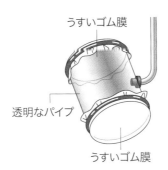

うすいゴム膜

空気ぬきのパイプ

透明なパイプ

うすいゴム膜

　いずれの結果も、水圧は深いところほど大きいことを示しています。しかし「パスカルの原理」（299頁）によると、静止流体では圧力はどこも等しくなるはずでした。**深さによって水圧の大きさが違うのは重力の影響**です。

　たとえば、お風呂の底におもちゃのアヒルを沈めてしまったとしましょう。ふつうおもちゃのアヒルの中は空洞になっていて、水に浮くのですが、何かの拍子に中にまで水が入ってしまったことにします。

　さて、このアヒルにかかる水圧はどれくらいになるでしょうか？

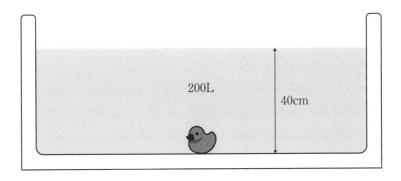

200L

40cm

　お風呂のサイズによっても違いますが、一般家庭で浴槽に張る水の量はだいたい200Lなので、ここではぴったり200Lの水（お湯）を入れることにしましょう。200Lということは200kgですね[35]。今、たまった水（お湯）の深さは40cmとします。

　すると、浴槽の内側（お湯がたまっている側）の底面積は

35）水は、1Lで1kg（1mlで1g）です（288頁）。

$$200\text{L} \div 40\text{cm} = 200000\text{cm}^3 \div 40\text{cm} = 5000\text{cm}^2 = 0.5\text{m}^2$$

です [36]。

浴槽の場合、0.5m² の底面に 200kg の重さがかかっているわけです。**圧力とは 1m² あたりにかかる力の大きさのこと**なので、浴槽の底に沈んだアヒルにかかる圧力（水圧）は、**400kg 分の重力に相当**します。ちなみに 1 気圧は 1m² あたり約 10t の重さ（298 頁）なので、アヒルが受ける水圧は 0.04 気圧程度です [37]。ちなみに 40cm の深さの水圧が 0.04 気圧程度なので、**10m の深さの水圧はおよそ 1 気圧**になります。

ところで、読者の中には「アヒルにすべての水の重量がかかるわけではないから、この計算はおかしいのではないか？」と思う方がいらっしゃるかもしれません。

でも、今計算しているのは圧力（1m² あたりの力の大きさ）なので、アヒルの上にある水の重さだけを考えても同じ結果になります。
実際に計算してみましょう。

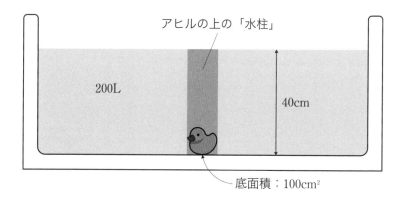

アヒルの上の「水柱」

200L

40cm

底面積：100cm²

今、アヒルの上にある水柱の底面積は 100cm² だとします。水の深さは 40cm なので [38] アヒルの上にある水の体積は、

---

36) 1L = 1000mL = 1000cm³。1m² = 1m × 1m = 100cm × 100cm = 10000cm²
37) 400kg ÷ 10t = 400kg ÷ 10000kg = 0.04
38) お風呂にたまった水の深さを 40cm とすると、実際のアヒルの真上にある水柱の高さは 40cm より少し短いですが、ここでは簡単のために 40cm としています。

$$100\text{cm}^2 \times 40\text{cm} = 4000\text{cm}^3$$

です。つまりアヒルの真上の水柱の重さは、$4000\text{g} = 4\text{kg}$ ですね [39]。

この重さが $100\text{cm}^2 = 0.01\text{m}^2$ の面積にかかるので、圧力はやはり、**400kg 分の重力に相当**します [40]。

このように、ある場所の**水圧の大きさは深さだけで決まる**のです。

補足 **水圧が深さだけで決まることの証明**

ここでも文字式だらけになってしまいますが、水圧が深さだけで決まることを、直感にたよらない数学的な方法で証明しておきましょう。

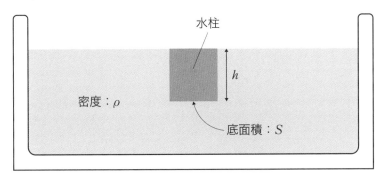

水面からの深さが $h\,[\text{m}]$、底面積が $S\,[\text{m}^2]$ の水柱の重さを考えることで、深さ $h\,[\text{m}]$ における水圧の大きさを計算してみましょう。なお水の密度は $\rho\,[\text{kg/m}^3]$ とします [41]。ρ は、ギリシャ文字です。物理では密度を表すのによく使います。

「重さ = 密度 × 体積」なので、水柱の重さは $\rho Sh\,[\text{kg}]$。この重さが $S\,[\text{m}^2]$ の底面にかかります。1m^2 あたりにかかる重さを計算してみましょう。

---

39) 水は 1cm^3 で 1g です。
40) $4\text{kg} \div 0.01\text{m}^2 = 400\,[\text{kg/m}^2]$
41) 水の密度は $1\,[\text{g/cm}^3] = 1000\,[\text{kg/m}^3]$ ですが、水溶液（真水よりも密度が大きくなる）の水圧などにも応用できるように密度を文字で書いておきます。

$$\frac{水柱の重さ}{底面積} = \frac{密度 \times 体積}{底面積} = \frac{密度 \times 底面積 \times 高さ}{底面積}$$

$$= \frac{\rho S h}{S} = \rho h\,[\mathrm{kg/m^2}]$$

　水面から深さ $h\,[\mathrm{m}]$ における水圧の大きさは、$\rho h\,[\mathrm{kg}]$ 分の重力[42] に相当することがわかりました。**水圧の大きさは密度と深さだけで決まり、底面積の S には関係しません。**

♻いびつな形をした容器の水圧

　ある場所の水圧を求めるには、その上にある水柱の重さを計算すれば求められることがわかりました。では次のような形の容器の場合、A のアヒルと B のアヒルが受ける水圧はどうなるでしょうか？

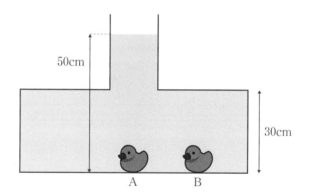

　先ほどと同じように、アヒルの上の水柱の重さで考えるとしたら、水圧の大きさは、A 上には 40cm の水柱、B の上には 20cm の水柱があるので、水圧は A のほうが大きいと思われるかもしれません。

　しかし実際は、A と B のアヒルが受ける水圧は同じです。

　鍵は「パスカルの原理＆重力の影響」にあります。

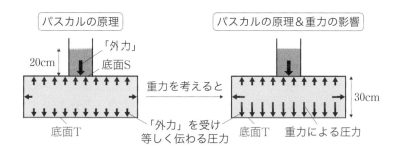

　まず、**重力の影響を無視してパスカルの原理**を考えてみましょう。このとき、細長く突き出た図の赤い斜線部分の水の重さは**「外力」として扱います**。また赤い斜線部分の水は、それより下の横に広くなった部分に対して蓋（ふた）の役割をするので、横に広くなった部分の水は「密封容器」に入っていると見なせます。

　パスカルの原理（299 頁）によれば、密封容器の中の静止する流体に外力がはたらくとき、流体全体には等しい圧力が伝わるのでしたね。

　この「等しい圧力」の大きさはどれくらいなるでしょうか？　今、赤い斜線部分の底面を S とします。「底面 S」にある水も静止しているので、上からかかる水の重さによる「外力」とパスカルの原理によって生じた「等しい圧力」はつり合っているはずです。

　底面 S を上から押す外力による圧力[43]は、深さ 20cm の水圧に等しいので、底面 S を下から支える圧力も**「深さ 20cm の水圧」と同じ大きさ**です。

　次に、水槽の横に広くなった下の部分の底面を T とします。

　もし重力の影響がなければ、パスカルの原理によって流体全体に等しい圧力が伝わるので、「底面 T」にかかる水圧もやはり「深さ 20cm の水圧」になります。

　その上でさらに**重力の影響を考えます**。

　重力の影響があるのなら、底面 T にはパスカルの原理による「等しく伝わる圧力」＝「深さ 20cm の水圧」に加えて、30cm 分の水の重量からくる「深さ 30cm の水圧」が加わります。その結果、底面 T 全体には等し

43）赤い斜線部分の水の質量にかかる重力を底面積で割ったもの。

く「深さ50cmの水圧」がかかるというわけです。

　このように、現実の水圧を考えるときには、**パスカルの原理による「等しく伝わる圧力」**と**「重力の影響」**を合わせて考える必要があります。

♻大気圧の影響を加算する／しない　～絶対圧力とゲージ圧力～

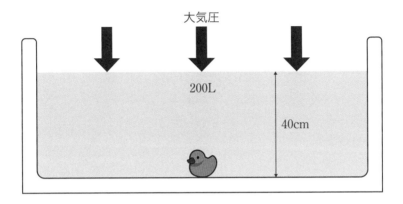

　鋭い読者の中には、いびつな形をした水槽の突起部分の水の重量を「外力」として考えるのなら、お風呂や水槽の水を上から押しているはずの大気圧も「外力」なのではないか？　だとしたら、水圧の大きさを計算するにあたっては、大気圧という「外力」によって生まれる「等しく伝わる力」も加算すべきなのではないか？　と疑問に思われたかもしれません。そのご指摘はまったくそのとおりです！

　先ほど、深さ40cmの浴槽に沈んだアヒルが受ける水圧は0.04気圧程度だと書きましたが、これは大気圧の影響は無視しています。このように大気圧の分は加算しないで表した圧力のことを**ゲージ圧力**と言います [44]。

---

44) ゲージ (gauge) というのは、測定用の計器・器具の総称です。ふつう圧力計には大気圧の分は省いた数値が出ることから、大気圧の分を無視した圧力のことを「計器に出る圧力」といった意味で「ゲージ圧力」と呼びます。
　余談ですが「ゲージ」は鉄道のレールの幅を表すのにも使います。鉄道模型の「Nゲージ」は、レールの幅が9mmであることから付いた名前です。「9」を表す欧米語 (英：Nine、独：Neun 等) の頭文字がNから始まることから、「Nゲージ」とか「Nスケール」とか呼ばれるようなりました。

一方、真空における圧力を 0 として、大気圧の分も加算して表した圧力は**絶対圧力**と言います。先ほどのアヒルの受ける水圧は，絶対圧力では 1.04 気圧程度です。一般に、次の関係があります。

絶対圧力 ＝ ゲージ圧力 ＋ 大気圧

少なくとも中学の理科までは、水圧の値を求める問題の答えは「ゲージ圧力」で答えさせるケースが多いのですが、そのことを問題に明記していないことがあり、特に鋭い生徒さんにとっては混乱のもとになります[45]。

なお、本書ではこの後も水圧については「ゲージ圧力」を使わせていただきます。

---

45) 理科の問題では、「ここでは、〜については考えないものとする」という表現がしばしば登場します。これには、①無視しても結果には(ほとんど)影響しない場合と、②無視しないと計算が複雑になってしまい数学的に難しくなりすぎる場合、さらに③慣習的にそうすることが多い場合とがあります。圧力について「ゲージ圧力」を使うことが多いのは(前頁の注のとおり、圧力計が示す数値はふつうゲージ圧力であることもかんがみ)慣習に従っているのだと思います。

浮力

♻お待たせしました！　いよいよ浮力です

さあ、いよいよ浮力について学んでいきましょう！……と言っても浮力を理解するために必要なことはすべて確認し終わっているので安心してください。ポイントは次の2点です。

- （重力を無視すれば）静止流体の各部分の圧力は一定（299頁）
- 水圧の大きさは水面からの深さだけで決まる（311頁）

本書では主に、水中の物体にはたらく浮力を考えていきます。

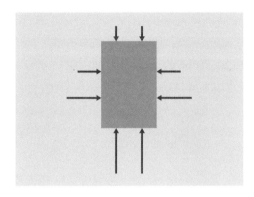

　物体を液体の中に入れてばねばかり等で重さを測ると、液体から物体にはたらく上向きの力によって空気中で測るより軽くなります。この上向きの力が**浮力**です。**水に入れた物体にはたらく浮力は、上下の水圧の差によって生まれます。**

　もう少し詳しく見ていきましょう。

　上の図は浮力の説明をするときによく書かれる図ですが、この図を見た生徒さんからは次のような質問がよく出ます。

　「水圧は、その場所より上にある水柱の重さで決まるんでしょ？　だったら水圧が物体に対して下向きにかかるのはわかるけれど、横向きとか上向きにも水圧がかかるのはおかしくないですか？」

　この疑問は（も）パスカルの原理が解決してくれます。

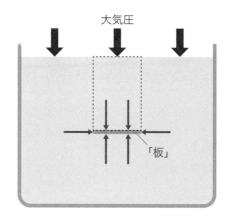

今、上の図の赤い斜線部分のような、水中のごくごく薄い板状の部分に注目します（以後この部分を「板」と呼びます）。図は、説明のためにある程度の厚さがあるように書きましたが、実際は1枚の紙のようにほとんど厚さはないと思ってください。

この「板」に**上からかかる水圧**は、板の上にある水柱の重さから計算できて、最終的には**水面からの深さだけで決まります**（311頁）。

さて、パスカルの原理によると「**静止流体の各部分の圧力は考える面の選び方によらず一定**」です。したがって「**板」の上面、下面、側面にはすべて同じ大きさの圧力がかかる**と考えられます。ただし、パスカルの原理を適用するには、静止流体が**密封容器の中にある**ことと、**重力を無視できる**という2つの条件を満たさなくてはいけません。

上の図の水槽は蓋（ふた）がなく「密封容器」ではない、と思われるかもしれませんが、水面には大気圧がかかっていますので、これが蓋の役割をします。よって水槽の中の水は**密封容器の中と同じ**と考えることができます。

また、重力についてですが、311頁の「補足」でも証明したとおり、水圧における重力の影響は水面からの深さだけで決まります。今、考えている「板」の厚さは無視できるほど薄いので上面、下面、側面にかかる重力の影響はすべて同じです。影響が同じなので、「板」の上面、下面、側面にかかる水圧について、違いがあるかどうかを考えるとき、重力を考える必要はありません。

以上より、「板」の上面、下面、側面にかかる水圧についてはパスカルの原理が適用できて、これらはすべて等しいと言えます。**水中のある深さにある「板」にはすべての面に等しい圧力がかる**というわけです。なお「板」は水そのものであっても異物であっても、水圧のかかり方に違いはありません。

♻浮力の大きさを求める

結局、水中の物体はすべての面に深さだけで決まる水圧がかかります。このことをもとして、物体にはたらく浮力の大きさを見積もってみましょう。簡単のために、今、物体の形は直方体ということにします。

まず、物体の側面にはたらく水圧は、同じ深さであれば大きさは同じであり、向かい合う側面にはたらく水圧はそれぞれの高さで互いに打ち消し合うので、浮力には関係しません。

次に物体の上下にはたらく水圧を考えます。物体の上面にはたらく水圧を $P_上$、下面にはたらく水圧を $P_下$ としましょう。

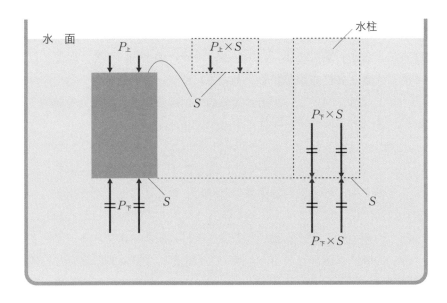

297 頁の公式

$$圧力 [\mathrm{Pa}] = \frac{面を垂直に押す力 [\mathrm{N}]}{面積 [\mathrm{m^2}]}$$

より、

$$面を垂直に押す力 [\mathrm{N}] = 圧力 [\mathrm{Pa}] \times 面積 [\mathrm{m^2}]$$

なので、物体の上面や下面の面積を S とすると、物体にかかる**下向きの力は「$P_上 \times S$」**です。これは、物体の上にある水柱の重さにかかる重力と同じですね。

　同じように、物体にかかる**上向きの力は「$P_下 \times S$」**となります。ここで水中の「板」にはすべての面に同じ大きさの圧力がかかる（298 頁）ので、「$P_下 \times S$」は水面から物体の下面までの水柱の重さにかかる重力に等しいです。

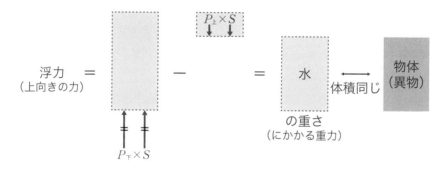

　結局、**水中の物体（異物）にはたらく浮力は、その物体と同じ体積の水の重さ（にかかる重力）に等しい**ことがわかります。

浮力の大きさを、文字式で表しておきましょう。

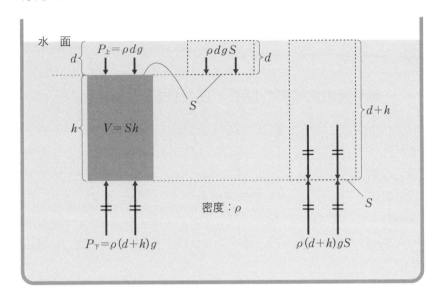

　水面から物体の上面までの深さを d [m]、物体の高さを h [m]、物体の上面や下面の面積を S [m²] とします。また、水の密度は ρ [kg/m³] にしておきましょう [46]。

　312 頁で見たように、水面から深さ h [m] における水圧の大きさは、**ρh [kg] 分の重力**に相当します。この重力を [N] で表すと $\rho h g$ [N] です [47]。よって深さ d [m] の水圧である $P_上$ は、$P_上 = \rho d g$ [N]、深さ $d + h$ [m] の水圧である $P_下$ は、$P_下 = \rho (d + h) g$ [N] となります。

　物体を上から押す力は、$P_上 S$、下から押す力は $P_下 S$ なので [48]、

---

46) 真水以外の液体でも使える式を導くためです。
47) 質量に重力加速度の g [m/s²] をかけると重力の大きさになり、単位は [N] になるのでしたね(282 頁)。
48) 「面を垂直に押す力 = 圧力 × 面積」です(319 頁)。

$$浮力 = P_下S - P_上S$$
$$= \rho(d + h)gS - \rho d g S$$
$$= \rho d g S + \rho h g S - \rho d g S$$
$$= \rho h g S$$
$$= \rho S h g$$
$$= \rho V g$$

$$\boxed{\begin{array}{c} 底面積 \times 高さ = 体積 \quad より \\ Sh = V \end{array}}$$

ここで、Vは物体の体積を表します。また、「水の密度 × 体積 ＝ 水の質量」であることから「ρV」は物体の体積分の水の質量に等しく、これに重力加速度のgをかけた「$\rho V g$」は物体の体積分の水の質量にはたらく重力の大きさです。

結局、**体積 V の物体の全体が水中にあるとき、この物体にはたらく浮力の大きさは、同じ体積 V の水にはたらく重力と同じです。**

$$浮力 = \rho V g$$

（ρ：水の密度、V：水中の物体の体積、g：重力加速度）

♺食塩水の濃さと物の浮き沈み　〜生卵で実験手品〜

この節の最初のほうに「卵の密度は水にとても近いので、水の密度を少し大きくする工夫をすれば浮くようになります」と書きました(288頁)。これについて少し詳しくお話しします。

家庭で簡単にできる手品的な理科の実験をひとつ紹介しましょう。

500ml 以上の水が入る計量カップ(ビーカー)と 120g の食塩、それに新鮮な生卵を 1 個用意してください。

最初は計量カップに 500ml の水を入れます。そこに生卵をそっと入れます。すると生卵は軽量カップの底に沈みます。

次に食塩をスプーンで 1 杯入れてはかき混ぜる、ということを繰り返します。そうすると、120g の食塩をすべて入れ終わる少し前くらいから生卵が水に浮くようになります！[49]

---

49) 生卵の種類によっては、食塩を 60g 入れたくらい段階で卵が浮き始めることもあります。

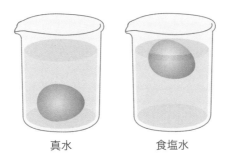

真水　　　　　食塩水

　種明かしをしましょう。

　先ほど、水中の物体にはたらく浮力は、物体と同じ体積の水の重さ(に
はたらく重力)に等しいことをつきとめました(319頁)。

　この浮力が物体の重さ(にかかる重力)よりも小さければ、物体は水の底
に沈んだままです。

　「質量 = 密度 × 体積」なので

浮力 = 物体の体積分の水の重さ = 水の密度 × 物体の体積 [50)]
物体の重さ = 物体の密度 × 物体の体積

ですね。よって、**物体が水に沈む条件(浮力 < 物体の重さ)**は

　　浮力 < 物体の重さ
　　⇒　水の密度 × ~~物体の体積~~ < 物体の密度 × ~~物体の体積~~
　　⇒　**水の密度 < 物体の密度**

となります。

　同様に、**物体が水に浮く条件(浮力 > 物体の重さ)**は

水の密度 > 物体の密度

です [51)]。

---

50) ここでは浮力を「重さ」で表しています。力として浮力を正式に[N(ニュートン)]
　　で表すためには、さらに重力加速度(282頁)をかける必要があります。ただし、その
　　際には「物体の重さ」のほうも、やはり重力加速度をかけて「物体の重さにかかる
　　重力」として扱うので、物体が水に沈んだり浮かんだりする条件は変わりません。

287 頁で紹介したとおり、生卵の密度は約 1.1 [g/cm³]、真水の密度は
1.0 [g/cm³] です。

真水の密度 (1.0g/cm³) ＜ 生卵の密度 (約 1.1g/cm³)

なので、生卵が水に沈むのは納得です。

一方、500ml（＝500cm³：500g）の水に 120g の食塩を溶かした食塩水の
密度は 1.14 [g/cm³] なので [52]、

食塩水の密度 (1.14g/cm³) ＞ 生卵の密度 (約 1.1g/cm³)

となり、生卵は浮くようになります。

なお、卵は古くなると、殻の微細な気孔から水分や二酸化炭素が抜けて
しまうため、密度が小さくなり、真水にも浮くようになります。

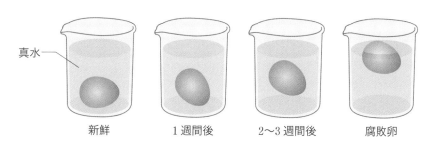

真水

新鮮　　　　1 週間後　　　2〜3 週間後　　　腐敗卵

---

51) 浮力＞物体の密度 ⇒ 水の密度 × 物体の体積 ＞ 物体の密度 × 物体の体積 ⇒ 水の密
度＞物体の密度

52) 理科年表より引用。食塩が水に溶けると食塩水の体積は、真水のときよりは増えま
すが、溶かす前の食塩の体積分だけ増えるわけではありません。たとえば 120g の食
塩の体積は 55cm³ ですが、500g の水に 120g の食塩を溶かしたときは、44cm³ しか体
積は増えません。この差の分の食塩は水分子の隙間に入りこんでいます。そのため
ある濃度における食塩の密度を計算ではじき出すことは困難なので、適正かつ厳密
に精査された実験結果をまとめた『理科年表』(国立天文台が編纂) の数値を使って
います。
ちなみに、500g の水に 120g の砂糖(76cm³)を溶かしたとき体積は 74cm³ も増えます。
その結果、この濃度の砂糖水の密度は 1.08g/cm³ となります。つまり、同じ濃度で比
べた場合、砂糖水のほうが食塩水より密度は小さくなるのでその分も浮力も小さく
なり、500g の水に 120g の食塩を溶かした食塩水には浮く卵が、500g の水に 120g の
砂糖を溶かした砂糖水には浮かない、ということが起こります。

もし卵の賞味期限や、いつ買った卵か、わからなくなってしまったときは、真水に浮かべてみることで、だいたいの鮮度を調べることができます。

⚠水に浮かびながら読書ができる湖

液体の密度が大きいほうが、浮力は大きくなります。 濃い食塩水ほど物は浮きやすいというわけです [53]。

このことを体感できる場所が中東にあります。イスラエルとヨルダンの境にある「死海」と呼ばれる湖がそれです。

よかったら、ネットで「死海　読書」というキーワードで検索してみてください。まるで魔法のように湖に浮かんだまま本や新聞を読む人の写真がたくさん出てくると思います。でも、それらは合成写真ではありません。現地に行く機会があれば、体験することができるでしょう。

どうしてそんなことが可能かといいますと、この「死海」がいわゆる「塩湖」と呼ばれる湖であり、なんと海水の5倍以上の塩分を含んでいるからです。塩分が濃すぎるため、生物はほとんど生息していません。それが「死海」という名前の由来です。

《塩分濃度の比較》

品目	濃度	備考
海水	約 3.5%	表層より深層のほうが濃い
中濃ソース	5.8%	（ほどよいとろみあり）
ウスターソース [54]	8.5%	（さらっとしている）
濃口醤油	14.5%	醤油は色の薄いほうが塩分高め
薄口醤油	16%	
死海	20～30%	底のほうが濃い

53）感覚的には、濃度が濃いということはそれだけ溶けている食塩の量が多いということですから、密度も高くなることは納得がいくと思いますが、前頁の注にあるように、一般にある量の物質が水に溶けたときの体積増加は物質の種類によって異なるため、濃度と密度の関係を数式で表すことは困難です。

人間の体の密度は、ほぼ 1.0g/cm³ です。これはほぼ真水の密度に等しいため、基本的には真水であっても人の体はぎりぎり水に浮きますが，肺の空気を出し切って体の体積が小さくなってしまったり、水を飲んでしまって重量が増えてしまったりすると、人間のほうが真水よりも密度が大きくなり沈んでしまいます [55]。また、筋肉のほうが脂肪よりも重いため、筋肉量の多い人も浮きづらいです。逆に赤ちゃんは脂肪分が多いため、密度が小さく水に浮きやすいです。

　一方、死海の密度は約 1.3g/cm³ もあります [56]。これは人体よりも 30 ％も高いため、人がちょっと本を持ったくらいではまったく沈みません。

　また、たとえば、密度がちょうど 1.0g/cm³ で体重 70kg の人が 24kg の鉄製のベルトのようなものを腰に巻いたとても、死海では浮いていられます。

　鉄の密度は 7.8g/cm³ 程度（287 頁）ですが、8g/cm³ ということにして計算してみると、24kg の鉄製ベルトの体積は 3000cm³、70kg の人の体積は 70000cm³ です [57]。よって「人 + 鉄製ベルト」の密度は

$$\frac{70000\,[\mathrm{g}] + 24000\,[\mathrm{g}]}{70000\,[\mathrm{cm^3}] + 3000\,[\mathrm{cm^3}]} = \frac{94000}{73000}\,[\mathrm{g/cm^3}] = 1.287\cdots[\mathrm{g/cm^3}]$$

となり、死海の密度（約 1.3g/cm³）をわずかに下回るからです。

54）ちなみにウスターソースのウスターはイングランドのウスターシャー州の都市名ウスターから来ています。

55）そのため溺れそうなとき「助けて～」と叫んでしまうと、肺の中の空気がなくなって、余計に沈みやすくなってしまうので気を付けてください。

56）死海には、食塩（塩化ナトリウム）の他、塩化マグネシウムや塩化カルシウムなども溶けています。

57）鉄製ベルトの体積 $= \dfrac{24\,[\mathrm{kg}]}{8\,[\mathrm{g/cm^3}]} = \dfrac{24000\,[\mathrm{g}]}{8\,[\mathrm{g/cm^3}]} = 3000\,[\mathrm{cm^3}]$

　　人の体積 $= \dfrac{70\,[\mathrm{kg}]}{1.0\,[\mathrm{g/cm^3}]} = \dfrac{70000\,[\mathrm{g}]}{1.0\,[\mathrm{g/cm^3}]} = 70000\,[\mathrm{cm^3}]$

⚠️食塩水と浮力

　体積が 100cm³ で、重さ 150g のおもりをばねばかりに吊るし、真水と食塩水にそれぞれ沈めてみましょう。真水の密度は 1.0g/cm³、食塩水の密度は 1.1g/cm³ ということにします。

　水中の物体にはたらく浮力は、その物体と同じ体積の水の重さ(にかかる重力)に等しい(319頁)ので、真水の中のおもりにはたらく浮力は、$1.0\,[\mathrm{g/cm^3}] \times 100\,[\mathrm{g/cm^3}] = 100\,[\mathrm{g}]$、食塩水中のおもりにはたらく浮力は $1.1\,[\mathrm{g/cm^3}] \times 100\,[\mathrm{g/cm^3}] = 110\,[\mathrm{g}]$ です。

　もともとおもりの重さは 150g なので、ばねばかりの目盛りは下のイラストのようになります。

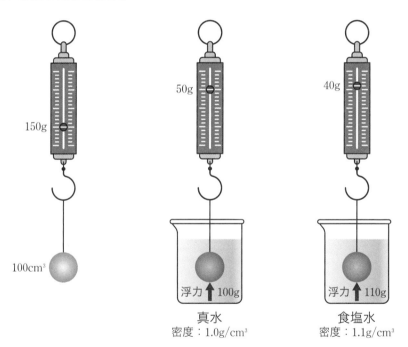

150g

100cm³

50g

浮力 ↑ 100g

真水
密度：1.0g/cm³

40g

浮力 ↑ 110g

食塩水
密度：1.1g/cm³

🔷 液体に浮いている物体の浮力　〜氷山の一角は何％？〜

　たまたま表面に現れたことが全体の一部分にすぎないことを「氷山の一角」と言いますが、実際に氷を水に浮かべたときは全体の何％が水面より上に出るのでしょうか？

　物体が水に浮いているとき、力のつり合いから

物体の重さ（にはたらく重力）＝ 浮力

という関係が成り立ちます。このことを利用して「氷山の一角」が全体の何％にあたるのかを計算してみましょう。

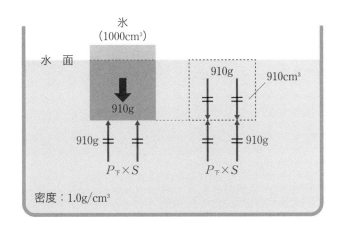

　体積が1000cm³で、密度は **0.91 [g/cm³]** の氷が水に浮かんでいることにします。この氷の重さは

$$0.91\,[\mathrm{g/cm^3}] \times 1000\,[\mathrm{cm^3}] = 910\,[\mathrm{g}]$$

密度 × 体積 ＝質量

なので、この氷にはたらく**浮力も 910 [g]** です[58]。

　319頁と同じように考えれば、この浮力は氷の底面にはたらく水圧と氷の底面積をかけたもの（$P_下 \times S$）になり[59]、それは**水面下にある氷と同じ体**

---

58) ここでも浮力の大きさを「重さ」で表しています。

59) 310頁と違い、今回は物体（氷）の上に水柱はないので物体を上から押す水圧による力（$P_上 \times S$）はありません。

積の水の重さ（にかかる重力）に等しいです[60]。

真水なら、密度は $1.0 [g/cm^3]$ なので 910g に相当する体積は $910cm^3$ であり、水面下の氷の体積は $910cm^3$、海水なら、密度は $1.02 [g/cm^3]$ 程度なので、910g に相当する体積は約 $883cm^3$ です[61]。

よって、$1000cm^3$ の氷の、水面上に出ている部分の体積は、

真水　→　$1000 [cm^3] - 910 [cm^3] = 90 [cm^3]$：全体の　**9％**

海水　→　$1000 [cm^3] - 883 [cm^3] = 117 [cm^3]$：全体の**11.7％**

となります。

一般に、液体の密度が大きいほうが浮力も大きくなるので、真水よりも海水のほうが水面上に出ている部分は多いです。いずれにしても**「氷山の一角」というのは、全体の 1 割程度**ですね。

60）このように、**水に浮かぶ物体にはたらく浮力は、物体の水面下部分と同じ体積の水の重さ（にかかる重力）に等しく**なります。このことを教科書・参考書などではよく「浮力 ＝ 物体が押しのけた水の重さ」と表現します。

61）$1.03 [g/cm^3] \times$ 体積 $[cm^3] = 910 [g] \Rightarrow$ 体積 $= 910 [g] \div 1.03 [r/cm^3] = 883.495\cdots [cm^3]$

▲ばねばかりと台ばかりにかかる力　～中学入試にチャレンジ～

　いよいよ、浮力の節の最後のトピックスです。

　まずは次の問題を考えてみてください。

【問題】

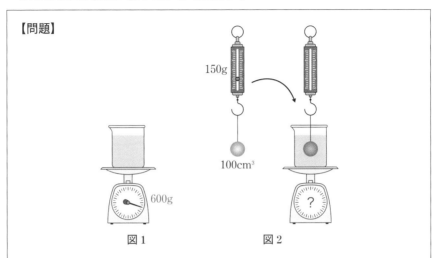

図1　　　　　　　　　　図2

　水の入ったビーカーが台ばかりの上に乗っていて、台ばかりの針はちょうど600gを指しています（図1）。

　このビーカーの中に、体積100cm³、重さ150gのおもりをつるしたばねばかりをそっと入れて水中で止めました（図2）。このとき、台ばかりは何gを示すでしょうか？　次のア～エの中から最も適当なものを1つ選んでください。ただし、水の密度は1.0 [g/cm³] とします。

　　ア　600g　　　　イ　650g　　　ウ　700g　　　エ　750g

　中学入試に頻出するタイプの問題ですが、まだこの単元を勉強していない小学生の多くはアの600gを選びます。図2のおもりはビーカーの底についていないので、おもりを水に入れても入れなくても台ばかりには影響しないだろうと考えるようです。確かに、もしビーカーの中に水が入っていなければ、宙に浮いているおもりのせいで台ばかりの針が動くということはありません。

　しかし、ビーカーの中が水で満たされている状況では、**おもりにはたらく浮力が台ばかりにも影響します。**

まず、図2の状態でばねばかりが何 g を指すのかを確認しておきましょう(ばねばかりについては、326 頁の真水と同じ状態です)。

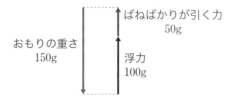

おもりの重さ
150g

ばねばかりが引く力
50g

浮力
100g

　今、ビーカーの中の水の密度は 1.0g/cm³ なので 100cm³ のおもりにはたらく浮力は 100g[62]。

　おもりの重さは 150g なので、ばねばかりが引く力は

$$150\,[\text{g}] - 100\,[\text{g}] = 50\,[\text{g}]$$

となり、ばねばかりは 50g を指します。

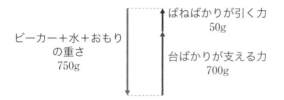

ビーカー＋水＋おもり
の重さ
750g

ばねばかりが引く力
50g

台ばかりが支える力
700g

　台ばかりというのは**「台」が支える力の大きさ**を測る装置です。今、「ビーカー ＋ 水 ＋ おもり」を一体にして考えると、下向きにはたらく力は重力だけであり、その大きさを「重さ」で表せば

$$600\,[\text{g}] + 150\,[\text{g}] = 750\,[\text{g}]$$

です。

　一方、「ビーカー ＋ 水 ＋ おもり」にはたらく上向きの力は「ばねばかりが引く力」と「台ばかりが支える力」です。「ばねばかりが引く力」は

---

62)「水中の物体にはたらく浮力はその物体と同じ体積の水の重さ(にかかる重力)に等しい」(319 頁)ので、おもりにはたらく浮力は、$1.0\,[\text{g/cm}^3] \times 100\,[\text{cm}^3] = 100\,[\text{g}]$ です。なお、ここでも力の大きさは「重さ」で表しています。[N(ニュートン)]で表したい場合は重力加速度(282 頁)をかけてください。

50g なので、台ばかりが支える力は、

$$750 \, [\text{g}] - 50 \, [\text{g}] = 700 \, [\text{g}]$$

となり、正解は**ウ**の「700g」です。

　「ビーカー ＋ 水」の重さは600g、おもりにはたらく浮力は100gですから、最後の結果（700g）は、

台ばかりが支える力 ＝「ビーカー ＋ 水」の重さ ＋ 浮力

になっています。

　これは、偶然ではありません。このように計算できる理由を確認しておきましょう。

　まず

　　　ばねばかりが引く力 ＝ おもりの重さ － 浮力

なので、これを「浮力 ＝ 〜」という式に変形すると

　　　浮力 ＝ おもりの重さ － ばねばかりが引く力

です[63]。このことを使えば

　　　台ばかりが支える力

　　　＝「ビーカー ＋ 水」の重さ ＋ おもりの重さ － ばねばかりが引く力

　　　＝「ビーカー ＋ 水」の重さ ＋ **浮力**

になるというわけです。

別解 ：「ビーカー ＋ 水」と「おもり」を分ける

　ところで「ビーカーと水とおもり」を一体にして考えることが納得できない（釈然としない）方のために、「ビーカー ＋ 水」と「おもり」を分けて考える別解もお伝えしておきましょう。

　ただし、以下の解法では「作用・反作用の法則」というものを使います。

---

63) $7 = 10 - \square \Rightarrow \square = 10 - 7$ のような変形です。

《作用・反作用の法則》

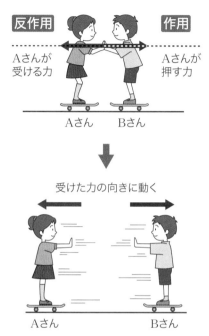

向きが反対で大きさが同じ力

反作用　作用

Aさんが受ける力　　Aさんが押す力

Aさん　Bさん

受けた力の向きに動く

Aさん　　　Bさん

　「ある物体 A が別の物体 B に力を加えるとき、B は A に対し同じ大きさの力を正反対の向きに加える」ことを作用・反作用の法則と言います（上のイラスト参照）。ニュートンが『自然哲学の数学的諸原理』の冒頭でかかげた「運動の三法則」のうちの第三法則です（280 頁）。なお「作用」とは、二つの物体の間で一方が他方に与えた力のことです。

　たとえば、人が地面を蹴って歩くことができるのは、地面を蹴る力の反作用として地面が人を押し返すからです 。

　作用・反作用の法則には一切の例外がありません。万有引力（重力）や磁石の力のように離れた物体どうしにはたらく力にも作用・反作用の法則は成り立ちます。リンゴの木からリンゴが落下するのは、リンゴに万有引力がはたらくからですが、実は地球もリンゴに同じ力で引っ張られています。すなわち地球もリンゴに対して同時に「落下」しているわけです。

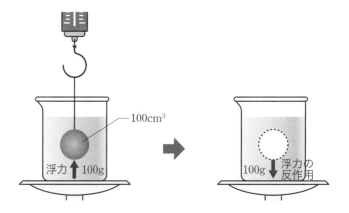

100cm³

浮力 ↑100g

100g 浮力の反作用

水中のおもりは水から「浮力」を受けるわけですが、作用・反作用の法則により、おもりもまた同じ力(＝浮力の反作用)で水を押し返しています。

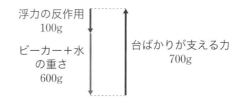

浮力の反作用
100g

ビーカー＋水
の重さ
600g

台ばかりが支える力
700g

「ビーカー ＋ 水」にはたらく力のうち、下向きの力は「ビーカー ＋ 水」の重さ(重力) ＋ 浮力の反作用であり、上向きの力は台ばかりが支える力です。これらがつり合っていますので、

台ばかりが支える力 ＝「ビーカー ＋ 水」の重さ＋浮力の反作用
$$= 600 \,[\mathrm{g}] + 100 \,[\mathrm{g}]$$
$$= 700 \,[\mathrm{g}]$$

ということになるのです。

パスカルの説得術

●「定義」「公理」「論証」の３本柱

圧力の単位にその名前が使われている**ブレーズ・パスカル**は空気には質量があることに気づいたり、「パスカルの原理」を発見したりすることによって、流体力学の扉を開きました。実際、「パスカルの原理」は現代風の静止流体の定義を言い換えたものでした（299頁）。

パスカルは17世紀のフランスで活躍した哲学者であり、数学者、物理学者、神学者でもあった人です。当時はいろいろな分野を横断的に研究する人は珍しくありませんでしたが、パスカルが人類を代表する「知の巨人」であったことは確かでしょう。

そのパスカルが『幾何学的精神（esprit géométrique）』[1]という著作の中で「説得術について」という一文を遺しています。

そこに書かれているのは、**自然科学全体を支える精神**のようなものであり、論理的に議論を進めて相手を説得するための王道です。物理も数学も化学も、この「精神」に寄り添い従うことで発展してきました。「パスカル繋がり」ということで、このコラムではその内容を紹介させてください。

パスカルの「説得術」は大きく分けて**「定義」**と**「公理」**と**「論証」**の３本の柱について書かれています。

●「定義」は大事だが、こだわりすぎてもダメ

定義とは「物事の意味や内容を言葉で明確に限定したもの」です。パスカルは定義ついて、次の３つを守る必要があると言っています。

《定義について》
① これ以上明白に言いようがない用語については、無理に定義しようとしない
② 少しでも不明なところが残る用語については必ず定義する
③ 用語の定義に用いる言葉は意味が明白な言葉に限る

---

1) 幾何学的精神は、パスカルの用語で、いくつかの原理から推論を重ねていく合理的な態度のことを言います。パスカルの主著である『パンセ』の冒頭にも同様の内容が収められています。

たとえば「子供の理系離れ」について議論しようとするとき、自分は「子供」を小学生くらいまでと考えているのに、相手は大学生までを含めた学生全般を「子供」と考えていたら、当然議論は噛み合わず、不毛なものになってしまいます。言葉の意味を取り違えていたら、相手を説得することなどできません。

だからこそ議論を始める際には、②や③に気をつけて、この言葉はこういう意味で、これ以外の意味はありませんとしっかり伝える必要があるのです。

ただし、言葉の定義にこだわりすぎるとそれはそれで支障が出てきます。

試しに「右」という言葉を説明しようとしてみてください。きっと簡単ではないことに気づくでしょう[2]。議論に使う言葉の意味を最初にしっかりと定義しておくことは論理的であるために最も大切なことではありますが、だからと言って、「右」のように勘違いのしようがないような言葉まであらためて定義しようとすると時間がかかり、肝心の議論を進めることができなくなってしまいます。だからパスカルは①で誰にとってもその意味が明白な言葉については「無理に定義しようとしない」と言っているのです。

●「公理」は「定理」ではない

言葉の定義についての①と同じことは**命題**についても言えます。

命題というのは「三角形の内角の和は180°である」や「富士山は日本一高い山である」のように「客観的に真偽が判定できる事柄」のことです。「カレーは美味しい」や「1万円は高い」のように、好みや立場・状況等によって判断が異なるものは命題とは言いません。

言ってしまえば、論理的な議論というのはいつも「ある命題が真であるか偽であるか」を決めるために行います。

ある命題を証明しようとするとその論証のよりどころになった命題をさらにまた証明する必要が出てきます。これを繰り返すとやがて非常に単純な、真偽がきわめて明白な命題にたどりつくことは想像がつくでしょう。

---

2) 広辞苑には「南を向いた時、西にあたる方」と書いてあります。他にも「この辞典を開いて読む時、偶数頁のある側」とか「心臓がある体の側が左でその反対が右」と書いてあるものもあります。

しかし、その「きわめて明白な命題」を立証しようとすると、「右」を定義しようとしたときと同様の困難が生じます。これに多くの時間と労力を割いてしまい、本来論証すべき事柄にたどり着けなくなってしまっては、本末転倒です。

そうならないために、もうこれ以上は遡って証明する必要はないという議論の「出発点」を示しておく必要があります。それが「公理」です[3]。

たとえば、電車の中において携帯電話で通話することの是非を議論する際、「電話で話す声が聞こえてくるのは不快であり迷惑である」という主張に対して、「いや、友人どうしが乗り合わせて会話している分には特に耳障りではないのだから、目の前にいる友人に話す程度の音量で通話すれば迷惑でない」という反論はあり得るでしょう。

しかし、こうした議論の最中に「なぜ他人に迷惑をかけてはいけないのか?」などと言い出したら、議論が大きく後退してしまいますね。やはりここは「他人に迷惑をかけてはいけない」ということは公理（前提）として約束しておきたいわけです。

「公理」を意味するギリシャ語の「アキシオーマタ」は「是認されるべき事柄」という意味を持ちます。平たく言えば、公理とは議論を進める上で、これだけは前提として認めることにしましょうという共通の認識のことを言います。

パスカルは公理について2つのことを書いています。

《公理について》
① 必要な原理はそれを認めるかどうかを必ず確認する
② より簡単に言うことは不可能な、どう考えても正しい事柄のみを「公理」とする

---

3) 「公理」は議論の前提として認めるものなので、正しさを証明する必要はありません。一方、（よく似た言葉ですが）「定理」というのは「正しいことが証明されたもののうちよく知られているもの」のことです。証明されたものでなければ「定理」ではありません。

●「論証」の3ルール ～だれとでも論理的に議論できる～

パスカルは論証については次の3点を注意するように言っています。

《論証について》
①　それを証明するためにより明らかなものを探すことが無駄なほど明証的なことがらについては、これを論証しようとしない
②　少しでも不明なところがある命題はすべて証明しなければならないが、証明に使える命題は公理か、あるいは既に正しいことが証明された命題に限る
③　ある概念を証明しようとする際、用語の定義にあいまいさがないことを確認するために、用語はいつもその定義で置き換えてみる

生まれ育った環境や価値観の違う人間が集まったとき、以上のことを守らなければ、論理的に議論を進めることはできません。特に使う言葉の意味を明確に定義するとともに、議論の出発点となる公理を最初に示すことは論理的であるために欠かせないことです。

●パスカルに影響をあたえたユークリッド『原論』

以上がパスカルの説得術の要点ですが、実はこれらはパスカルのオリジナルというわけではありません。結局、パスカルの説得術というのは、自明のものを除いてすべての言葉を定義し、自明でない事柄はすべて証明しつくすという方法です。これは古代ギリシャ人が幾何学(図形に関する数学)を築くのに用いた方法そのものです。

彼らはいくつかの公理を設定しておいて、そこから非常に多くの定理を導きました。だからこそ、パスカルは「説得術について」をおさめた本に『幾何学的精神』というタイトルをつけたわけです。

パスカルがこの方法こそ最高の説得術だと考えていたのは、彼が**ユークリッドの『原論』**を学んだからだと思われます。

『原論』は、古代エジプトのギリシャ系の数学者、天文学者であった**ユークリッド**が編纂しました。ただし、ユークリッドはこの本の中で、自身が
(紀元前3世紀頃?)
発見した新しい事実をまとめたわけではありません。

「定義→公理→(正しい)命題→結論」という論理的思考の方法を最初に

明言したのは、哲学者の**プラトン**だったと言われています。
_(紀元前 427− 前 347)

　ユークリッドはプラトンのこの思考法を用いて、それまでに**ピタゴラス**
_(紀元前 582− 前 496)
とその弟子たちのもとで大きく発展した幾何学や数論(整数についての数
学)を、見事に体系立てて記述しました。そうして出来上がったのが『原
論』です。

　『原論』は、最古の数学テキストであると同時に、今日でもなお現役の
教科書として世界中で使われている驚異の大ベストセラーです。聖書を除
けば『原論』ほど世界に広く流布し、多く出版されたものはないでしょう。
余談ですが、15 世紀にグーテンベルクによって活版印刷が発明された後、
初の幾何学図版付きの本として出版されたのもこの『原論』でした。

　少なくとも欧米ではすべての知識階級が『原論』の影響を受けていると
言っても過言ではありません。たとえば前述(234 頁)の『自然哲学の数学
的諸原理』においても、ニュートンは、微分・積分を用いて考察・論証し
たものを、すべて等価な幾何学的証明に置き換えています。わざわざそん
なことをしたのは、『原論』に準じた形を取ることで世間の批判を避けよ
うとしたからだろうと言われています。

　私が本書を書くにあたって見本にしているのも『原論』のスタイルです。
　使う用語の定義(や語源)を明らかにし、誰にとっても明らかなこと以外
は(しつこいくらいに)できるだけ詳しく説明してきたつもりです。ただ、
その中で何を「誰にとっても明らかなこと」とし、どこまで遡って説明す
るかについてはいつも頭を悩ませてきました。「行間を埋める」というの
が「ふたたびシリーズ」のすべてに共通するコンセプトなので、自明とし
て説明を省くことは極力避けていますが、パスカルの言うように、これが
行き過ぎると議論が滞ってしまうからです。

　基本的には、四半世紀にわたる教師としての経験を活かし、学習者の方
が「つまずきやすいところ」は漏れなく拾うように注意しながら、ここま
では遡る(これ以上は遡らない)というラインを決めてきました。

　果たしてその線引きはうまくいっているでしょうか…。こればかりは、読
者の皆様の判断に委ねるしかありません。

第 8 章

物体の運動原理

日時計・水時計・ゼンマイ時計

　人間は文化・文明をもつずっと前から、地平線に沈む夕日を見て、あるいは変わりゆく星空を眺め、時の移ろいを意識したことでしょう。日常生活の中では空こそが最も人に「無常」を感じさせてくれたはずです。

　そんな中、人類が最初に手にした時計が「日時計」だったのは当然の成り行きでした。今から約 6000 年前、エジプトではすでに日時計が使われていたことがわかっています。日時計は、地面に立てたグノモン[1]の影の位置や長さでおおよその時刻を知らせます。エジプトは日本と同じ北半球にあるため、太陽が東から昇って西に沈むとき、地面に立てた投影棒の影は右回りになります。現在の「時計回り」が右回りなのは、日時計が発達したのが北半球だったからだと言われています[2]。

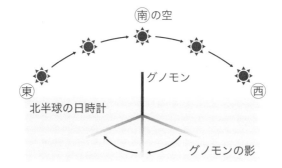

　ただし、当然のことながら日時計は太陽が出ていなければ使えません。そこで、紀元前 1550 年頃にはやはりエジプトで水の流れる量を一定にする工夫をすることで時間を測る「水時計」が考案されました。

　余談ですが、大化の改新で有名な「中大兄皇子」こと天智天皇が、日本で初めて時刻を知らせる鐘を打ち鳴らしたときに使ったのは「漏刻」と呼ばれる水時計でした。その日は、今の暦で 671 年の 6 月 10 日だったことから、6 月 10 日は「時の記念日」にされています[3]。

---

1) 日時計の影を作る投影棒のことをグノモン(Gnomon)と言います。グノモンには、古代ギリシャ語で「指示する者」や「識別する者」等の意味があります。
2) 投影棒の影の動きについては、いずれ「地学編」の「日影曲線」のセクションで詳しくお話しします。
3) 「時の記念日」は法定された国民の祝日ではありません。6 月は国民の祝日がないため、6 月 10 日を国民の祝日にしたらどうかという意見が根強くあります。

その後、ロウソク等の燃える速さ(ロウソクが短くなる速さ)が安定している物質を利用して時を計る「燃焼時計」や、砂時計も発明されましたが、どれも誤差が大きいのが難点でした。

時計精度の向上には、著名な物理学者がたくさん力を貸しています。

中でも画期的だったのは、イタリアの**ガリレオ・ガリレイ**による「振り子の等時性」の発見でした。そのときの有名なエピソードを紹介しておきましょう[4]。

> 若きガリレオはある日の夕刻、ピサの大聖堂に入り、薄暗がりの中で天井から吊るされたランプが揺れるのを何気なく見ていました。そのうちにガリレオはランプが大きく揺れるときは最下点でのスピードが速く、小さく揺れるときは最下点でのスピードが遅いことに気づきます。気になって自分の脈を頼りに「時間」を測ってみたところ、ランプが1往復にかかる時間は常に同じでした。こうしてガリレオは**「振り子はその振れ幅が大きくても小さくても1往復にかかる時間は同じである」**という「振り子の等時性」を発見しました。

しかし、ガリレオ自身もガリレオの息子も振り子を使った時計の開発には失敗しています。「振り子の等時性」は、振れ幅が大きすぎると成り立たなくなることが最大の原因でした。

●ひげゼンマイを使ったホイヘンスの「テンプ時計」

この誤差を補正する工夫を加えた「振り子時計」を完成させたのは、オランダの**クリスティアーン・ホイヘンス**[5]です。

振り子時計の誕生により時計の精度は飛躍的に向上し、それまでは時針

---

4) ただし、実際にはこうした記録は残っておらず、このエピソードは後世の伝記作家による創作のようです(1583年にまだ学生だったガリレオが「振り子の等時性」を発見したのは事実です)。
5) ホイヘンスは、土星の環(輪っか)の発見や光の反射・屈折の法則(第2章)を説明する「ホイヘンスの原理」などの功績を残した偉大な数学者・物理学者・天文学者です。

（今で言う短針）だけだった時計に、分針（今で言う長針）や秒針も加えられ
ました。

　ホイヘンスは振り子時計だけでなく、いわゆる「テンプ時計」の開発に
も成功しています。

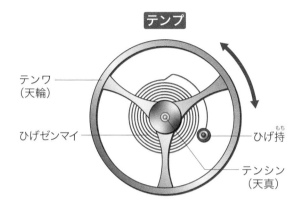

　「テンプ[6]」というのは「ひげゼンマイ」と「テンワ（天輪）」と呼ばれ
る円形の部品からなる上のイラストのような装置のことです。

　ばねの伸縮には等時性（一定の時間間隔を生み出すはたらき）があること
に気づき、振り子の代わりに使えるのはないかと考えたのは、フックの法
則（193頁）でも有名なイギリスの**ロバート・フック**でしたが、薄い金属
　　　　　　　　　　　　　　　　　　　　（1635−1703）
板をうずまき状にした「ひげゼンマイ」を使ったほうが時計の小型化や弾
性[7]を利用した振動に有利であることに気づいたのはホイヘンスでした。
ホイヘンスは1675年にうずまき状のひげゼンマイを使った「テンプ時
計」の特許を取得しています。

　テンプが振り子の代わりになるのは、ひげゼンマイが巻き上げられたり、
ゆるんだりする運動に等時性があり、これが反復されるからです。次頁の

---

6)「時間」を意味するポルトガル語の tempo（テンポ）に由来します。
7)「弾性」とは、外力によって変形させられた物体がもとの形に戻ろうとする性質のこと
　です（193頁）。ちなみに、ばねのことは漢字では「発条」と書きますが、「弾機（だんき）」
　と言うこともあります。うずまき状のばねである「ゼンマイ」は「ゼンマイばね」の
　略で、芽生えのときの穂先がうずを巻く山菜のゼンマイ（シダ植物の一種）に似ている
　ことに由来しています。ひげゼンマイはゼンマイの中でも特に小型のゼンマイのこと
　を指します。

イラストのひげゼンマイは、左回りのときにゆるみ（②〜④）、右回転のときに巻き上げられて（⑥〜⑧）います。

テンプを使うことで時計は小型化し携帯できるようになりました。今でも高級腕時計の多くには同様のしくみをもつテンプが「時計の心臓」として使われています。

振り子時計とテンプ時計の開発に成功したホイヘンスは「機械時計の父」とも呼ばれています。

振り子時計やテンプ時計の誤差はおよそ5分に1秒程度ですが、この精度を1ヶ月で1秒程度にまで高めたのが、現代のほとんどの時計に利用されているクオーツ（水晶）です[8]。クオーツ時計には電圧をかけると正確に振動する水晶の性質が利用されています。

1964年の東京オリンピックでは、日本のセイコー（SEIKO）が提供するクオーツ時計が大会公式時計として採用されました。世界で初めて実用化されたクオーツ時計でした。その後、セイコーは世界初のクオーツ腕時計の開発にも成功しています。

テンプの反復運動
ひげゼンマイ

① 静止

②

③

④

⑤ 静止

⑥

⑦

⑧

① 静止

第8章
物体の運動原理

8）電圧による水晶振動の発見は、キュリー夫人（1867–1934）の功績なので、現象としては古くから知られていましたが、安定した振動が得られる原理がわかったのは、つい最近のことです。2015年に、名古屋市立大学の青柳忍氏が水晶を構成する原子の運動を観測することに世界で初めて成功し、これにより振動のしくみが明らかになりました。詳細は本書のレベルを大幅に超えてしまうため割愛させていただきます。

振り子

△振り子の基本

振り子に関する基本を確認しておきましょう。

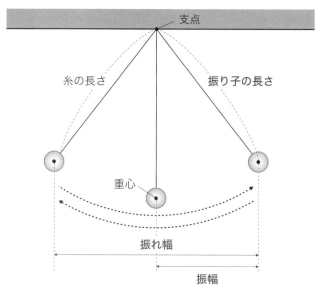

振り子においておもりが1往復するのにかかる時間を**周期**と言います。また、支点から**おもりの重心** [9]までの長さを**振り子の長さ**と言います。ここで振り子の長さは、糸の長さとは違うので注意してください（上のイラスト参照） [10]。

「振れ幅」と「振幅」は似た言葉ですが、意味が少し違います。上の図にあるように、**振れ幅**はおもりが動く端から端までの幅のことを指すのに対し、**振幅**は中央から端までの幅を指します。よって振幅は振れ幅の半分

9）「重心」というのは、物体全体にはたらく重力がその一点にはたらくと考えられる点のことです。たとえば、文具の下敷きを指一本で支えたい場合、ちょうど重心の位置に指を置かないと支えることができません（ただし、実際は指先に摩擦があるので重心から多少ずれても支えることはできます）。

10）後述（349〜350頁）するように、振り子の周期は「振り子の長さ」で決まり、おもりの重さには関係ありません。しかし、振り子に3個のおもりをつるすとき、そのままタテに3個おもりをつなぐと「糸の長さ」は同じでも「振り子の長さ」が変わるので周期が変わってしまいます。

になります [11]。

　振り子の**周期**は（振れ幅が大きすぎる場合をのぞき）**「振り子の長さ」に よって決まり、おもりの重さや振れ幅（あるいは振幅）には関係ありません。** これを振り子の**等時性**と言います。

☁振り子の等時性の「限界」

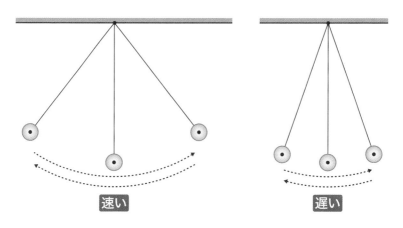

　それにしても、なぜ「振り子の等時性」は成立するのでしょうか？

　振り子の振れ幅が大きくなればなるほど、1往復にかかる時間（周期）が 長くなりそうな気がするかもしれません。でも実際は、振れ幅が大きけれ ばその分おもりはたくさん加速し、最下点でのおもりの速さは振れ幅が小 さいときより速くなります。振れ幅が大きいと長い距離を移動しなくては いけませんが、速く動けるので、結局1往復にかかる時間は振れ幅が大き くても小さくてもあまり変わらない、というわけです。

　「でもだからと言って、1往復にかかる時間がまったく同じというのは 納得できない」という声が聞こえてきます。

　確かに、そのとおりです。

11）ただし、小中学校の理科においては、用語の統一が図られていないようです。参考
　　書等では、本来は「振幅」であるものを「振れ幅」と呼んでいる場合があります。小
　　中学生には、しっかりと問題文を読んで、なにを「振れ幅」や「振幅」と呼んでい
　　るのかを確認しましょう、と注意してあげたほうがよいでしょう。

というより（前述のとおり）、実際のところ、**振れ幅が大きくなりすぎる
と、振り子の等時性は崩れます**。ホイヘンスは振り子についての研究を進
めるうちにこのことに気づきました。そして、おもりが円弧 [12] ではなくて、
ある曲線に沿って運動するならば、いかなる場合も完ぺきな等時性が成立
することを突き止めます。その曲線は、「**サイクロイド [13]**」と呼ばれる曲
線です。

　サイクロイドというのは、円が直線上をすべらずに回転するときに、円
周上の定点Ｐが描く曲線のことです。

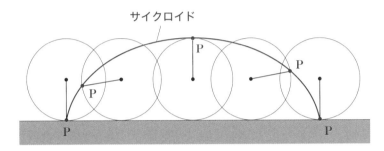

サイクロイド

　上のサイクロイドを上下逆さまにしたような斜面を用意し、その斜面の
好きな高さからボールを転がすと、ボールが最下点に達するまでにかかる
時間は常に一定になります（下のイラスト参照）[14]。

　このため、物理ではサイクロイドのことを「**等時曲線**」あるいは「**等時
降下曲線**」と言います。

等時曲線（サイクロイド）

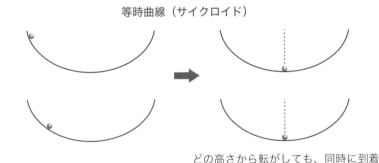

どの高さから転がしても、同時に到着

12）円周の一部分。
13）円（cycle　サイクル）が回転してできる曲線であることに由来します。
14）ただし、斜面に摩擦がないことと空気抵抗を無視できることが条件です。

下の図にあるように、振り子の振れ幅が小さいうちは、おもりが通る曲線（黒の円弧）とサイクロイド（赤い曲線）はほぼ重なります[15]。その「ほぼ重なっている範囲」に、振り子のおもりがあるときは等時性が成り立ちますが、それ以上に振れ幅が大きくなると、一往復にかかる時間は一定にはなりません。具体的に言うと、おもりが最高点に来たときの糸と鉛直方向（おもりが最下点にきたときの方向）との角度が**おおむね 40° 以下ならば「振り子の等時性」は成り立つ**と考えられています。

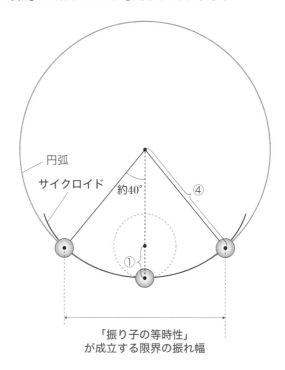

円弧
サイクロイド
約40°
④
①
「振り子の等時性」
が成立する限界の振れ幅

　ちなみに、次頁の図のようなサイクロイドの形をした天井から糸をつるして振り子を作ると、振り子のおもりは、サイクロイド曲線を描くようになるので、どんなに振れ幅が大きくなっても完ぺきな等時性（周期が一

---

15) 黒の円弧の半径は、サイクロイドを描くために転がした円の半径の4倍になっています。そうすれば「振り子の等時性」が成立する場合の周期と、等時曲線（サイクロイド）の上を物体が行ったり来たりするときの周期が一致します（計算過程は難しいので割愛します）。

定間隔になる）が成り立ちます。このような振り子を「サイクロイド振り子」と言います。

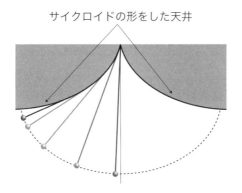

サイクロイドの形をした天井

♻振り子の周期はなにによって決まる？

　ここまでで、振り子の周期は（振れ幅が大きくなりすぎない限り）振り子の振れ幅にはよらないことわかりました。それでは、**振り子の周期はなにによって決まるのでしょうか？**

　ここに、**「おもりの重さ」**を変えて振り子の周期を調べてみた実験結果があります。

　なお、実験では「10 往復にかかる時間」を測り、これを 10 で割ることで周期を算出しています。これは、複数回の平均を考えることで**誤差を少なくする**ためです。

　また、以下では空気抵抗は無視できるものとします。

《おもりの重さと周期の関係》

おもりの重さ	10往復にかかる時間	周期 （1往復にかかる時間）
10g	20.1秒	2.01秒
40g	20.1秒	2.01秒
90g	20.1秒	2.01秒
160g	20.1秒	2.01秒

（振り子の長さ：1.0m）

　このように、おもりの重さを変えても周期は変わりません。振り子の**周期は、おもりの重さとは無関係**なのです。

　このことは、空気抵抗を無視すれば、物体の落下する速度は、物体の質量には無関係であることに関連しています[16]。

　次は、「**振り子の長さ**」を変えて周期を調べてみた実験結果です。

《振り子の長さと周期の関係》

振り子の長さ	10往復にかかる時間	周期 （1往復にかかる時間）
25cm	10.0秒	1.00秒
100cm	20.1秒	2.01秒
225cm	30.1秒	3.01秒
400cm	40.1秒	4.01秒

（おもりの重さ：40g）

×4　×9　×16　／　×2　×3　×4

　今度は、周期に違いが出ました。

　振り子の長さが4倍（2×2倍）、9倍（3×3倍）、16倍（4×4倍）…になると、**周期はおよそ2倍、3倍、4倍**…になっています。

　上の表は実験結果なので誤差を含みますが、理論上は

16）「物体の落下」については、後ほど改めて説明します（360頁）。

振り子の長さが n^2 倍 ($n \times n$ 倍) ⇒ 周期は n 倍

というキレイな関係があります。

　余談ですが、時計やスマホがないときに1秒の長さを知りたいときは、「振り子の長さ」が25cmになるように5円玉などに糸をつけて、小さな振れ幅で揺らしてみてください。1往復にかかる時間（周期）がほぼ1秒です [17]。これをアウトドア等で行うためには、自分の体のどこかの長さをあらかじめ知っておくといいでしょう（私の場合は、手を思いっきりパーにしたときの親指の先端から小指の先端までの長さが約25cmです）。

[補足] 振り子の周期を表す数式

　高校の物理と数学を学べば、振り子の周期を数学的に導出できるようになります。それには運動方程式、単振動、三角関数、微分・積分などの理解が必要になるので、ここではその結果だけを紹介したいと思います。振り子の周期を T[秒]とすると、振れ幅が大きすぎない（振り子の等時性が成立する範囲内にある：347頁）とき、

$$T = 2\pi \sqrt{\frac{l}{g}}$$

です。

　ここで、π は円周率、l[m]は振り子の長さ、g[m/s²]は重力加速度 [18] です。π と g は定数なので [19]、**振り子の周期 (T) は振り子の長さ (l) だけで決まる**ことがわかります。おもりの重さや振り子の振れ幅には関係ありません。さらに、周期 T は $\sqrt{l}$ に比例するので、l が n^2 倍になると、T が n 倍になることもわかります。参考までに、この理論式で計算した振り子の周期を表にしておきます。

---

17) 理論上は 1.003544… 秒。

18) $g = 9.8$[m/秒²]。282頁参照。

19) 月は重力加速度 (g) の大きさが地球の約 $\frac{1}{6}$ 倍になるので、振り子を月面に持っていくと、周期は、地球上と比べて約 $\sqrt{6}$ 倍になります。

周期の計算式	g（重力加速度）[m/秒²]	l（振り子の長さ）[m]	T（周期）[秒]
$T = 2\pi\sqrt{\dfrac{l}{g}}$	9.8	0.25	1.003544962…
		1.00	2.007089923…
		2.25	3.010634885…
		4.00	4.014179846…

♻振り子の運動の対称性

実際に振り子を揺らしてみると実感できると思うのですが、振り子の運動には**対称性** [20] があります。

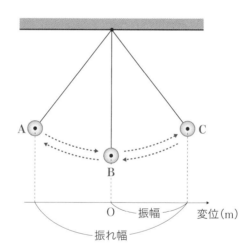

上の図で、振り子がAからスタートしてBに達するまでにかかる時間は、その後、BからCまでにかかる時間と同じです。折り返してからも同様なので結局、おもりのA→B、B→C、C→B、B→A の移動にかかる時間はすべて同じです。

次頁のグラフ [21] は、周期が 2.0 秒の振り子のおもりが、時間とともにどのように運動するのかを表しています。

周期が 2.0 秒なら、A→B、B→C、C→B、B→A の各区間を移動

20）ここで言う「対称性」とは、振り子の運動をビデオに撮って普通に再生しても、逆回しに再生しても同じ運動に見えるということです。

するのにかかる時間は、それぞれ0.5秒です。

　なお、下図の縦軸が示す「変位」とは、おもりが最下点からどれだけ水平方向に指導したかを表しています。最初、A地点が負の値[22]からスタートしているのは、おもりの最下点を原点として右向きを正としたからです。

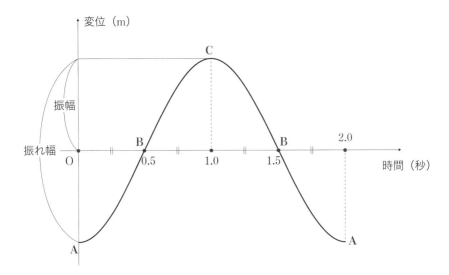

21）これは三角関数（高校の数IIで学習）のグラフです。このように三角関数ひとつで表せる運動を**「単振動」**と言います。振れ幅が「振り子の等時性の限界」の範囲（347頁の図）にある振り子の運動は、単振動であるとみなすことができます。
　一般に、ひとつの定点のまわりを一定の周期を持って揺れ動く運動を「振動」と言い、中でも振動のはじまる瞬間にだけ外力がはたらき、後は復元力だけで続く振動のことを「自由振動」と言います。減衰のない自由振動は必ず単振動になります。なお、減衰がある自由振動、等時性が成立しないほど振れ幅が大きすぎる振り子の運動（一定の周期にならないため振動とは呼べない）、振動の途中に外力を加える「強制振動」等は三角関数ひとつで表すことができないため、単振動にはなりません。
22）「負の数」は、中学1年の数学で勉強します。定規のように端に「0」がある場合は負の数は登場しませんが、気温計のように、中央ではないところに「0」がある場合は、「0」より小さい値として「負の値」が登場します。

ここで、振り子に関する中学入試の問題をご紹介します。

【問題：開成中学】（筆者改題）

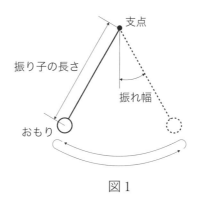

図 1

　図1のように[23]、ひもにおもりをつけて、左右にふれるようにしたものを、振り子と言います。振り子が1往復する時間が何によって決まっているのかを実験で調べてみたところ、「1往復する時間」は「振り子の長さ」によって、次の表のように変わることがわかりました。

振り子の長さ（m）	0.25	0.50	1.00	2.00
1往復する時間（秒）	1.01	1.44	2.02	2.80

　振れ幅やおもりの重さを変えた実験も行いましたが、「振り子の長さ」を変えない限り、「1往復する時間」の変化はありませんでした。ただし、振れ幅は30°を超えないようにしました。

---

23) このように、おもりが最高点にきたときのひもと鉛直方向（おもりが最下点にきたときの方向）の角度を「振れ幅」と言うこともあります（345頁の脚注参照）。

以上の結果を発展させ、次の実験 1、実験 2 を行いました。

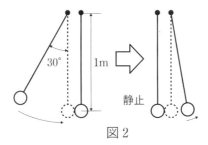

図 2

振り子を 2 つ用意し、振り子は両方とも、おもりの重さを 50g、振り子の長さを 1m にして、振り子が静止しているときに 2 つのおもりがそれぞれのおもりの真横で接するように支点を決めました。

図 2 のように、右側の振り子を静止させておき、左側の振り子を静止する位置から 30°ずらしたところで手をはなしました。左側の振り子がふれ始め、右側のおもりにあたり、その直後左側の振り子が静止し、右側の振り子だけが右のほうにふれ始めました。

（問 1）

右側の振り子が動き出してから、次に 2 つのおもりがあたるまでの時間は何秒ですか？　もっとも近いものを次のア〜カの中から 1 つ選び、記号で答えなさい。

　　　　ア　1.00　　イ　1.50　　ウ　2.00
　　　　エ　2.50　　オ　3.00　　カ　3.50

実験 2

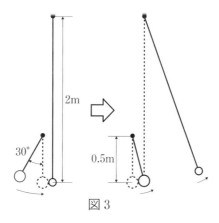

図 3

　図 3 のように、左側の振り子はおもりの重さを 50g、振り子の長さを 0.5m に、右側の振り子はおもりの重さを 30g、振り子の長さを 2m にして、それぞれのおもりの真横で接するように支点を決めました。実験 1 と同様に、左側の振り子を 30° ずらしたところで手をはなし、右側のおもりにあてると、その直後、両方の振り子がそれぞれ違う速さで右のほうにふれ始めました。

(問 2)

　右側の振り子が動き出してから、次の 2 つのおもりがあたるまでの時間は何秒ですか？　もっとも近いものを次のア〜カの中から 1 つ選び、記号で答えなさい。

　　　　ア　0.70　　　イ　1.00　　　ウ　1.40
　　　　エ　2.80　　　オ　4.20　　　カ　5.60

解答
(問 1)

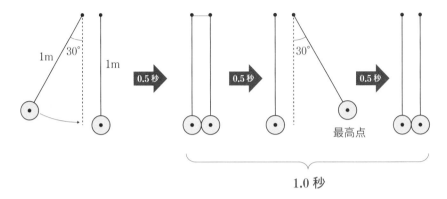

1.0 秒

　いわゆる「アメリカンクラッカー」のような状況になっています。

　問題文にある表(353 頁)から「振り子の長さ」が 1m のときの周期(1 往復する時間)はおよそ 2.0 秒です[24]。「振り子の対称性」(351 頁)から、左の振り子のおもりが最下点にくるまでにかかる時間は

$$2.0 \, [秒] \div 4 = 0.5 \, [秒]$$

とわかります。

　2 つのおもりが衝突した後、右の振り子が動き始めて、最高点に達するまでにかかる時間も 0.5 秒、再び最下点に戻ってくるまでにかかる時間もやはり 0.5 秒なので、右側の振り子が動き出してから、次に 2 つのおもりがあたるまでの時間は、

$$0.5 \, [秒] + 0.5 \, [秒] = 1.0 \, [秒]$$

であると考えられます。よって、**答えは…ア**。

---

24) 353 頁の表では「2.02 秒」になっていますが、これは実験結果なので誤差を含むと考えて、およそ 2.0 秒ということにしておきましょう。

(問2)

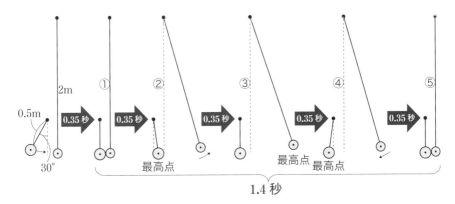

1.4 秒

問題文にある表(353 頁)から「振り子の長さ」が 0.5m のときの周期(1
往復する時間)はおよそ 1.4 秒です [25]。「振り子の対称性」(351 頁)から、
左の振り子のおもりが最下点にくるまでにかかる時間は

$$1.4 \, [秒] \div 4 = 0.35 \, [秒]$$

とわかります。

一方、「振り子の長さ」が 2.0m のときの周期は、問題文にある表(353 頁)
より、およそ 2.8 秒です。

やはり「振り子の対称性」から、右の振り子が動き始めて最高点に達す
るまでの時間は

$$2.8 \, [秒] \div 4 = 0.7 \, [秒]$$

とわかります。

今度は、2 つのおもりの重さが違うので、衝突した後、左の振り子も静
止することはありません [26]。

---

25) 353 頁の表では「1.44 秒」になっていますが、これも実験結果なので誤差を考えて、
およそ 1.4 秒ということにしておきましょう。なお、《実験2》では 2 つのおもりの
質量が違いますが、周期はおもりの質量には無関係なので、周期は「振り子の長さ」
だけで考えることができます。

そうなると「次に2つのおもりがあたるまでの時間」を出すのは難しいと感じるかもしれませんが、今回は右の振り子の「振り子の長さ」が左のちょうど4倍なので、右の振り子の周期は、左の振り子の周期のちょうど2倍になります[27]。

　前頁の図で言えば、③で右の振り子が最高点に達するまでの間(左の振り子の周期の半分の時間)に、左の振り子は一度最高点に達した後最下点まで戻ってきます。そして、⑤で右の振り子が最下点にきたとき(右の振り子の周期の半分の時間が経過したとき)、左の振り子は1往復して最下点まで戻ってきます。つまり、

　　左の振り子の1周期分の時間 ＝ 右の振り子の半周期の時間 ＝1.4 秒

が経過したとき、2つのおもりは再び衝突します。よって、**答えは…ウの1.40 秒**です。

　なお、左の振り子のおもりは、衝突後に動きが鈍(にぶ)くなるので、振れ幅は小さくなりますが、おもりの周期は「振り子の長さ」だけで決まるので、振れ幅が小さくなっても周期が変わることはありません[28]。

　参考までに「問2」における左の振り子(赤いグラフ)と右の振り子(黒いグラフ)の運動の様子を表したグラフを書いておきます。○囲みの数字は357頁の図と対応しています。参考までに、衝突がなかった場合の左の振り子の運動も点線で示します。なお、「変位」というのは、おもりが最下点から水平方向にどれだけ移動したかを表します。

---

26) 一方が動き、一方が静止している状態で2つの球が正面衝突するとき、2つの球が同じ質量ならば、動いていたほうは静止し、静止していたほうは動き始めます(ビリヤードで手玉が的球に正面から当たったときの様子を思い出してもらうといいかもしれません)。しかし、2つの球の質量が異なるときは、正面衝突しても、どちらかが止まってしまうことはありません。このことは、高校物理で学ぶ「運動量保存の法則」から導かれます。

27) 振り子の長さが n^2 倍($n \times n$ 倍)のとき、周期は n 倍です(349頁)。

28) 運動量保存則と力学的エネルギー保存則を用いて計算すると、衝突後に左の振り子が最高点に達したときの糸と鉛直方向の角度(本問でいうところの「振れ幅」)は約7.4°、右の振り子が最高点に達したときは約18.6°です。

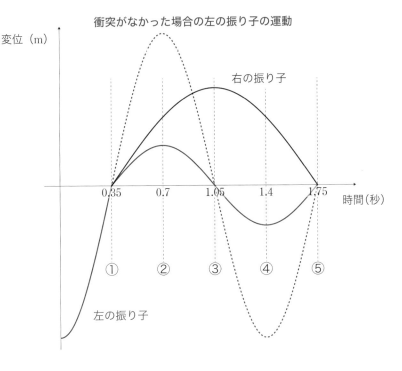

変位（m）

衝突がなかった場合の左の振り子の運動

右の振り子

0.35　0.7　1.05　1.4　1.75　時間(秒)

① ② ③ ④ ⑤

左の振り子

（永野の感想）

本問のような実験・観察をもとにして考えさせる問題は、開成中学の特色と言えます。

以前に比べると開成中学の理科の問題はやや易化し、理科で大きな差をつけるのは難しいと言われていますが、あくまでそれは開成中学受験生の中でのことであり、本問の特に「問2」は多くの小学生にとって難問であることは間違いありません。

ただし、くぎなどを挿して「途中で振り子の長さが変わる」次の図のような状況の問題は中学入試の頻出問題なので、そういった問題の訓練ができている子であれば正解したのではないでしょうか[29]。

---

29) この「途中で振り子の長さが変わる」振り子が1往復するのにかかる時間は、「振り子の長さ」が1.0mと2.0mであるときの周期をそれぞれ半分にして足し合わせればよいので、1.4秒＋1秒＝2.4秒です。また糸の長さが変わっても、最も高いときの高さが変わらないのは、力学的エネルギー保存則（後述368頁）が成立するからです。

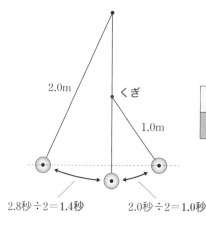

振り子の長さ（m）	1.0	2.0
1往復する時間（秒）	2.0	2.8

2.8秒÷2＝1.4秒   2.0秒÷2＝1.0秒

物体の落下

♻アリストテレスは考えた「重い物ほど速く落ちる」

　古代ギリシャのアリストテレスは、重い物体ほど速く落ちると考えました。

　彼は、各物体には「固有のあるべき場所」があって、重い物体ほどその固有の場所は空間の低い位置（あるいは地球内部の深い位置）であるとしました。

　そして、その場所にない物体は自身の場所へ回帰するために「自然的運動」を開始するのだと説きました。重い物体ほど速く落ちるのは、軽い物体より低い（深い）ところにある物体固有の「あるべき場所」に一刻も早く復帰しようとするためだと説明したのです。

　この説は長らく信じられてきましたが、**ガリレオ**はある思考実験[30]をもとに「おかしい」と考えました。ガリレオの思考実験はこうです。

　重い物体と軽い物体を糸で結んで落下させることを考えます。

　もし、アリストテレスの説が正しいとすると、軽い物体は重い物体より遅く落ちるので、重い物体は糸に引っ張られて単独で落ちるときよりも落

30）「思考実験」とは、実際に実験を行うわけではなく、頭の中でいろいろな条件を設定して、理論に基づいて考察することです。

下スピードが遅くなるはずです。一方、二つの物体を一つの塊とみなせば、全体の重さはむしろ重い物体一つのときよりさらに重くなっているので、落下スピードはより速くなるはずです。一つの現象が見方を変えるとまったく違う結果になるというのは矛盾します。そこでガリレオはアリストテレスの「重い物体ほど速く落ちる」という説を否定し、自らの手でさまざまな実験を行うことによって**物体の落下する速度は空気抵抗がなければ、質量に関係なく同じである**という事実を導き出しました。

　では、どうして私たちは「重い物体のほうが速く落ちる」と勘違いしてしまうことが多いのでしょうか？　それは、紙や葉っぱやピンポン玉のように、軽いという印象がある多くのものは密度（286 頁参照）が小さいため、質量に対して体積が大きくなりがちで、**空気抵抗の影響を多く受けてしまう**からです。

　物体の落下する速度が質量に関係ないことを実感するためには、硬貨を使うのがいいかもしれません。たとえば 1 円玉と 50 円玉の質量と直径を比べてみると、下記のようになっています。

	質量	直径
1 円玉	1.0g	20.0mm
50 円玉	4.0g	21.0mm

　直径は 5 ％しか違いません。質量は 4 倍も違いますが、空気抵抗の影響はほぼ同じであると言っていいでしょう。もし可能であれば、床に新聞紙などを敷いて（床が傷つかないように）、椅子の上などに乗って、同じ高さから 1 円玉と 50 円玉を落としてみてください。ほぼ同時に着地する様子が見られると思います [31]。

31）もし、大きく違うときは、片方だけ平べったい面（印字されている面）が下を向いた状態を保って（つまり大きな空気抵抗を受けながら）落ちてしまっているはずです。そんなときはどちらも平べったい面が下にならないようにして、何度か落としてみてください。そうすれば 50 円玉にだけ穴が空いてしまっている影響も小さくなります。

言うまでもなく地球上で物体が落下するのは物体に重力がはたらくからです。重力は落ち始めにだけはたらくのではなく、落下している**最中の物体にはずっと一定の大きさの重力がはたらき続けます** [32]。

　では、一定の力を受け続ける物体の運動はどうなるでしょうか？

　「一定の力を受け続けるのなら、一定の速度で運動し続けるはずだ」と思いますか？

　氷の上のように摩擦がほとんど無視できる状況を思い浮かべてください。アイススケートの初心者が誰かに背中を押されて滑り出すと、止まることがいかに難しいかを実感するはずです。たいていは尻もちをつくか、他の人やものにぶつかるまで一定のスピードでスーッと滑り続けてしまいます。

　ふだんの生活では、地面や床にはたいてい摩擦があるので、サッカーボールを蹴ったときも、机の上の消しゴムを指で弾いたときもボールや消しゴムはやがて止まります。こうした経験から、物体は力がはたらかないとやがて止まってしまうと考えるのは自然なことかもしれませんが、摩擦や空気抵抗等の運動をさまたげる力がはたらかないのであれば、一定の速度で運動を続けるために力は必要ありません。最初に何かしらの形で初速を与えてもらうだけで、その初速のまま一直線に動き続けます。これを**等速直線運動**と言います。

　物体に一定の大きさの力がはたらき続ける状況というのは、アイススケートがうまくなった人が、常に足で氷を蹴りながら進むようなものです。そうすると、スケーターはどんどん加速しますね？

　物体の落下についても、同じことが起こります。

♻自由落下における落下速度と落下距離

　空中で物体を手に持ち、そっと手を離したときの物体の落下を（つまり、**初速のない落下運動を**）「自由落下」と言います [33]。

---

32) もちろん、着地したあとも重力が消えることはありません。ずっと同じ大きさの重力がかかります。物体が静止していられるのは、地面からの支える力（垂直抗力と言います）を受けて、重力と支える力がつり合うからです。
33) 落下運動には他に「鉛直投げ上げ」「鉛直投げ下げ」「斜方投射」などと呼ばれるものがあります（すべて高校物理で詳しく勉強します）。

重力を受けながら落下する物体は（空気抵抗が無視できるのであれば）どんどん加速します。ただし、一定の力がはたらいている限り、加速度は一定となり[34]、**落下する速度**（以後、落下速度と言います）**の増加分は落下時間**（落下し始めてから経過した時間）**に比例**します。

　下のグラフは、自由落下する物体の落下速度と落下時間の関係を表したものです。この**グラフの傾きは加速度**になっています[35]。

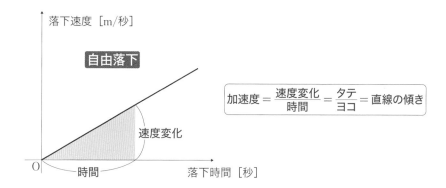

　では、落下する距離（以後、落下距離と言います）のほうはどうでしょうか？　次頁のグラフのように速度が一定のときは時間に比例して移動距離が増えます[36]。

---

34) 詳しくは、高校の物理で学びますが、280頁で紹介したニュートンの運動の第二法則より、加速度（1秒あたりの速度の変化分）と力の関係は、質量 × 加速度 = 力（$ma = F$）となります。運動の途中で普通質量は変わらないので、はたらく力が一定のとき、加速度も一定です。

また、加速度 $= \dfrac{速度変化}{時間}$ ⇒ 速度変化 = 加速度 × 時間 なので、速度変化は時間に比例します。

35) ちなみに、このグラフ（$v-t$グラフと言います）における面積は、単位が［m/秒］×［秒］=［m］となることからもわかるように移動距離を表します（数学的には速度を時間で積分した量になります）。一方、次の頁のグラフ（こちらは$x-t$グラフと言います）における面積は［m］×［秒］=［m・秒］という単位になり、私たちに馴染みのある物理量にはなりません。

36) 速度が一定のときは、小学校でもおなじみの「距離 = 速度 × 時間」となるので距離は時間に比例して増えます。

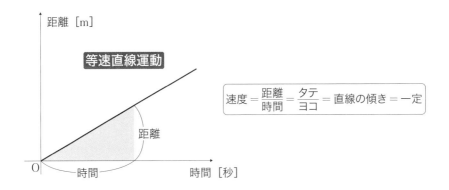

落下運動においては、重力によって速度がどんどん増えるので、等速直線運動の場合の移動距離よりも**距離の増え方が激しくなります**。

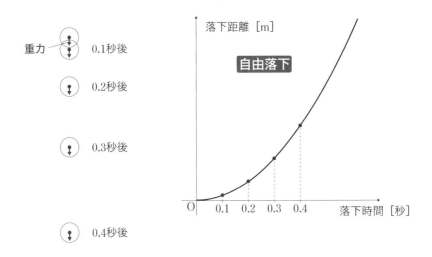

　上の図とグラフは、自由落下が始まってから 0.1 秒おきの物体の位置を表したものです 。

　もし、空気抵抗がないとすると、物体の落下速度と落下距離は物体の質量に関わらず、次の表のようになります。

落下時間	落下速度	落下距離
0.1 秒後	0.98m/秒	0.049m
0.2 秒後	1.96m/秒	0.196m
0.3 秒後	2.94m/秒	0.441m
0.4 秒後	3.92m/秒	0.784m
1.0 秒後	9.8m/秒	4.9m
2.0 秒後	19.6m/秒	19.6m
3.0 秒後	29.4m/秒	44.1m

自由落下において**落下時間が 2 倍、3 倍、4 倍…**になったとき、

落下速度は 2 倍、3 倍、4 倍…

落下距離は 4 倍、9 倍、16 倍…

になります。

　物体は自由落下するとき、たった 1 秒で約 5m、2 秒では約 20m、3 秒では約 44m も落ちます。44m と言えば 15 階建てのビルくらいの高さです[37]。44m の距離を自由落下してきた物体の速度は秒速約 30m に達します。

　空から自由落下するものと言えば、雨粒が思い浮かびますね。雨雲は低くても上空 500m の高さにありますから、その雲から自由落下する雨粒は相当のスピードになっているかと思いきや、雨粒の直径が 3mm 程度の強い雨（いわゆる大粒の雨）でも地上に達したときの落下速度はせいぜい秒速 7 〜 8m 程度にしかなりません[38]。

　理由はもちろん空気抵抗があるからです。もし空気抵抗がなく、雨粒が 500m の距離を自由落下してきたとしたら……霧雨だろうと、大雨だろうと雨粒が地上に達したときの速度は秒速約 100m（時速約 360km!）にもなります。雨がちょっとでも降り始めたら怖くて外を歩けませんね。

第**8**章　物体の運動原理──物体の落下

---

37) ビルの 1 階分の高さは約 3m です。
38) 一般に、雨粒の大きさが大きいほど、地上に達したときの速度は速くなります。

♻運動とエネルギー

前に、「エネルギーが何であるかは現代の物理学では何も言えない」というファインマンの言葉を紹介しました（249頁）。そのうえで、一般の教科書では、エネルギーとは仕事をする能力のことであり、物理で言うところの「仕事」とは「力×移動距離」のことである[39]という話をしました。

ということは、**他の物体を、力を加えて動かすことのできる能力が「エネルギー」**なのだと言うこともできそうです。

運動する物体は、他の物体に衝突すると、その物体を（力を加えた方向に）動かします。つまり、運動している物体はエネルギーをもっています。この、**運動する物体が持つエネルギー**を運動エネルギーと言います。

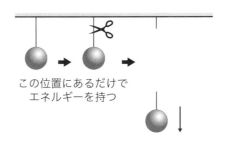

この位置にあるだけで
エネルギーを持つ

水平な床や地面に落ちているボールは力を加えない限り静止したままですが、ボールを天井から糸で吊るしたときは、糸を切るだけでボールは落下して速さを持ちます。言い換えれば、ボールは床や地面より高い位置にあるというだけで（やがて運動エネルギーに変わる）エネルギーを蓄えています。このように、物体が「ある高さ」に留まることで物体がもつエネルギーのことを**（重力による）位置エネルギー**と言います[40]。

---

[39] 正確には、「仕事 = 移動方向の力 × 移動距離」です（250頁）。

[40] 位置エネルギーには「弾性力による位置エネルギー」というものもあります。ボールにバネをつけて押し縮め、手を離すとバネはボールに力を加えて、ボールは動き始めますね。自然長にないバネは自然長に戻ろうとしてバネにつながれた物体を動かすので、自然長にないバネもまたエネルギーを蓄えていると考えることができます（高校の物理で学びます）。

♻力学的エネルギー保存則

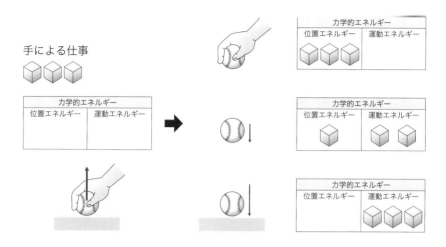

手による仕事

運動エネルギーと位置エネルギーを合わせて、力学的エネルギーと言います。すなわち

力学的エネルギー ＝ 運動エネルギー ＋ 位置エネルギー

です。

　今、床の上のボールを手に持ち、ある高さまで持ち上げた後、そっと手を離すという一連の運動をエネルギーという観点から考えてみたいと思います。

　248頁で紹介したファインマン流の解釈に倣って、ここではエネルギーを積み木で表現してみましょう。最初ボールが床にあるとき、ボールの持つエネルギーは 0 とします。その後、手がボールを持ち上げることによって手はボールに仕事をします（手はボールの運動方向に力を加えるからです）。

　この手による仕事を積み木3個ぶんとすれば、手に支えられてボールがある高さで静止しているとき、ボールには積み木3個ぶんの（重力による）位置エネルギーが蓄えられていることになります。次に手を離すとボールは自由落下を始めます。もちろん、ボールはどんどんと速度を増すわけですが、これは位置エネルギーとして蓄えられていた積み木3個ぶんのエネルギーが徐々に運動エネルギーに変わっていくことを意味します。

そして地面に着く直前、位置エネルギーはゼロとなり、ボールは運動エネルギーが積み木3個ぶんになります。

　一般に、移動方向にはたらく力が重力に限られるとき、運動エネルギーと位置エネルギーは互いにエネルギー（積み木）をやり取りするだけで、**《運動エネルギー＋位置エネルギー》の値は一定**になります。これを**力学的エネルギー保存則**と言います。

　逆に言えば、摩擦力や空気の抵抗力等、（重力以外の）移動方向の力[41]が無視できないとき、力学的エネルギー保存則は成立しません。移動方向に力を加えると、その力は物体に対して「仕事」（249頁）をするので、エネルギーの総量が変わってしまうからです[42]。

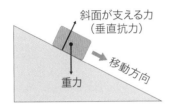
力学的エネルギー保存則が成立する

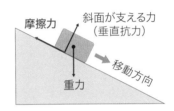
力学的エネルギー保存則が**成立しない**

　たとえば、物体が斜面をすべり落ちる運動をするとき、斜面に摩擦がなければ力学的エネルギー保存則は成り立ちます。なぜなら物体には重力以外にも物体を斜面が支える力（垂直抗力と言います）がはたらくものの、この力は移動方向対して垂直だからです。

　一方、斜面に摩擦がある場合は、移動方向に平行な力である摩擦力がはたらくので、力学的エネルギー保存則は成立しません。

---

41) ここで言う「移動方向の力」は、摩擦力のような進行方向とは逆向きで移動方向と平行な力も含みます。

42) 摩擦力や空気の抵抗力のように進行方向に対して逆向きにはたらく力は、物体に対して「負の仕事」をすることになり、物体の持つエネルギーの総量は減ってしまいます。

《力学的エネルギー保存則が成立するケース》

・物体が落下するとき

・摩擦のない斜面を滑り落ちるとき

・糸につながれたおもりが振り子運動をするとき

これらは、力学的エネルギーが保存される代表的なケースです [43]。

たとえば、摩擦のない斜面の上で物体をある高さからすべらすときや、振り子のおもりをある高さから揺らすとき、**力学的エネルギーの総量は常に一定**であり、その大きさは「**最初の高さ**」だけで決まります。

運動を始める瞬間は速度が 0（ゼロ）で、運動エネルギーは 0（ゼロ）だからです。

その後、物体が斜面をすべり終わったときや、振り子のおもりが最下点に来たときは、すべてのエネルギーが運動エネルギーに変わっています。斜面の下や振り子の最下点では、今度は位置エネルギーが 0（ゼロ）になるからです [44]。

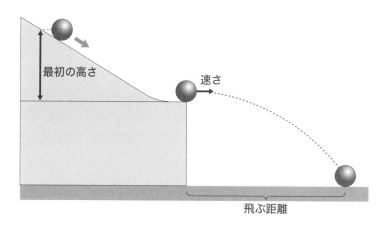

最初の高さ　速さ　飛ぶ距離

---

43) 振り子のおもりには、重力以外に糸が引っ張る力（張力）がはたらきますが、糸が引っ張る力の方向は、おもりの移動方向に対して常に垂直になるので、力学的エネルギー保存則が成立します。

44) 本来「位置エネルギー」の大きさは、どこを基準面に取るかで変わります（詳しくは高校の物理で学びます）が、ここではわかりやすく斜面の下や振り子の最下点を「基準面」＝「位置エネルギーが 0 であると考える面」にしていると考えてください。

たとえば、前頁のような摩擦のない斜面で作った装置[45]で「最初の高さ」を変えたとき、力学的エネルギーの総量やボールの「速さ」や「飛ぶ距離」がどのように変わるのかを表にまとめました。

最初の高さ	4倍、9倍、16倍、25倍、…
エネルギー	4倍、9倍、16倍、25倍、…
速さ	2倍、3倍、 4倍、 5倍、…
飛ぶ距離	2倍、3倍、 4倍、 5倍、…

　前述のとおり、力学的エネルギーの総量は最初の高さだけで決まり、**「最初の高さ」**が**4倍、9倍、16倍、25倍**…と変われば、**「エネルギー」**も同じように、**4倍、9倍、16倍、25倍**…と変わります。このとき、斜面を滑り落ちたボールが水平方向に飛び出すときの**「速さ」**や**「飛ぶ距離」**は、**2倍、3倍、4倍、5倍**…としか変わりません。

　一般に、「最初の高さ」が $n \times n$ 倍になると「エネルギー」も同じく $n \times n$ 倍になりますが、「速さ」や「飛ぶ距離」は n 倍になります。

発展　位置エネルギーと運動エネルギーの数式表現

　前頁の装置で「最初の高さ」が $n \times n$ 倍になると

　　「エネルギー」は $n \times n$ 倍

　　「速さ」と「飛ぶ距離」は n 倍

になる理由を考えてみましょう。

　以下、「位置エネルギー」と「運動エネルギー」についての理解を深めたあとで、「速さ」と「飛ぶ距離」についてみていきます。

45）斜面と水平面の境目は「引っ掛かり」がないように、なめらかにつながっています。

《位置エネルギーについて》

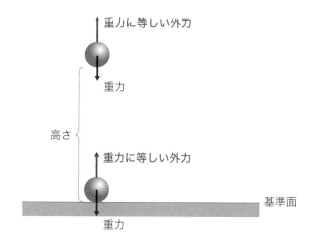

　物体をその物体の重力に等しい外力 [46] で地面（基準面）からある高さまで持ち上げることにします [47]。このとき外力が物体にした仕事は、「重力に等しい力 × 高さ」ですね。この外力のした仕事がそっくりそのままこの物体の位置エネルギーになります [48]。つまり

$$\text{位置エネルギー} = \text{重力} \times \text{高さ}$$

です [49]。

46）「外力」とは文字どおり外部からはたらく力のことで、物理ではよく使う用語です。対義語は「内力」で、こちらは内部で相互にはたらく力を指します。ただし、対象となる力が外力であるか内力であるかはどこまでを「内部」と考えるかによるのでケースバイケースです。ここでは地球と物体のみを「内部」と考えて、両者にはたらく重力（万有引力）以外は「外力」と考えています。

47）重力に等しい外力は重力とつりあうのだから、物体を持ち上げることはできないだろうと思われるかもしれません。でも永遠の時間をかければ、つり合いを保ったままでも動かせることにします（このあたりは物理特有の考え方です）。納得のいかない方は、ここで言う「重力と等しい外力」とは、10cm 持ち上げるのに 10 万年かかるくらいの、「重力よりはごくわずかに大きい力」のことを言っているのだと考えていただいて構いません。

48）物体はつり合いを保ったまま、ものすごくゆっくり移動している（傍からは静止しているようにしか見えない）ので、この外力によって物体が得る運動エネルギーは 0 であると考えられます。外力がした仕事はすべて位置エネルギーと等価交換になったと考えてよいわけです。

この式から、「最初の高さ」が2倍、3倍、4倍…になれば、位置エネルギーも2倍、3倍、4倍…になることがわかると思います。**位置エネルギーは最初の高さに比例する**ので、「最初の高さ」がn倍になれば、位置エネルギーもn倍、「最初の高さ」$n \times n$倍になれば、位置エネルギーも$n \times n$倍ですね。

　さて、この位置エネルギーは、どんな単位を持っているでしょうか?

　この本では何度か登場(282頁ほか)していますが、重力を正式に[N]で表すには、質量[kg]に重力加速度[m/秒²]をかけるのでしたね[50]。

　これにより、位置エネルギーの単位は次のようになります。

$$
\underset{\text{質量}}{[\text{kg}]} \times \underset{\text{重力加速度}}{[\text{m}/\text{秒}^2]} \times \underset{\text{距離}}{[\text{m}]} = \underset{\text{位置エネルギー}}{[\text{kg}\cdot\text{m}^2/\text{秒}^2]}
$$

（ある高さまでの）

《運動エネルギーについて》

　さて、今度は運動エネルギーのほうを考えましょう。

　「力学的エネルギー＝運動エネルギー＋位置エネルギー」(367頁)でしたし、力学的エネルギー保存則が成り立つ状況では、ある高さで静止していた物体の位置エネルギーは、その物体が地面すれすれまで落ちてきたときの運動エネルギーに等しいので、**運動エネルギーと位置エネルギーは、同じ単位を持つはず**です。

　そもそもエネルギーとは「他の物体を、力を加えて動かすことのできる能力」(249頁)です。運動している物体が他の物体にぶつかるとき、その物体を動かす能力は、運動している物体の速さだけでなく、質量にも関係しそうですね。同じ秒速10mでぶつかったとしても、100gの物体が衝突したときと、10kgの物体が衝突したときとでは、「動かす能力」は後者の

---

49) なお(高校の物理で学びますが)、物体の質量をm[kg]、基準面からの高さをh[m]、重力加速度をg[m/秒²]としたときの、重力による位置エネルギーをUとすると、$U = mgh$です。
50) 加速度は単位時間(ここでは1秒)あたりの速度変化(116頁)なので、加速度の単位は、秒速の単位 ÷ 秒 ＝ [m/秒] ÷ [秒] ＝ [m/秒²]です。

ほうが大きいでしょう。そこで、「質量 × 速さ」を運動エネルギーの定義にすれば良いのではないか？　というアイディアが浮かびますが、質量〔kg〕× 速度〔m/秒〕では、単位が位置エネルギーと同じになりません[51]。位置エネルギーと単位を揃えるにはどうしたらよいでしょうか？　そうですね。速さのほうを2乗（速さ × 速さ）にすれば単位を合わせることができます。そこで、運動エネルギーは「運動エネルギー＝質量×速さ×速さ」と定義することになりました……と言いたいところなのですが、数学的な整合性を保つために、運動エネルギーの正式な定義は次のようになっています[52]。

$$運動エネルギー = \frac{1}{2} \times 質量 \times 速さ \times 速さ$$

そうすれば確かに、

$$\underset{質量}{[kg]} \times \underset{速さ}{[m/秒]} \times \underset{速さ}{[m/秒]} = \underset{運動エネルギー}{[kg \cdot m^2/秒^2]}$$

となり、位置エネルギーと運動エネルギーの単位を合わせることができます。

　そんなご都合主義でいいのか!?　と思われてしまうかもしれませんが、エネルギーというのは人間が物理現象の多くを統一的に説明するために編み出したものにすぎません。便利に使えるように昔の人たちが定めたのだ、というふうに理解していただくのがよいと思います。

51）高校で学びますが、質量 × 速度は「運動量」という別の量になります。運動量は「運動の勢い」を表します。

52）高校の物理で学びますが、物体の質量を m〔kg〕、速度 v〔m/秒〕としたときの、運動エネルギーを K とすると、$K = \frac{1}{2}mv^2$ です。係数に「$\frac{1}{2}$」が付くこの式の導出は、等加速度運動の場合は比較的簡単ではあるものの、加速度も時間とともに変化する場合は数IIIで学ぶ微分・積分の理解が必要になります。微分・積分を用いれば、運動エネルギーや位置エネルギーは、運動方程式（280頁）から数学的に導かれるもの（運動方程式の式変形）であることが明らかになります。ご興味のある方は拙書『はじめての物理数学』（SBクリエイティブ）をご覧いただければ幸いです。

タネを明かすと、運動方程式（280頁）を微分・積分を使って数学的に変形してみたら、（ある条件のもとで）和が常に一定の値になる量が見つかったので、位置に関係するものを「位置エネルギー」、運動に関係するものを「運動エネルギー」と呼ぶようになり、それらの和が一定になることを「力学的エネルギー保存則」と言うようになった、というそれだけのことなのです。

《速さについて》

　「最初の高さ」で静止している物体が、斜面等を落ちきったとき、最初に物体がもっていた位置エネルギーはすべて運動エネルギーに変わったと考えられるので、次のようになります。

$$\boxed{\text{位置エネルギー}} \qquad\qquad \boxed{\text{運動エネルギー}}$$

$$\text{質量} \times \text{最初の高さ} = \frac{1}{2} \times \text{質量} \times \text{速度} \times \text{速度}$$

$$\Rightarrow \quad \text{最初の高さ} = \frac{1}{2} \times \text{速度} \times \text{速度}$$

　この式から、速度が2倍、3倍、4倍…になれば、最初の高さは4倍、9倍、16倍…になることがわかりますね。これを反対に考えれば、最初の高さが4倍、9倍、16倍…になれば、速度は2倍、3倍、4倍…になるというわけです。

　ちなみに、このような関係を**「最初の高さ」は速度の2乗に比例する**と言います。

《飛ぶ距離について》

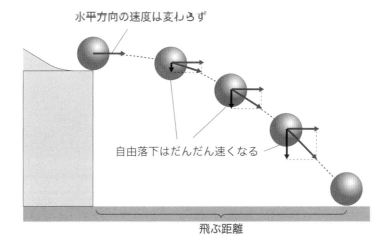

水平方向の速度は変わらず

自由落下はだんだん速くなる

飛ぶ距離

369頁の装置で、斜面を降り切ったボールが水平に飛び出すときの飛ぶ距離は、飛び出したときの速さに比例します。

なぜなら、台を水平に飛び出したボールの運動は、重力による自由落下と水平方向の等速運動を合わせたもの[53]だと考えられるからです。ここで、水平方向には何も力がかからない[54]ので、**水平方向は飛び出したときの初速のままの等速運動になる**、ということに注意してください。ですから、「飛ぶ距離」は「飛び出したときの速さ × 落下するまでに時間」になります[55]。ところで、自由落下にかかる時間は、落下する距離で決まってしまうのでしたね（365頁）。よって、同じ装置であれば落下時間はいつも同じです。

以上より、**「飛ぶ距離」は「飛び出したときの速さ」に比例**するのです。

---

53) このような物体の運動を「水平投射」と呼び、高校の物理で詳しく勉強します。
54) 空気抵抗は無視します。
55) 等速運動であれば、小学校でもおなじみの「距離 = 速さ × 時間」が使えます。

⚠️振り子のおもりと木片の衝突

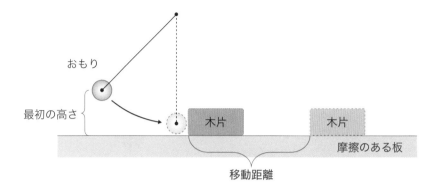

　上のような装置を組み、おもりを摩擦のある板の上に静止している木片と衝突させて、「おもりの質量」、「最初の高さ」、「エネルギー」、「最下点でのおもりの速さ」、「移動距離」等の関係を考えさせる問題や実験があります。振り子の代わりに、斜面を転がる小球を使う場合もありますが、どちらも本質は変わりません。

　このとき「最初の高さ」を $n \times n$ 倍にすれば、エネルギーも $n \times n$ 倍になり、おもりが最下点にきたときの速さは n 倍になる、というのは369頁の斜面を転がるボールのケースと同じです。

最初の高さ	4倍、9倍、16倍、25倍、…
エネルギー	4倍、9倍、16倍、25倍、…
最下点でのおもりの速さ	2倍、3倍、4倍、5倍、…

　では、おもりが木片を「移動距離」のほうはどうでしょうか？

　参考書にはときどき、「最初の高さ」や「おもりの質量」が n 倍になると「移動距離」も n 倍になる[56]、という記述がありますが、実はこれは、**半分は正しくありません。**

　次頁に、「最初の高さ」が変わると「移動距離」がどのように変わるか

---

56)「移動距離」は「最初の高さ」や「おもりの質量」に比例するという表現でも同じ意味です。

をしっかり計算[57]した結果をグラフにしたものを載せます。

　計算に使った条件はグラフの右に書いてあるとおりです。ここで「跳ね返り係数」と言うのは、衝突前後の相対速度の比を意味します。また、「動摩擦係数」と言うのは、物体が摩擦力を受けながら運動するとき、摩擦面が物体を支える力（垂直抗力）に対する摩擦力の比を表します。どちらも高校物理で学ぶものですが、ここではあまり気にしなくても大丈夫です。

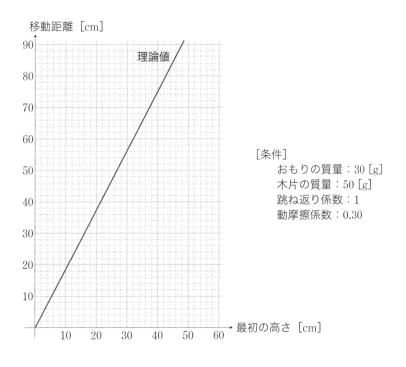

[条件]
　おもりの質量：30 [g]
　木片の質量：50 [g]
　跳ね返り係数：1
　動摩擦係数：0.30

　このように、「動かす距離」と「最初の高さ」の関係を表すグラフは、**原点を通る直線**になります。これは**両者が比例の関係にある**ことを示します。

第8章　物体の運動原理——物体の落下

57）計算の過程は、後ほど「補足」に示します。

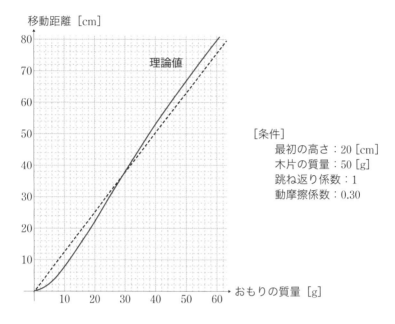

移動距離 [cm]

[条件]
　最初の高さ：20 [cm]
　木片の質量：50 [g]
　跳ね返り係数：1
　動摩擦係数：0.30

おもりの質量 [g]

　一方、「移動距離」と「おもりの質量」の関係を表すグラフは上のようになり、原点を通る直線になりません。これは、**両者が比例の関係にはない**ということです。

　ただし、理論値の曲線（赤い曲線）と原点を通る直線（黒い点線）はそう大きくブレているわけではないので**「だいたい比例関係になる」**という言い方はできるかもしれません。

　以上の結果をまとめると次のようになります。

最初の高さ	2倍、3倍、4倍、5倍、…
移動距離	2倍、3倍、4倍、5倍、…

おもりの質量	2倍、3倍、4倍、5倍、…
移動距離	約2倍、約3倍、約4倍、約5倍、…

　それにしても、なぜ「おもりの質量」と木片の「移動距離」は比例の関係にあるというような記述が参考書等にあるのでしょうか？

木片は衝突によって得たエネルギーを板との摩擦によって失います。摩擦力は移動方向とは反対方向の力であり、負の仕事（エネルギーを減らす仕事）をするからです。摩擦力のする仕事は「摩擦力 × 移動距離」なので、

　　　　木片が衝突によって得たエネルギー − 摩擦力による仕事 = 0

⇒　木片が衝突によって得たエネルギー = 摩擦力 × 移動距離

となります。

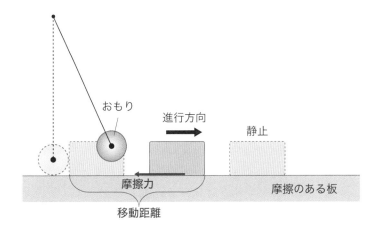

　もし、おもりが「最初の高さ」にあるときに持っている位置エネルギーのすべてが、衝突によって木片に与えられるのなら、

　　　　木片が衝突によって得たエネルギー = 摩擦力×移動距離

　　　　⇒おもりの最初の位置エネルギー = 摩擦力 × 移動距離

⇒　おもりにかかる重力 × 最初の高さ = 摩擦力 × 移動距離

となり [58]、摩擦力は定数 [59] なので、「移動距離」は「おもりの質量」や「最初の高さ」に比例すると言えるでしょう。

---

58) 位置エネルギー = 重力 × 高さ（371 頁）でしたね。
59) この場合、摩擦力は木片の質量に比例する力になります。

しかし、こうなるのは、たとえ**衝突によるエネルギーの損失がなかった**[60] **としてもおもりが衝突後に停止する場合**[61] に限られます。それ以外のケースでは、衝突前におもりがもっていたエネルギーは、衝突後のおもりと木片にそれぞれ分配されてしまうので、このように考えることはできません。以下の「補足」にあるように正しく計算すれば、移動距離が「おもりの最初の高さ」に比例することは導けますが、「おもりの質量」には比例しないことがわかります。

　実は、中学の理科では、前頁の図と似たような装置を使って、おもりの質量と木片の移動距離を調べる実験がよく行われるのですが、いろいろな質量のおもりで実験をしてみると、なかなかキレイな比例関係が得られない（実験結果をまとめたグラフが原点を通る直線にならない）ことに悩む学生が続出します。そんなときはたいてい自分の実験が雑だったから、誤差が多く含まれたのだろうと反省して片付けてしまうようですが、前述のとおり「おもりの質量」と「移動距離」の比例関係はあくまで**近似的に成り立つ**だけなので、ちゃんとした実験を行えば行うほど、比例関係は得られません。このことは、中学の先生はちゃんと教えてあげてほしいと思います。

補足 **木片の「移動距離」の導出**

（以下は、高校物理が既習の方に向けてのものです）

　おもりの質量を m [kg]、木片の質量を M [kg]、おもりの最初の高さ h [m] とします。

　衝突直前（振り子の最下点にきたとき）のおもりの速度を v_0 [m/秒] とすると、力学的エネルギー保存則より

$$mgh = \frac{1}{2}mv_0{}^2 \quad \Rightarrow \quad v_0 = \sqrt{2gh} \qquad \cdots ①$$

また衝突の直後のおもりの速度を v [m/秒]、木片の速度を V [m/秒]

60）エネルギーの損失のない衝突のことを「完全弾性衝突」と言います。完全弾性衝突では「跳ね返り係数」は 1 になります（高校物理で学びます）。

61）完全弾性衝突のとき、おもりと木片の質量が等しければ、衝突後におもりは停止します。

とすると、運動量保存則より

$$mv_0 = mv + MV \qquad \cdots ②$$

おもりと木片の跳ね返り係数を e とすると

$$\frac{v - V}{v_0} = -e \ \Rightarrow \ v - V = -ev_0 \qquad \cdots ③$$

②、③を v と V に関する連立方程式として解くと

$$v = \frac{m - eM}{m + M}v_0 \qquad \cdots ④$$

$$V = \frac{m(1 + e)}{m + M}v_0 \qquad \cdots ⑤$$

ここで、動摩擦係数を μ、衝突後のおもりが木片を動かす距離を x [m] とすると、木片が移動する間に木片にはたらく摩擦力は進行方向逆向きに μMg。衝突直後に木片がもつ運動エネルギーは、x [m] 動く間に摩擦によって失われる（負の仕事をされる）ので、

$$\frac{1}{2}MV^2 - \mu Mgx = 0 \ \Rightarrow \ x = \frac{V^2}{2\mu g} \qquad \cdots ⑥$$

⑥に⑤を代入すると

$$x = \frac{1}{2\mu g}\left\{\frac{m(1 + e)}{m + M}v_0\right\}^2 \qquad \cdots ⑦$$

さらに、⑦に①を代入すると

$$x = \frac{1}{2\mu g}\left\{\frac{m(1 + e)}{m + M}\right\}^2 \cdot 2gh = \frac{h}{\mu}\left\{\frac{m(1 + e)}{m + M}\right\}^2 \qquad \cdots ⑧$$

378 頁のグラフは、⑧式をもとにして書いています。

「移動距離」と「最初の高さ」のグラフは、⑧で x と h を変数として表したものであり、「移動距離」と「おもりの質量」のグラフは⑧で x と m を変数として表したものです。

ガリレオからニュートンに
受け継がれた近代科学の精神

　本節で取り上げた「振り子」と「自由落下」の
両方において重要な功績を残した**ガリレオ・ガリ
レイ**は、ニュートン以前の物理学者としては最も
(1564−1642)
際立った存在です。

ガリレオ

●二人が近代科学の父と呼ばれる理由

　ニュートンとガリレオの二人が近代科学の父と
呼ばれるのは、この二人が物理現象を実験によっ
て観測される事実から紐解こうとしたからです。
それ以前の科学は、検証のしようがない仮説に
よって、なぜ世界はこのようになっているのかと
いうことを解明しようとしていました。

　アリストテレスが、物体が落下するのは物質が
「固有のあるべき場所」に戻ろうとするからだと
論じ、重いものほど速く落ちると考えた(360頁)
のも、物体が落下する理由(目的)を突き止めよう
としたからです。

ニュートン

　アリストテレスの運動論は、その後2000年近くも覆されることはあり
ませんでした。その間、これを疑う者がいなかったわけではないのですが、
誰もアリストテレスの説以上に納得できる「理由」を示すことができな
かったのです。

　ガリレオも、前述の思考実験によってアリストテレスの運動論には矛盾
があることに気づきました。しかし、彼は新たなる落下の理由を示すこと
には関心を持ちませんでした。その代わり、実験で観測された事実を数値
化することで、落下運動を数式で表しました。物体の運動について、実験
結果を数学的に記述したのは、ガリレオが人類で初めてです。

ガリレオは

「宇宙は数学という言語で書かれている。そしてその文字は三角形であり、円であり、その他の幾何学図形である。これがなかったら、宇宙の言葉は人間にはひとことも理解できない。これがなかったら、人は暗い迷路をたださまようばかりである」

という有名な言葉を遺しました。これは、客観的なデータを使って宇宙を記述できるのは、誤解や曖昧さが入り込む余地のない、数字と記号だけであると考えたからでしょう。

当時ヨーロッパを席巻していた「あるべき論」や仮説の一切を排除し、測定と数学による記述こそ物理学であると考えたガリレオの精神は、ガリレオの亡くなった翌年に生を受けたニュートンへとしっかりと受け継がれました。

そしてこの二人が活躍した約100年の間に物理学はそして自然科学全体は今日の科学につながる道を歩きはじめることになったのです。近代科学の精神はニュートンの次の言葉に集約されると思います。

「人間は事実に反することを想像してもよいが、事実しか理解することはできない。事実に反することを理解したとしても、その理解は間違っている」

●理科を学ぶ必要性が増している

私がこの稿を書いている2022年の現代においても、事実に反することを想像し、それをまるで事実であるかのように吹聴する人がいます。新型コロナに関するいわゆる陰謀論などは、その最たるものです。

私たちが理科を学ぶのは、まさにガリレオからニュートンに受け継がれた「近代科学の精神」を身につけるためです。玉石混交の情報があふれる現代こそ、理科を学ぶ必要性が増しているのではないでしょうか。

おわりに

　中学受験に出題される理科の内容を、「ふたたびシリーズ」らしく、徹底的に行間を埋めてお伝えしたい。それが本書の執筆動機でした。

　読者として私が最も意識したのは、小学校のお子さんを持つ保護者の方です。本書をきっかけにして、お子さんと親御さんが自然現象の不思議と合理性の妙について話に花を咲かせてくれることを願って書きました。

　それから、単純に小学校の「理科」を学び直したいという大人の方も、もちろん大歓迎です。小学校の理科の内容が本当の意味でわかれば、普段の生活の中で出会う身近な自然現象のほとんどを説明できるようになるでしょう。なお、中学受験に出題される内容のほとんどは、中学進学後の理科の授業でも改めて深掘りするので、本書の内容は、中学の理科を学び直したいという方にもきっとお役に立てると思います。

　また「ふたたびの〜」というタイトルではありますが、まさに現在進行形で理科を学んでいる、意欲的な小学生や中学生のお子さん自身にも読んでもらえたら嬉しいなあと思っています。もしそれが叶えば、筆者として望外の喜びです。

　当初『ふたたびの理科』は物理分野、化学分野、地学分野の3分野を一冊にまとめるつもりでした。しかし、物理編だけでご覧の分量になってしまったので、分冊にさせていただいた次第です。

　正直に申し上げると、私は自分が小中学生の頃、理科がそれほど好きではありませんでした。自然界には不思議なことがいろいろとあって、そのひとつひとつにはちゃんと理由がある、という期待感にワクワクする気持ちはあったものの、実際に背景を教えてもらっても、納得できない……というモヤモヤ感が残ることのほうが多かったからです。

　そんな理科が俄然面白くなったのは、高校に進んだ後でした。近代科学の父、ガリレオ・ガリレイ（1564−1642）の「自然という書物は数学の言葉で書かれている」という有名な言葉を引き合いに出すまでもなく、自然現

象を司る（つかさど）カラクリは、数学を通してやっと本質がわかるようになるからです。

　しかし本書で私は、数式をできるだけ避けて説明を行いました。

　本書を通読していただいた方は「小学生や中学生がこんなに難しいことを勉強するのか」と驚かれたかもしれません。あるいは「こんなに細かい所まで書いてくれなくてもいいよ」というご意見もあるでしょう。

　しかし、高校レベル以上の数学を通して立ち上がる自然の「本当の姿」を、数式に頼ることなく、小中学生当時の私のような（疑い深く頑固な）少年・少女にも納得してもらうためには、ここまで言葉を惜しまず書く必要があると私は思います。

　ご承知のとおり、エッセンスをスマートにまとめた良書は、世の中にたくさんあります。だからこそ、たとえ説明がまどろっこしくとも、「行間がない」ことは、「ふたたびシリーズ」の真骨頂であると自負しておりますので、説明を端折る（はしょ）ことは一切していないつもりです。

　ただ、理科の中でも特に物理分野は数学と不可分であるため、数式を使った表現も是非紹介したいという場面が少なからずありました。そうしたところでは脚注や補足として数式を使った説明も添えてあります。こうした部分は読み飛ばしていただいても全体を理解できるように書きましたので、読み飛ばしていただいて構わないのですが、たとえ完全には理解できなくても、数学の勉強が進めばこんなにスッキリ表すことができるのだという薫り（かお）を味わっていただければ嬉しく思います。

　また、数式をできるだけ使わない代わりに、イラストをこれでもかというくらいにたくさん入れていただきました。物理現象を表す数式は、本質をモデル化したものですが、良いイラストであれば、本質をモデル化できるのではないかと思うからです。

　行間をなくしたい、イラストをたくさん入れたい等の数々のわがままを言う著者であるにもかかわらず、「ふたたびシリーズ」を刊行し続けてく

ださっているすばる舎さんには、この場を借りて深く感謝申し上げます。また一貫してシリーズの編集を担当してくださっているすばる舎の稲葉健さんには、今回も読者目線で数々のアドヴァイスを頂戴しました。そのほか本書のためにご尽力いただいたすべての方に、重ねて御礼申し上げます。

　私はたまたま数学に親しむ機会があったので、理科の醍醐味をいわば原書で味わうことができました。でもその機会がなかった方もたくさんいらっしゃるでしょう。そんな方のために、自然という書物の「数学」を日常語とイラストを使って「翻訳」することに挑戦したのが本書です。その成果のほどは、読者の皆様に委ねるしかありません……。
　読者の皆様がこの「物理編」を楽しんでくださることを夢見て、私はこの後「化学編・地学編」へと筆を進めていきます。もちろんコンセプトは本書と同じです。
　どうぞご期待ください。
　そして是非またお会いしましょう。

令和 4 年 7 月

永野裕之

参考文献

- 日能研本科テキスト 4 年〜6 年
- 中学入試 理科 塾技 100 / 森 圭示 / 文英堂
- 中学入試 でる順過去問 理科 合格への 926 問 / 旺文社
- 小学校教科書 新しい理科 4 年 / 東京書籍
- 小学校教科書 新しい理科 5 年 / 東京書籍
- 小学校教科書 新しい理科 6 年 / 東京書籍
- 中学校教科書 新しい科学 1 年 / 東京書籍
- 中学校教科書 新しい科学 2 年 / 東京書籍
- 中学校教科書 新しい科学 3 年 / 東京書籍
- 高校教科書 物理基礎 / 数研出版
- 高校教科書 物理基礎 / 啓林館
- 高校教科書 物理 / 数研出版
- 高校教科書 物理 / 啓林館
- 中学理科が面白いほどわかる本 / 岩本 将志 / KADOKAWA
- 理解しやすい物理 物理基礎収録版 / 近角 聰信, 三浦 登 / 文英堂
- 新・物理入門(駿台受験シリーズ) / 山本 義隆 / 駿台文庫
- ビジュアル物理(ニュートン別冊) / ニュートンプレス
- ビジュアルアプローチ 力学 / 為近 和彦 / 森北出版
- 物理が楽しくなる!キャラ図鑑 / 川村 康文
- 始まりから知ると面白い物理学の授業 / 左巻 健男 / 山と渓谷社
- 眠れなくなるほど面白い物理の話 / 長澤 光晴 / 日本文芸社
- マンガ おはなし物理学史 物理学 400 年の流れを概観する(ブルーバックス) / 小山 慶太, 佐々木 ケン / 講談社
- 学びなおすと物理はおもしろい / 牟田 淳 / ベレ出版
- カラー版 忘れてしまった高校の物理を復習する本 / 為近 和彦 / KADOKAWA・中経出版
- これが物理学だ! マサチューセッツ工科大学「感動」講義 / ルーウィン・ウォルター, 東江 一紀 / 文藝春秋
- 面白くて眠れなくなる物理 / 左巻 健男 / PHP 研究所
- おもしろ理科授業の極意 : 未知への探究で好奇心をかき立てる感動の理科授業 / 左巻 健男 / 東京書籍
- ファインマン物理学〈1〉力学 / ファインマン, 坪井 忠二 / 岩波書店
- 歴史を変えた 100 の大発見 物理―探究と創造の歴史 / 新田 英雄, ヴォルフガング・フォグリ, フォグリ 未央 / 丸善出版
- ロウソクの科学 / ファラデー, 三石 巌 / KADOKAWA
- やりなおし高校物理 / 永野 裕之 / ちくま新書

さ く い ん

頁数の右肩に*が付されたものは脚注や図表内に当該語句があるものです。

【著者紹介】
永野裕之 （ながの・ひろゆき）

- ▪「永野数学塾」塾長。
- ▪ 1974年、東京生まれ。暁星小学校から暁星中学校、暁星高等学校を経て、東京大学理学部地球惑星物理学科卒業。同大学院宇宙科学研究所（現JAXA）中退。
- ▪ 高校時代に広中平祐氏が主催する「第12回 数理の翼セミナー」に東京都代表として参加。
- ▪ 数学と物理学をこよなく愛する傍ら、レストラン経営に参画。日本ソムリエ協会公認のワインエキスパートの資格取得。さらにウィーン国立音楽大学指揮科に留学するなど、多方面にその活動の場を拡げる一方、プロの家庭教師として100人以上の生徒にかかわる。その経験を生かして、個別指導塾「永野数学塾」を開塾（現在は完全オンライン化）。分かりやすく熱のこもった指導ぶりがメディアでも紹介され、話題を呼んでいる。
- ▪ 主な著書に『大人のための数学勉強法』（ダイヤモンド社刊）、近著に『とてつもない数学』（ダイヤモンド社刊）、『文系でもわかるAI時代の数学』（祥伝社刊）がある。

- ▪ カバーデザイン　　原田恵都子（ハラダ+ハラダ）
- ▪ 本文図版組版　　　有限会社クリィーク

ふたたびの理科【物理】編

2022年　9月　17日　　第1刷発行

著　者————永野裕之
発行者————徳留慶太郎
発行所————株式会社 すばる舎
　　　　　　　東京都豊島区東池袋3-9-7 東池袋織本ビル　〒170-0013

　　　　　　　TEL　03-3981-8651（代表）　03-3981-0767（営業部）
　　　　　　　振替　00140-7-116563
　　　　　　　https://www.subarusya.jp/
印　刷————株式会社 シナノ

解法テクニックとしての
高校数学からの脱却!

大人のための再入門&再発見
ふたたびの高校数学
永野裕之
Nagano Hiroyuki

あのとき
わからなかった
公式の意味が
いま理解
できる!

高校数学から大学数学の入口まで、
学びやすく、理解しやすい独自の
構成で解説。定理や公式に隠された
「意味」がわかり、真の理解が
進むのみならず、数学という学問の
「全体像」も見えてくる。 すばる舎

ふたたびの高校数学

永野裕之[著]

◎A5判並製　◎定価:本体3200円(＋税)　◎ISBN:978-4-7991-0534-4

高校数学から大学数学の入口まで、学びやすく、理解しやすい独自の構成で解説。
定理や公式に隠された「意味」がわかり、数学という学問の全体像が見えてくる。

解ける! わかる! よみがえる!
あの「解けた!」喜びを、もう一度

眠っていた数学脳がよみがえる!
ふたたびの微分・積分
永野裕之
Nagano Hiroyuki

あの「解けた!」喜びを、もう一度

面倒な数式変形のテクニックに隠された"意味"と微積分の"本質"に迫る「思わず感動!」の25講義。かつては解けていたはずなのに、今では数式の意味さえ分からない、そんな人に読んでほしい。

すばる舎

ふたたびの微分・積分

永野裕之[著]

◎A5判並製　◎定価:本体2200円(+税)　◎ISBN:978-4-7991-0327-2

難しい題材をやさしく面白く説くことで定評のある著者が、高校数学の最高峰の頂に読者をいざないます。そこには、登った人のみ目にできる景色と感動があります!

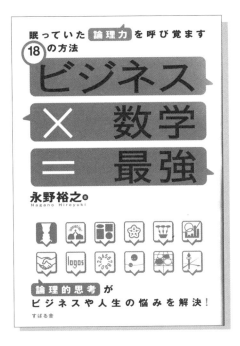